Barbara Ostendorf

# Produktionsstrukturen des ostdeutschen Maschinenbaus in der Transformation

Neue Informationstechnologien
und flexible Arbeitssysteme
Band 15

Barbara Ostendorf

# Produktionsstrukturen des ostdeutschen Maschinenbaus in der Transformation

## Eine empirische Analyse

Leske + Budrich, Opladen 1998

Gedruckt auf säurefreiem und altersbeständigem Papier.

ISBN 978-3-8100-2003-1 ISBN 978-3-322-95121-2 (eBook)
DOI 10.1007/978-3-322-95121-2

# Inhalt

# Abbildungsverzeichnis

# Tabellenverzeichnis

# 1. Einleitung

## 1.1. Das Forschungsproblem

Die deutsche Vereinigung hat für die ostdeutsche Wirtschaft einen massiven Anpassungsdruck erzeugt, der zu einer flächendeckenden Krise geführt hat. Diese hatte die Vernichtung eines großen Teils der Produktionskapazitäten und somit eine dramatische Zunahme der Arbeitslosigkeit zur Folge. Betroffen war vor allem die ostdeutsche Industrie — so sank der Index der Nettoproduktion im produzierenden Gewerbe[1] von 100 im 2. Halbjahr 1990 auf 71,9 im Durchschnitt des Jahres 1991. Berechtigterweise knüpfte sich an diese Entwicklung die Furcht vor einer nicht revidierbaren De-Industrialisierung auf breiter Ebene, die Vision eines deutschen Mezzogiorno, mit gravierenden sozialen und politischen Konsequenzen (Ettrich 1993). In der öffentlichen Diskussion standen diese Krisenphänomene - aus naheliegenden Gründen - zunächst im Vordergrund, so daß den substantiellen Restrukturierungsprozessen im verbleibenden industriellen Betriebsbestand einerseits, aber auch der Entwicklung neuer Wirtschaftseinheiten andererseits vergleichsweise weniger Beachtung geschenkt wurde. Gerade hier vollzogen sich aber in den letzten Jahren umfassende Wandlungsprozesse, die maßgeblich auch für die zukünftige Entwicklung sein werden.

Für die „Altbetriebe" hatte die mit der Umstellung von der Plan- auf die Marktwirtschaft einhergehende Veränderung der Wirtschaftsabläufe notwendigerweise Konsequenzen für die innerbetriebliche Gestaltung von Technik und Arbeit. Der Wegfall der traditionellen Märkte führte für den Großteil der Betriebe zur Veränderung des Produktspektrums in Richtung auf eine Produktion in kleineren Serien, eine stärkere Berücksichtigung von Kundenwünschen, und so zu einem höheren Flexibilitätsbedarf, dem durch innerbetriebliche Reorganisation Rechnung zu tragen war. Auch die Auflösung der Kombinate durch die Treuhandanstalt und die damit verbundene Ausgliederung bestimmter Betriebsteile erforderte innerbetriebliche Neustrukturierungen. Dies galt sowohl für die indirekt- und die direkt-produktiven Bereiche in den Be-

1 Produzierendes Gewerbe ohne Bauhauptgewerbe, Quelle: Statistisches Jahrbuch für die Bundesrepublik Deutschland 1994.

trieben selbst als auch für die Gestaltung der Arbeitsteilung zwischen Produktion und vor- und nachgelagerten Abteilungen.

Für die *indirekt-produktiven* Bereiche war ein Reorganisationsbedarf unmittelbar evident. Bei zentraler Planung von Produktionsmengen und Zuteilung der notwendigen Vorprodukte war die Ausdifferenzierung einer Einkaufsabteilung beispielsweise ebensowenig notwendig wie die Aufrechterhaltung eines Vertriebsnetzes bei weitgehend zentraler Abwicklung eines großen Teils der Exporte. Auch die Anwendung eines ausdifferenzierten Kostenrechnungssystems erübrigte sich bei naturaler Bilanzierung (Heidenreich 1993). Organisatorische Veränderungen in den *direkt-produktiven* Bereichen resultierten etwa aus der nunmehr ständigen Verfügbarkeit von Vorprodukten und Roh-, Hilfs- und Betriebsstoffen, die eine weitgehende Verstetigung der Produktion ermöglichten. Zudem schuf die Reduzierung der Fertigungstiefe, die durch die Ausgliederung „betriebszweckfremder" Betriebsteile bedingt war, in der Produktion einen höheren Flexibilitätsbedarf, der organisatorisch bewältigt werden mußte. Dies bedeutete, daß auch die Arbeitsteilung zwischen der unmittelbaren Produktion und den vor- und nachgelagerten Bereichen neu strukturiert werden mußte.

Auf der zwischenbetrieblichen Ebene hatten sowohl die Ausgliederung der DDR aus dem RGW als auch die Auflösung der Kombinate durch die Treuhandanstalt massive Konsequenzen, da die Beziehungen zu Abnehmern und Lieferanten beinahe durchgängig neu aufgebaut werden mußten und Leistungen, die bisher von anderen Kombinatsbetrieben, also innerorganisatorisch, bezogen wurden, nunmehr anderweitig zu beschaffen waren. Das gesamte Netz der Interorganisationsbeziehungen war „zerrissen" (Albach 1993).

Die Neugestaltung dieser betrieblichen Strukturen im Rahmen eines zu entwickelnden Reorganisationskonzeptes war in der ersten turbulenten Phase des Umbruchs nicht immer möglich. Sie wurde zum einen erschwert durch die äußeren Rahmenbedingungen, wie etwa das Ausbleiben finanzkräftiger Investoren und die vergleichsweise restriktiven Vorgaben der Treuhandanstalt, die notwendige technisch-organisatorische Umstrukturierungen zum Teil bewußt verzögerte, um keine Weichenstellungen vorzunehmen, die ein zukünftiger Investor hätte revidieren müssen.

Eine Neuorientierung gestaltete sich zum anderen auch insofern schwierig, als in den westlichen Ökonomien ein dominantes Modell der Produktionsorganisation, und somit ein strategiebestimmendes Rationalisierungsparadigma nicht mehr existiert. Hier wird die Situation mit den Begriffen der „Neuen Unübersichtlichkeit" (Hirsch-Kreinsen/Wolf 1987) oder „Strukturierten Vielfalt" (Freriks/Widmaier 1992) technisch-arbeitsorganisatorischer Konfigurationen beschrieben, da offenbar keine Klarheit mehr darüber besteht, was vor dem Hintergrund veränderter Marktanforderungen denn nun effiziente und wettbewerbsfähige Produktionsstrukturen wären, und in welche

Richtung sich Rationalisierungsbestrebungen entwickeln müßten. Dieses Dilemma der ostdeutschen Betriebe, das heißt der Prozeß der simultanen Anpassung an marktwirtschaftliche Bedingungen einerseits und im Umbruch befindliche (Welt-) Marktstrukturen andererseits ist mit dem Begriff der Notwendigkeit zur „doppelten Transformation“ (Dörr/ Schmidt 1992) belegt worden.

Neben der Entwicklung der Altbetriebe ist die Entwicklung der neugegründeten Betriebe von mindestens ebenso großem Interesse, da die Konstituierung eines klein- und mittelbetrieblichen Sektors für die Funktionsfähigkeit jeder neuen interorganisationalen Arbeitsteilung fundamental ist (Hinz/Ziegler 1994). Auch wenn der Anteil „echter“ Neugründungen, das heißt der Betriebe, die nicht aus Kombinaten ausgegründet wurden, im industriellen Bereich weniger hoch ist als etwa im Bereich der Dienstleistungen, so ist auch diese Entwicklung in mittel- bis langfristiger Perspektive nicht zu vernachlässigen.

Damit rückt die Frage nach der technisch-arbeitsorganisatorischen Entwicklung und derzeitigen Gestaltung in den ostdeutschen Betrieben in den Mittelpunkt des Interesses. Der betriebliche Reorganisationsprozeß hatte jedoch wie Wittke et al. (1993: 134) konstatierten, „weitgehend den Charakter einer black box“, so daß, trotz unmittelbarer politisch-praktischer Relevanz, hier nach wie vor eine spezifische „Leerstelle“ der neueren Forschung auszumachen ist, obwohl „die längerfristige Stabilisierung der Industrieunternehmen von zukunftssichernden Maßnahmen zur Gestaltung des *Produktionsprozesses*“ (Schmierl 1995: 156f; Hervorhebung im Original) abhängt.

Die vorliegende Arbeit soll dazu beitragen, diese Wissenslücke (empirisch) aufzufüllen, indem Formen und Muster technisch-arbeitsorganisatorischer Gestaltung in ostdeutschen Industriebetrieben exemplarisch am Beispiel des Maschinenbaus untersucht werden. Dabei ist zum einen der Bereich der *technischen Modernisierung* von Interesse, zum anderen jedoch - und dies in der Hauptsache - die *organisatorische Gestaltung des Produktionsprozesses*, da in diesem Bereich zunehmend entscheidende Erfolgspotentiale von Betrieben gesehen werden. „“Technischer Fortschritt“ wird zwar nicht in Frage gestellt, doch der Sprung zu neuen Produktivitätsufern soll mit „organisatorischem Fortschritt“ gelingen - darin sind sich die Akteure zumeist einig.“ (Schumann et al. 1994a: 29).

Die Einordnung der vorliegenden Befunde, etwa im Hinblick auf die Frage nach spezifisch ostdeutschen Gestaltungsvarianten von Technik und Arbeit, nach Konturen eines spezifisch ostdeutschen Produktionsmodells wird dabei nur möglich durch Rekurs auf eine Referenzsituation. Hier bietet sich aus zwei Gründen ein Ost-West-Vergleich an: Zum einen sind durch die Übertragung des politisch-institutionellen Systems der Alt-BRD weitgehend vergleichbare Rahmenbedingungen gegeben,[2] zum anderen war die Bundesrepublik bereits zu DDR-Zeiten naturwüchsiger Partner im 'Wettbewerb der Systeme' und ist nach der Wiedervereinigung noch wesentlich deutlicher primärer Orientierungspunkt, nicht zuletzt aufgrund der umfassenden Transferleistungen von West nach Ost, die über eine rein monetäre Unterstützung weit hinaus gingen und gehen. Mit einem solchen Vergleich verknüpft sich jedoch weder eine implizite Konvergenzthese noch die Absicht, systematisch 'Rückständigkeit' herauszuarbeiten, sondern vielmehr das Ziel, die „spezifischen Akzentuierungen" (Voskamp/Wittke 1990: 13) gegenüber dem - vergleichsweise erfolgreichen - historischen Vorbild zu betonen und - aus der Sichtweise der neuen Bundesrepublik - regionale Disparitäten zu eruieren. Die Arbeit leistet damit einen Beitrag zur aktuellen sozialwissenschaftlichen Transformationsforschung und ergänzt die vorliegenden Befunde um eine spezifische Perspektive.

Aufgrund der hohen branchenspezifischen Variabilität in der Gestaltung von Technik und Arbeit und zugleich sehr unterschiedlichen Entwicklungsverläufen scheint es notwendig, die Darstellung auf eine einzige Branche zu fokussieren. Der Maschinenbau wurde dabei aus inhaltlichen, aber auch aus forschungspragmatischen Gründen ausgewählt. Inhaltlich ist diese Branche aufgrund der traditionellen Verankerung im Wirtschaftsgefüge der Region von Interesse. Innerhalb des RGW hatte die DDR eine starke Vormachtstellung bei der Maschinenproduktion. Nach der Wende wurden daher für diese Branche aufgrund vergleichsweise günstiger Ausgangsbedingungen recht positive Zukunftsszenarien entwickelt, die erwarten ließen, daß der Maschinenbau auch weiterhin eine der Schlüsselbranchen der ostdeutschen Industriestruktur darstellen würde. Wider Erwarten verlief die Entwicklung der Branche jedoch ausgesprochen krisenhaft, so daß sich die Frage nach den Zukunftsperspektiven des derzeitgen Betriebsbestandes stellt, da die wenigen betrieblichen „Erfolgsstories" kaum - auch noch so verhaltenen - Optimismus rechtfertigen.

Aus forschungspragmatischen Gründen wurde die Branche ausgewählt, da hier für die Analyse quantitative Daten zu den interessierenden Zusammenhängen zur Verfügung stehen, die die bisher vorliegenden qualitativen Befunde in sinnvoller Weise ergänzen und relativieren können. Das seit 1991 an der Ruhr-Universität Bochum durchgeführte NIFA-Panel[3] bietet eine solche Datenbasis zur Untersuchung technisch-arbeitsorganisatorischer Strukturen im deutschen Maschinenbau.

---

2 Zumindest wenn man von den Friktionen der Übergangszeit absieht; vgl. hierzu etwa Rühl (1992).

3 Die Bezeichnung NIFA-Panel leitet sich aus dem Titel des Sonderforschungsbereiches 187 "**N**eue **I**nformationstechnologien und **F**lexible **A**rbeitssysteme" ab, in dessen Kontext die Untersuchung 1989-1995 durchgeführt wurde. Mit Beginn des Jahres 1996 wurde die Panel-Studie als eigenständiges Forschungsprojekt weitergeführt.

## 1.2. Aufbau der Arbeit

Im Mittelpunkt der Arbeit steht die Beschreibung und Analyse der technisch-arbeitsorganisatorischen Gestaltung in den ostdeutschen Maschinenbaubetrieben mit dem Ziel, die Konturen eines ostdeutschen Produktionsmodells herauszuarbeiten. Empirische Grundlage ist dabei die 94'er Erhebung des NIFA-Panels.

Eine nähere Eingrenzung des Untersuchungsgegenstandes erfolgt im nächsten Kapitel, in welchem darüber hinaus das Forschungsproblem im Kontext aktueller sozialwissenschaftlicher Transformationsforschung verortet wird. Da die betriebliche Transformation durch den Prozeß der allgemeinen Systemtransformation, also im Falle Ostdeutschlands durch den Übergang von der Planwirtschaft der DDR zur sozialen Marktwirtschaft der Bundesrepublik Deutschland, ausgelöst wurde, und nur vor diesem Hintergrund verstehbar ist, werden an dieser Stelle - in der gebotenen Kürze - Ansätze zur Erklärung des Phänomens im Hinblick darauf dargestellt, inwiefern sie Hinweise zum Verständnis und zur Analyse der industriellen Transformationskrise liefern können. Abschließend wird der Begriff der „Transformation" inhaltlich präzisiert und die Implikationen, die sich aus der Deutung industrieller Restrukturierungsprozesse als Transformationen ergeben, aufgezeigt, um daraus inhaltliche und methodische Anforderungen an die sozialwissenschaftliche und ökonomische Forschung abzuleiten und somit eine Interpretationsfolie für aktuelle Untersuchungsergebnisse zur Verfügung zu stellen.

Kapitel 3 verdeutlicht in drei Schritten die Dimensionalität industrieller (Re)- Strukturierung und dient zugleich der Aufarbeitung des aktuellen Forschungsstandes. Dazu erscheint es unverzichtbar, zunächst die betriebliche Ausgangssituation vor der „Wende" zu beschreiben, indem Charakteristika des „volkseigenen Betriebes" und seine Stellung im Wirtschaftssystem der DDR dargestellt sowie die vorliegenden Befunde zur technisch-arbeitsorganisatorischen Strukturierung auf betrieblicher Ebene zusammengefaßt werden. Denn nur vor diesem Hintergrund sind die spezifischen Strukturprobleme ostdeutscher Maschinenbaubetriebe interpretierbar (Kapitel 3.1.). Hiernach wird der Prozeß der Konstitution der betrieblichen Akteure geschildert, das heißt die Wirkungen des Privatisierungsprozesses werden dargestellt und die Entstehung neuer Wirtschaftseinheiten - die Transformation „Bottom up" - beschrieben (Kapitel 3.2.). Im Anschluß daran erfolgt in einem dritten Schritt die Zusammenschau und Systematisierung der vorliegenden empirischen und theoretischen Befunde zur betrieblichen Transformation im ostdeutschen Maschinenbau (Kapitel 3.3.). Wie in Kapitel 3.2. wird dabei auch der Rahmen möglicher betrieblicher Entwicklungen umrissen, indem auf die aktuellen Diskussionen zur Gestaltung von Technik und Arbeit eingegangen wird. Eine Bewertung der Befunde im Hinblick auf ihren empirischen und theoretischen

Ertrag erfolgt in Kapitel 3.4. Ohne zentrale Ergebnisse bereits an dieser Stelle vorwegnehmen zu wollen, ist festzuhalten, daß hinsichtlich des Wissensstandes sowohl empirische als auch theoretische Defizite bestehen, die im Rahmen der vorliegenden Arbeit nicht vollständig behoben, aber doch verringert werden können.

In Kapitel 4 wird die Datengrundlage, insbesondere das Erhebungsdesign und die empirische Reichweite des NIFA-Panels, dargestellt (Kapitel 4.1.). Es folgen Überlegungen zur Auswertungsstrategie und zur Interpretation bzw. Interpretierbarkeit der Ergebnisse (Kapitel 4.2.), insbesondere hinsichtlich des Stellenwertes, der einem Ost-West-Vergleich zukommen kann. Über diese methodischen Fragen hinaus werden Einflußfaktoren bzw. Indikatoren der technisch-arbeitsorganisatorischen Gestaltung aus theoretischer Perspektive abgeleitet und operationalisiert (Kapitel 4.3.). Nachdem bisher kaum systematische Ansätze zur theoretischen Integration von empirisch als relevant ermittelten Einflußfaktoren des betrieblichen Transformationsprozesses vorliegen, wird hier der Versuch unternommen, sie in einem Set „bewährter" organisationstheoretischer und industriesoziologischer Erklärungsansätze zu verorten. Dabei werden zwei Interpretationsmuster herausgearbeitet, die als Leitidee der empirischen Analyse dienen können: die Ressourcen- und Pfadabhängigkeit der technisch-organisatorischen Gestaltung.

Schließlich stellt Kapitel 5 den empirischen Schwerpunkt der Arbeit dar. Hier wird die technisch-arbeitsorganisatorische Gestaltung des Produktionsprozesses auf der Grundlage der Daten des NIFA-Panels beschrieben und analysiert, wobei für alle relevanten Dimensionen die westdeutschen Daten kontrastierend gegenübergestellt werden. Dazu werden zunächst wesentliche betriebsstrukturelle Merkmale vergleichend dargestellt (Kapitel 5.1.) und im Anschluß der Technikeinsatz und die organisatorische Gestaltung des Produktionsprozesses einer genaueren Analyse unterzogen. Schwerpunkte sind Umfang und Formen des betrieblichen Einsatzes computergestützter Techniken (Kapitel 5.2.), die Betriebsorganisation (Kapitel 5.3.1.), die innerbetriebliche Arbeitsorganisation auf der Ebene von Produktion und vor- und nachgelagerten Bereichen unter Berücksichtigung aktuell diskutierter Formen des Arbeitskräfteeinsatzes - nämlich der Gruppenarbeit - (Kapitel 5.3.2.) und schließlich die Ausgestaltung der interorganisationalen Beziehungen im ostdeutschen Maschinenbau (Kapitel 5.3.3.).

Es kann gezeigt werden, daß sich die technisch-arbeitsorganisatorischen Konstellationen in den ostdeutschen Maschinenbaubetrieben in jeder genannten Dimension hinsichtlich zentraler Aspekte von den Produktionsstrukturen des westdeutschen Sub-Samples abheben, und insofern die Konturen eines ostdeutschen Produktionsmodells bereits deutlich akzentuiert sind. Die einzelnen Untersuchungsergebnisse weisen dabei in unterschiedliche Richtungen. So kann zwar einerseits positiv vermerkt werden, daß die populären Thesen von der Werkbankfunktion des ostdeutschen Maschinenbaus und einer

Verschärfung der innerbetrieblichen Arbeitsteilung nicht zu bestätigen, und durchaus betriebliche Strategien zur Überwindung von Entwicklungshemmnissen auszumachen sind. Andererseits befindet sich die Branche in den neuen Bundesländern - um im Bild eines „überholenden" Modernisierungsprozesses zu bleiben - noch keineswegs auf der Überholspur.

Kapitel 6 faßt die zentralen Ergebnisse der Arbeit noch einmal zusammen und thematisiert abschließend die Frage, ob sich anhand der dargestellten Befunde die Notwendigkeit zu einer gezielten industriepolitischen Unterstützung des betrieblichen Transformationsprozesses ableiten läßt. Dabei wird eine Brücke von den empirischen Ergebnissen der Untersuchung zu den in den letzten Jahren diskutierten Konzepten einer Reform der regionalisierten Strukturpolitik geschlagen.

# 2. Zur Eingrenzung des Untersuchungsgegenstandes: Technik und Arbeit im Prozeß der Systemtransformation

## 2.1. Der Untersuchungsgegenstand

Gegenstand der vorliegenden Arbeit ist die Entwicklung und Gestaltung von Technikeinsatz und Arbeitsorganisation in den ostdeutschen Maschinenbaubetrieben. Diese Analyse verfolgt zunächst das Ziel, die Frage zu beantworten, ob sich als (vorläufiges) Ergebnis der industriellen Restrukturierungsprozesse in den neuen Bundesländern Konturen eines spezifisch ostdeutschen Produktionsmodells ausmachen lassen. Als wesentliche Merkmale eines Produktionsmodells, oder allgemeiner: als besondere Charakteristika unterschiedlicher Wirtschaftsstile, nennen beispielsweise Graf/Miethe (1992: 989, in Anlehnung an Piore/Sabel und Hübner):

- „die Gestaltung der Produktionsabläufe (Technik und Arbeitseinsatzkonzeptionen)
- die Betriebs- und Unternehmensorganisationen (Dominanz der Großunternehmungen versus starke Rolle von Klein- und Mittelbetrieben)
- die Markteinbindung (Dominanz der Massenproduktion versus Kleinserienproduktion)
- das Ausbildungssystem (Facharbeiter oder Aushilfskraft)"

An dieser Auflistung wird deutlich, daß der Begriff des Produktionsmodells in der Regel zur Beschreibung gesellschaftlicher Konfigurationen genutzt wird, um historische Wandlungsprozesse aufzuzeigen oder anhand dieser Dimensionen internationale Vergleiche vornehmen zu können. Da jedoch die ersten drei angesprochenen Merkmale, die zur Charakterisierung herangezogen werden, in sinnvoller Weise nur durch eine Analyse betrieblicher Strukturen erfaßbar sind, läßt sich auf diesem Wege auch ein Bild des jeweiligen Produktionsmodells herauskristallisieren. Bevor nun auf die Implikationen eines solchen Zugangs näher hingewiesen wird, sollen die verschiedenen auf betrieblicher Ebene zu untersuchenden Dimensionen näher eingegrenzt werden.

Der erste Punkt betrifft die Techniknutzung und Arbeitseinsatzkonzeptionen. Vor dem Hintergrund der enormen Rationalisierungspotentiale, die sich durch den Einsatz von Informationstechnologie in der Produktion und Betriebsorganisation ergeben, ist im technischen Bereich insbesondere der Einsatz computergestützter Techniken zu betrachten. Die betrieblichen Formen des Arbeitskräfteeinsatzes sind vor allem unter zwei Aspekten zu analysieren, nämlich zum einen im Hinblick auf die Ausgestaltung der innerbetrieblichen Arbeitsorganisation auf der Ebene der Beschäftigten, insbesondere in der Produktion, und zum anderen hinsichtlich der Realisierung von Formen des Arbeitskräfteeinsatzes, die von der klassischen verrichtungsorientierten Gestaltung abweichen, also etwa der Einsatz von Gruppenarbeit. Ein weiterer wesentlicher Aspekt, der auch in den zweiten Bereich (Betriebs- und Unternehmensorganisation) hineinspielt, ist die innerbetriebliche Arbeitsteilung zwischen Produktion und vor- und nachgelagerten Abteilungen. Vor dem Hintergrund der Diskussion um die Veränderung der Bedeutung und Auflösung von Betriebs- und Unternehmensgrenzen ist darüber hinaus schließlich die interorganisationale Arbeitsteilung ein wesentliches Kriterium zur Beschreibung spezifischer „Produktionsmodelle".[4]

Es besteht durchaus Veranlasssung zu der Annahme, daß die Produktionsstrukturen des ostdeutschen Maschinenbaus sich nicht nur in einer kurzen Übergangsphase, sondern möglicherweise mittel- bis langfristig von jenen des westdeutschen unterscheiden werden. „Dort, wo Modernisierungsprozesse in dem Sinne erfolgreich verlaufen sind, daß im internationalen Vergleich ehemals rückständige Gesellschaften diesen Status überwinden konnten, waren sie nicht einfach Kopie eines erfolgreichen Vorbildes. Der Wandel entsprach vielmehr einem Adaptionsprozeß, in dem das neue Produktionsmodell von den sozialen Besonderheiten der jeweiligen Gesellschaft durchdrungen und damit gegenüber den historischen Vorbildern mit spezifischen Akzentuierungen versehen wurde." (Voskamp/Wittke 1990: 13). Bezogen auf die Situation in den neuen Bundesländern heißt dies nichts anderes, als daß die derzeitigen Produktionsstrukturen nicht einen voraussetzungslosen Neuanfang aus einer Tabula-rasa-Situation heraus darstellen, sondern sich auf der Basis der gewachsenen Strukturen entwickeln, daß also eine Pfadabhängigkeit der technisch-organisatorischen Gestaltung des Produktionsprozesses besteht.

Die Produktionsstrukturen des Maschinenbaus in der DDR waren Ergebnis einer hierarchischen Steuerung durch Pläne unter den Bedingungen „weicher Budgetrestriktionen" (Kornai 1986), d.h. einer Unabhängigkeit der Bestandssicherung der Betriebe von ökonomischem Erfolg. Dies führte zu Strukturen, die sich nicht nur *materiell,* sondern auch *qualitativ* - im Sinne von Effizienz - von denen in marktwirtschaftlich organisierten Gesellschaften unterschieden.

---

4 Zur konkreten Operationalisierung der einzelnen Dimensionen vgl. Kapitel 4.3. und 5.

Zwar ist weder in allen Marktwirtschaften, nicht zuletzt in der bundesrepublikanischen „sozialen“, der Markt der alleinige Steuerungsmodus und der Wechsel von der Plan- zur Marktwirtschaft insofern eher ein Übergang „von einer dominierenden monistischen Steuerung der Wirtschaft durch Pläne zu einer pluralistischen Steuerung durch eine Vielfalt von Steuerungsformen“ (Lange 1993: 43), noch ist letztlich geklärt, wie kurzfristig die ostdeutschen Betriebe tatsächlich mit „harten“ Budgetrestriktionen konfrontiert werden, und nicht vielmehr einem - gemessen am Beschäftigungsvolumen - größeren Teil der Betriebe, z.B. als „industriellen Kernen“ noch für einen längeren Zeitraum eine Schonfrist gewährt wird.

Zum „Problem“, das über den Gesichtskreis der vergleichenden (industriesoziologischen und ökonomischen) Deutschlandforschung vergangener Jahrzehnte (vgl. exemplarisch Klinger 1988a; Deppe/Hoß 1989) hinaus von Interesse ist, wurde der ostdeutsche Betrieb jedoch zweifellos erst durch die deutsche Vereinigung, durch die Systemtransformation von der sozialistischen Planwirtschaft der DDR zur sozialen Marktwirtschaft der Bundesrepublik. Es liegt daher nahe, den Vorgang der Systemtransformation aus theoretischer Perspektive einmal näher zu betrachten und zu prüfen, ob die offerierten Erklärungsmuster Hinweise auf besondere Problemlagen ökonomischer Restrukturierung geben und bei deren Interpretation von Nutzen sein können.[5]

---

5 Die folgenden Ausführungen beschränken sich dabei allein auf im engeren Sinne sozialwissenschaftliche/soziologische Interpretationsansätze, jedoch verlief die wirtschaftswissenschaftliche Debatte zur Systemtransformation durchaus parallel. Es wurde konstatiert, daß es „in der Fachwissenschaft [...] offensichtlich an „geordneten Erkenntnissen“ über die Ursachen der Systemtransformation und über Determinanten des Transformationsprozesses“ fehlt (Clapham 1992: 113). Die Wirtschaftswissenschaft und insbesondere die vergleichende Wirtschaftslehre hatten sich lange Jahre im wesentlichen mit der komparativ-statischen Gegenüberstellung von Plan- und Marktwirtschaften begnügt (Krug 1991), und sich weder mit Analysen des Übergangs von einem System zum anderen noch mit den Ursachen und Auslösern eines solchen Übergangs beschäftigt. Als Gründe für die geringere Wirtschaftskraft plansozialistischer Systeme waren zumeist das Fehlen wirkungskräftiger Sanktions- und Anreizinstrumente sowie immense Transaktionskosten planwirtschaftlicher Koordination benannt worden, jedoch sprach dies aus ökonomischer Sicht nicht notwendigerweise für eine kurzfristige Instabilität der Systeme. Erst die im Rahmen der Entwicklungsländerforschung angestoßenen vergleichenden Analysen nicht-marktwirtschaftlicher Systeme führten zu einer stärkeren Sensibilisierung und vertieften Überlegungen zum Problem der Transition von Ökonomien, die auch für die Analyse von Systemtransformationen fruchtbar gemacht werden konnten. Allerdings verdeutlichten sie vor allem das „Reformdilemma“, vor dem die sozialistischen Systeme standen resp. stehen. Die als konstitutive Ordnungselemente betrachteten marktwirtschaftlichen Institutionen - insbesondere die Definition und Durchsetzung von Eigentums- und Verfügungsrechten, Preisreformen, Demokratisierung - sind derart interdependent, daß Krug (1991: 44) zu dem Schluß kommt, „eine umfassende Wirtschaftsreform [wäre, die Verf.] paradox, so daß eine Vorhersage bezüglich der Richtung und Geschwindigkeit von Transformationsprozessen [...] unmöglich erscheint“. Allerdings ist darauf hinzuweisen, daß die ökonomische Institutionentheorie bei der Analyse von Transformationsprozessen

## 2.2. Systemtransformation: Das Phänomen in theoretischer Perspektive

Die sozialwissenschaftliche Forschung traf die deutsche Vereinigung und die Umbruchprozesse in Osteuropa relativ unvorbereitet. Reaktion der Scientific Community war daher zunächst eine gewisse Überraschung und Ratlosigkeit, es wurde unter Soziologen die Rede laut von einem „Versagen" der Sozialwissenschaften, ob dieser gänzlich unerwarteten und in dieser Form in keiner Weise prognostizierten Ereignisse.[6] Andererseits konnten diese Umbruchprozesse und speziell die deutsche Vereinigung aus wissenschaftlicher Sicht auch als „Herausforderung" begriffen werden, als „forschungspragmatischer Glücksfall", der den Sozialwissenschaftler „in die einmalige Lage [versetzt, die Verf.], den Aufprall der spezifisch westdeutschen Spielart eines demokratisch-kapitalistischen Institutionensystems auf eine Gesellschaft zu studieren, die fast 60 Jahre lang nicht demokratisch und jedenfalls über 40 Jahre lang nicht kapitalistisch gewesen ist." (Offe 1991: 77).

Zur Interpretation und Erklärung des Phänomens „Systemtransformation" wurde dann aber im wesentlichen auf etablierte sozial- und wirtschaftswissenschaftliche Theorien zurückgegriffen.[7] Im Bereich der Sozialwissenschaften erlangte dabei der modernisierungstheoretische Ansatz Parson'scher Provenienz die größte Popularität. Demnach holten die osteuropäischen Staaten ein Modernisierungsdefizit nach, das durch die Blokkierung bestimmter gesellschaftlicher Entwicklungen durch die realsozialisti-

---

zum Teil sehr instruktive Einsichten zu vermitteln vermag (vgl. exemplarisch Leipold 1991), indem sie aufzeigt, daß Deregulierung zur Ingangsetzung einer ökonomischen Transformation nicht zwangsläufig zu einer funktionierenden Marktwirtschaft führen muß, da die Funktionsfähigkeit dieser Basisinstitution nicht zuletzt auch an kulturelle Voraussetzungen geknüpft ist, und im Reformprozeß für die ehemals privilegierten Gruppen massive Anreize zur Beschränkung von Privateigentum und Wettbewerbsfreiheit bestehen. Diesen Umstand hätte man auch im Falle der DDR stärker berücksichtigen müssen, saß aber - vor allem unter orthodoxen Ökonomen - dem „Irrglauben" (Albach 1993: 12) auf, „daß „gutes Geld" und „gute Gesetze" alleine schon ausreichten, um den Transformationsprozeß erfolgreich zu vollziehen" (ebd.). Einen Überblick über die ökonomische Transformationsforschung gibt auch Schwarz (1995).

6 Mayntz (1996: 141) stellt rückblickend fest: „Unzweifelhaft ist jedoch, daß wir von solchen Umbrüchen immer wieder überrascht werden und uns als Soziologen dann mit unserem Wissensanspruch professionell in Zweifel gezogen fühlen. Typisch war hier die Mischung aus Selbstvorwurf und Apologetik, mit der Sozialwissenschaftler auf den Zusammenbruch der ehemals sozialistischen Staaten und speziell der DDR reagiert haben."

7 Ein Umstand, der psychologisch unschwer zu erklären ist; so formuliert etwa Seibel (1992): „Die Wiedervereinigung Deutschlands und der dadurch ausgelöste Prozeß der wirtschaftlichen und staatlichen Integration hat durch seine Plötzlichkeit ein Interpretationsvakuum geschaffen, das gewissermaßen einen kognitiven Sog auf alle halbwegs passenden Interpretationsmuster ausübt." Vgl. in diesem Zusammenhang auch Lauermann (1996).

schen Systeme, insbesondere durch die mangelnde funktionale Differenzierung und Autonomisierung der gesellschaftlichen Subsysteme zustande gekommen war (Zapf 1994). „In diesen Gesellschaften habe eine politische Übersteuerung aller gesellschaftlichen Teilsysteme stattgefunden, die deren funktionale Eigenlogiken mißachtete und so Modernisierungsprozesse blockierte. Nur hinreichend autonomisierte Teilsysteme vermögen jedoch ihre volle Leistungsfähigkeit zu entfalten. Eine politisch unter einengender Kontrolle gehaltene Gesellschaft weise daher strukturelle Leistungsschwächen und Innovationsblockaden auf, die sich in der globalen Konkurrenz mit den entwickelten westlichen Gesellschaften zu einer Abwärtsdynamik verdichteten und so den Untergang des Staatssozialismus unaufhaltsam machten." (Schimank/Weyer 1996: 180). Auch wenn hiermit sicherlich zentrale Strukturprobleme staatssozialistischer Gesellschaften skizziert werden, so bleiben aufgrund eines solchen modernisierungstheoretischen Erklärungsansatzes doch zahlreiche Fragen offen: mußte es zwangsläufig zu einem Untergang dieser Gesellschaften kommen, warum kam es zu diesem Zeitpunkt dazu, was waren konkrete Auslöser der Entwicklung? Andere Autoren kritisierten nicht nur den normativen Impetus sowie den fehlenden Zeit- und Akteursbezug der Modernisierungstheorie (Müller 1991), sondern forderten in Anbetracht der „qualitativen Andersartigkeit" des Vorgangs (Reißig 1993) die Ausarbeitung einer spezifischen „Transformationstheorie" ein, den Umstand weitgehend außer acht lassend, daß es schon aus „methodologischen Gründen, eine singuläre Theorie eines historisch-singulären Geschehens nicht geben" kann (Weiss 1994: 94). Müller (1996: 171) bewertet den derzeitigen Stand der Theoriedebatte dahingehend, daß es sein könnte, daß sich die „Theoriefehler orthodoxer Modernisierungsansätze zu einem Theorieversagen zumindest des deutschen Neoparsoniasmus aufsummieren, dessen Kategorien windschief an den osteuropäischen Transformationen vorbeizielen."

Es bleibt insofern festzuhalten, daß weder über *Ursachen* noch über den allgemeinen *Verlauf* von Systemtransformationen unter Zugrundelegung einer modernisierungstheoretischen Interpretation Aussagen getroffen werden (können). Für den Fall der DDR ist dies faktisch natürlich insofern zu relativieren, als durch den Beitritt zur BRD das Transformationsziel bereits deutlich konturiert war. Die Diskussion um die theoretische Fassung des Phänomens „Systemtransformation" auf Makroebene läßt sich hinsichtlich ihrer Relevanz für die wirtschaftliche Entwicklung nach der deutschen Vereinigung insofern lediglich dahingehend zusammenfassen, daß Strukturprobleme plansozialistischer Wirtschaften im ökonomischen Bereich aus politischer Übersteuerung, insbesondere aber aus der mangelnden Handlungsautonomie der Wirtschaftssubjekte resultierten.

Diese Debatte braucht aus verschiedenen Gründen nun nicht weiter vertieft zu werden. Zum einen scheint in bezug auf das interessierende Forschungsproblem die Modifizierung und Ausarbeitung von Theorien mittlerer

Reichweite gemäß der Forderung: „den Transformationen weniger mit der krampfhaften Suche nach originellen Theorien der Transformation, sondern vielmehr mit Versuchen der Transformation der Theorien zu begegnen" (Kollmorgen 1994: 392) ohnehin angemessener.

Zum anderen ist durch die deutsche Vereinigung die Entscheidung für einen ostdeutschen Sonderweg gefallen, d.h. durch die Übernahme des politisch-institutionellen Rahmens der Alt-BRD war nicht nur das Entwicklungsziel im wesentlichen vorgegeben, sondern auch der Weg dorthin. „Sowohl das Ziel der Transformation (Marktwirtschaft und Demokratie) als auch der Pfad zu diesem Ziel (Herstellung der deutschen Einheit) waren nach den Volkskammerwahlen vom März 1990 vorgegeben. Durch den Beitritt der DDR zur Bundesrepublik Deutschland wurde der gesamte Ordnungsrahmen - bestehend aus unzähligen Gesetzen und Verordnungen - und das Institutionensystem mit Verbänden und Parteien auf das Beitrittsgebiet der „neuen Bundesländer" übertragen. Selbst wenn dieser Transfer in bestimmten Bereichen zu Fehlentwicklungen geführt hat, und auch wenn einzelne Regelungen die Dynamik der wirtschaftlichen Entwicklung in der Transformationsperiode behindern, so ist - gerade im Vergleich zu den ehemaligen RGW-Partnern der DDR - hervorzuheben, daß in Ostdeutschland durch die Beitrittslösung ein für wirtschaftliche Transaktionen bedeutsamer Sicherheitshorizont entstand." (Hinz/Ziegler 1994: 116).

Dies verweist schließlich auf den Umstand, daß das, was auf der Makroebene des gesellschaftlichen Umbruchs oder Wandels ein zu erklärendes Phänomen ist, auf der hier interessierenden betrieblichen Ebene als exogene Ursache, als Datum bzw. Rahmenbedingung zu betrachten ist. „Gesellschaftliche Umbrüche sind ein besonderer Typus sozialer Diskontinuitäten; es sind rapide ablaufende, tiefgreifende (radikale) Veränderungen auf der Makroebene, die zugleich auch die tieferliegenden Systemebenen (Meso, Mikro) involvieren - Merkmale, die keineswegs generell für sozialen Wandel gelten." (Mayntz 1996: 142). Gesellschaftliche Umbrüche können bei der Analyse der ganz überwiegenden Zahl von Untersuchungsgegenständen primär als exogenes Datum betrachtet werden, nicht zuletzt auf betrieblicher Ebene. Zwar wirken betriebliche und somit ökonomische Entwicklungen mittel- bis langfristig auch wieder auf den Verlauf gesellschaftlicher Umbruchprozesse zurück, da etwa das Ausbleiben einer wirtschaftlichen Erholung wiederum ökonomische Konsequenzen - im Falle der neuen Bundesländer etwa eine massive monetäre Umverteilung von West nach Ost - und dann möglicherweise auch politisch-institutionelle Konsequenzen nach sich zieht.

Der letztgenannte Aspekt soll hier allerdings zunächst ausgeblendet und der durch die Vereinigung induzierte Wechsel des Gesellschafts- und Wirtschaftssystems als unabhängige Variable betrachtet werden, die bestimmte Friktionen, Umbrüche und Umstrukturierungsprozesse in Gang setzte. Auch zur Beschreibung der (betrieblichen) Umstrukturierungsprozesse nach der Wende hat sich „Transformation" jedoch als einheitliches Deutungsmuster durchgesetzt, und eine „Transformationsforschung" schickte sich vergleichsweise rasch an, sich zu etablieren.[8] Das mittlerweile „inflationär gebrauchte" (Kreckel/Pollack 1996: 211) Etikett „Transformation" ist schnell zum Modebegriff avanciert, ohne daß dessen Implikationen näher betrachtet und Überlegungen zu den sich daraus ergebenden Anfoderungen angestellt wurden.[9] Es ist aber Reißig (1994: 323) zuzustimmen, wenn er anmerkt, daß der Begriff der „Transformation" als Leitbegriff sozialwissenschaftlicher Analysen nur fruchtbar sein kann, wenn er eine inhaltliche Präzisierung erfährt. Es lohnt sich daher, noch einmal an diesem Begriff anzusetzen, um auf diesem Wege die Dimensionen des Forschungsproblems besser zu umreißen und eine Einordnung von Forschungsergebnissen zu ermöglichen. Die folgenden Ausführungen sind dabei naheliegenderweise auf die betriebliche Ebene zugeschnitten.

## 2.3. Zum Begriff der „Transformation", oder: Anforderungen an eine (betriebliche) Transformationsforschung

Bei „Transformationsprozessen" handelt es sich - in Anlehnung an eine Definition von Kollmorgen (1994: 383) - „um längerfristige, komplexe, sukzessive Wandlungsprozesse von „definierbaren" [Gesellschaften bzw. Teilbereichen oder „Systemen"] Entitäten von einem „Ausgangszustand" in einen „angebbaren" (z.T. „theoretisch prognostizierten") „Folgezustand unter bestimmten Übergangserscheinungen." (Kollmorgen 1994: 383, Zitate aus Hartfiel/Hillmann 1982). In dieser unbestritten sehr allgemeinen Definition lassen sich fünf Elemente ausmachen, die Anforderungen an eine „Transformationsforschung" definieren müßten.

8 Zwar wurde dieses neue Forschungsfeld in einzelnen sozialwissenschaftlichen „Bindestrich"-Disziplinen erst nach und nach besetzt, dennoch kam die Forschung „Nach anfänglichem Zögern - professionsblinden Perzeptionsbarrieren" (Schmidt 1993: 18) spätestens seit 1992 in großem Umfang in Gang. „Motor" dieser Forschungsaktivitäten war nicht zuletzt die (finanzielle) Unterstützung durch verschiedene staatliche Förderprogramme, die neben rein wissenschaftlichen Zielsetzungen auch der Förderung bzw. Absicherung eines Teils der DDR-Forscher dienten (Mayntz 1992). Dies schlug sich beispielsweise in der Vergabe der Fördermittel durch die Kommission für den sozialen, politischen und wirtschaftlichen Wandel in den neuen Bundesländern (KSPW) nieder.

9 „Vor erreichter begrifflicher Präzision, einem Konsens auf fachwissenschaftlich akzeptablem, identifizierbarem Niveau und also dem Begreifen der Sache wird sie schon wieder zugedeckt oder verstellt: Man tauscht nur noch untereinander die Etiketten aus - und bleibt konsequent in diesem Tauschgeschäft. Formal, oder abstrakt, leer; behauptet wird aber „die Sache selbst"" (Thomas 1992: 7).

Die Charakterisierung von Transformationsprozessen als längerfristige, komplexe, sukzessive Wandlungsprozesse impliziert a priori zunächst die Notwendigkeit, sich nicht auf die Betrachtung singulärer Zeitpunkte zu beschränken, sondern entweder Zustände zu verschiedenen Zeitpunkten miteinander zu vergleichen, oder sogar eine kontinuierliche Beobachtung des Forschungsgegenstandes über längere Zeit vorzunehmen. Gegenstand der Forschung sind dabei „definierbare Gesellschaften, Teilbereiche, Systeme". Nun erscheint die Abgrenzung des Gegenstandsbereiches zunächst als Selbstverständlichkeit bzw. Grundvoraussetzung jeglicher sozialwissenschaftlicher Forschung. Dennoch scheint die Sensibilisierung des Forschers hinsichtlich dieses Problems sinnvoll. Was auf der Makroebene von Gesellschaft als unproblematisch erscheinen mag, ist dies auf der Ebene gesellschaftlicher Subsysteme oder der Mesoebene von Organisationen nur vordergründig. Was sind beispielsweise Kriterien, die den „Betrieb" definieren? In der Sichtweise der Organisationstheorie sind sie „tendenziell auf Dauer angelegte soziale Einheiten mit institutionellen Regelungen, die das Verhalten der Beteiligten steuern, und mit spezifischen Zielen bzw. Aufgaben, die durch die Mitglieder realisiert werden können." (Voss 1992: 429). Im Zuge des Transformationsprozesses fand jedoch häufig nicht nur auf personaler Ebene ein umfassender Wechsel statt, es wurden auch andere Ziele bzw. Aufgaben definiert, die zu realisieren waren, und nicht zuletzt grundlegend andere institutionelle Regelungsmechanismen implementiert.[10] Die Definition des Gegenstandsbereiches ist im Rahmen laufender Forschungsprojekte insofern zuweilen ein sehr konkretes Problem, dessen Bedeutung jedoch weithin negiert wird. So konstatiert etwa Lutz (1995: 137), „Durch den „Übergang von der Planwirtschaft zur Marktwirtschaft" - so die rituell gebrauchte Formel, um diesen Prozeß zu beschreiben - würden in dieser Vorstellung zwar die Außenbedingungen betrieblichen Handelns grundlegend verändert, hingegen die Akteursidentität des Betriebes selbst nicht berührt." Veränderungsprozesse sind desweiteren immer nur im Verhältnis zu einem Ausgangszustand darzustellen, als „Abweichung von relativ stabilen Zuständen" (Zapf 1969).

Ein Ausgangszustand ist in unserem Kontext aber schwer zu bestimmen, da der interessierende Gegenstandsbereich sich rasch auflöste und die bis zur Vereinigung vorliegenden Materialien und Untersuchungen - ost- und

10 Marz (1992: 215) formuliert hierzu provokativ: „Die industriesoziologische Transformationsforschung steht vor einem heiklen Problem. Sie hat, streng genommen, keinen Gegenstand. [...] Geht man davon aus, daß der Begriff Transformation einen Umwandlungs- oder Umformungsprozeß bezeichnet, dann handelt es sich bei der industriesoziologischen Transformationsforschung - vereinfacht und sehr allgemein gesagt - darum, den Umgestaltungsprozeß jener Handlungsnetzwerke, die einen realsozialistischen Betrieb auszeichneten, zu analysieren. Und genau da beginnen bereits die Schwierigkeiten. Was wird denn eigentlich im gegenwärtigen Transformationsprozeß transformiert?"

westdeutscher Forscher - wohl zu Recht mit einiger Vorsicht betrachtet werden sollten. Womit ein spezifisches „Quellenproblem" empirischer Transformationsforschung (Marz 1992) angesprochen ist. Retrospektive Erhebungen und ein Rückgriff auf das „Gedächtnis-Archiv des Menschen" scheinen nur bedingt geeignet, hier zu weiterer Klärung beizutragen, da eine solche Ex-Post-Interpretation stets „der Gefahr ausgesetzt [ist, die Verf.], in einen retrospektiven Determinismus" (Pirker et al. 1995) umzuschlagen. Andererseits verstellt eine alleinige Fokussierung auf einen wie auch immer zu ermittelnden „Ausgangszustand" möglicherweise den Blick auf sich neu Entwickelndes, was Fritsch für den ökonomischen Bereich als „Transformation von unten" bezeichnet hat, nämlich die Entstehung Neuer Selbständigkeit, die das Bild des sich entwickelnden „Folgezustandes" nachhaltig beeinflussen kann.

Die (theoretische) *Prognose* des zu erwartenden „Folgezustandes" setzt selbstredend die Verfügbarkeit und Anwendbarkeit passender theoretischer Konzeptionen voraus. Unter dem Kriterium der Verfügbarkeit liegt es nahe, zunächst auf bewährte Theorien, die ihre Erklärungskraft bereits bewiesen haben, zurückzugreifen. Diesem Ansatz folgend handelt es sich bei einem Großteil der vorliegenden Untersuchungen um die „Neubelebung theoretischer Traditionen und den Rekurs auf bekannte Konzepte" (Reißig 1994: 337). Demgegenüber trat die Frage der Anwendbarkeit dieser Konzepte zurück. Dabei scheint die Ableitung von Hypothesen über die Bedeutung spezifischer, in Ostdeutschland wirksamer Umweltbedingungen, über Wirkungsmechanismen und Akteurspräferenzen, die über die allgemeine Vermutung einer Bedeutsamkeit der „sozialen Mitgegebenheiten des Transformationsprozesses" und der Wirksamkeit von zu DDR-Zeiten erworbenen „Verhaltensdispositionen" hinausgehen, für eine mindestens partiell erfolgreiche Prognose ökonomischer Strukturen der „Ankunftsgesellschaft" ebenso bedeutsam wie der Rückgriff auf tragfähige theoretische Konzeptionen. Die Diskussion dieser Fragen erfolgte allerdings im Rahmen bisher vorliegender Analysen nicht systematisch.

Vor Erreichen eines (notwendigerweise immer mehr oder weniger stabilen und in jedem Fall immer auch wieder vorläufigen) Endzustandes gibt es eine Phase, die durch die Realisierung weniger stabiler Übergangserscheinungen gekennzeichnet ist. Wann es sich nicht mehr um solche Übergangserscheinungen, sondern um Situationen handelt, die durch größere Stabilität gekennzeichnet sind, erscheint vor dem Hintergrund eines permanenten und sich dynamisierenden sozialen Wandels nicht unbedingt klar. Immerhin ist von seiten verschiedener „Transformationstheoretiker" der Versuch unternommen worden, Transformationsprozesse von allgemeinen Prozessen sozialen Wandels abzugrenzen. Demnach ist Kennzeichen dieser spezifischen Form sozialen Wandels, daß es sich um Wandlungsprozesse handelt, „deren Ziel prinzipiell bekannt ist und von den zentralen Akteuren bewußt angestrebt wird" (Zapf 1994, zitiert nach Reißig 1994: 329). Während diese Umschreibung, insbesondere bezüglich des Zutreffens der „Bekanntheit des Transformationszieles", für den Umbau des politisch-institutionellen Systems noch als mehr oder weniger zutreffend hingenommen werden kann,[11] so ist dies für die Umbruchprozesse im ökonomischen Sektor doch nur insofern anzunehmen, als unterstellt werden kann, angestrebtes Ziel sei die Transformation zur unter den veränderten Bedingungen überlebensfähigen Organisation, die aber tatsächlich vielgestaltig sein kann.

Welche Schlußfolgerungen lassen sich aus dieser Betrachtung ziehen? Ohne wesentliche inhaltliche Aspekte an dieser Stelle bereits vorwegnehmen zu wollen, ist zu konstatieren, daß es sich bei dem, was unter „Transformationsforschung" firmiert, in vielen Fällen nicht um Forschung in dem hier nahegelegten Sinn handelt, sondern der Begriff vielmehr für ein breites Spektrum von Analysen verwendet wird, die den hier grob umrissenen Anforderungen in durchaus unterschiedlicher Weise genügen. Diese Feststellung kann nun nicht weiter verwundern, da das Forschungsfeld in den letzten Jahren eben erst nach und nach erschlossen wurde - was beispielsweise Defizite im Bereich der Theoriebildung erklärt[12] -, und die Forderung nach einem so umfassenden Zugang empirisch - schon aus methodischen Gründen - auch nur selten umsetzbar sein wird. Jedoch scheint ein Großteil der vorgelegten Berichte und Analysen, wie an der Untersuchungsanlage deutlich wird, den Begriff der Transformation relativ unreflektiert zu verwenden, und eher als schmückendes Beiwerk konventioneller Analysen nutzen zu wollen. Rein pragmatisch ist unter „Transformationsforschung" insofern zwar all das zu verstehen, was sich als solche definiert, also im weitesten Sinne Forschung, die durch die deutsche Vereinigung und die dadurch angestoßenen Fragen induziert wurde; allerdings sollte sich damit nicht die Erwartung verknüpfen, daß es sich stets um die Analyse von Transformationsprozessen handelt. Die Zugrundelegung eines solchen Begriffsverständnis ist jedoch in besonderer Weise dazu geeignet, die bisher vorliegenden Befunde zu strukturieren und die eigenen Ergebnisse, die, da zeitpunktbezogen, eben auch nur in sehr spezifischer Weise einen Beitrag zur „Transformationsforschung" darstellen, in diesem Kontext zu verorten.

Dabei sind meines Erachtens mindestens drei Dimensionen zu berücksichtigen, die der folgenden Darstellung zugrunde liegen. Zunächst soll gewissermaßen retrospektiv ein Überblick über die Funktionsweise von (Maschinenbau-) Betrieben im Wirtschaftssystem der DDR gegeben und ihre technisch-arbeitsorganisatorische Strukturierung sowie deren Einflußfaktoren, dargestellt werden. Dies dient dazu, die Ausgangssituation betrieblicher

11 Nicht umsonst ist der „Umbau" des politisch-institutionellen Systems von zahlreichen Autoren als Prozeß des „Überstülpens" eines existierenden Institutionensystems, als „Landnahme" bezeichnet worden.

12 - vergleiche dazu auch Kapitel 3.4. -

Restrukturierungsprozesse zu verdeutlichen, die, wie noch gezeigt werden wird, nicht unwesentlich für die folgende Entwicklung war. In einem zweiten Schritt wird unter dem Stichwort „Konstitution der Akteure“ aufgezeigt, wie einerseits aus bestehenden ökonomischen Strukturen (potentiell) handlungsfähige Akteure entstanden und sich andererseits neue Akteure konstituierten. Schließlich werden im einem dritten Schritt die vorliegenden Befunde zu den betrieblichen (Re-) Strukturierungsprozessen im ostdeutschen Maschinenbau dargestellt und bewertet.

# 3. Dimensionen betrieblicher Transformation

Die Dimensionen betrieblicher Transformation sollen im folgenden in drei Schritten verdeutlicht werden; zunächst werden Funktion und Struktur von Betrieben im Wirtschaftssystem der DDR und Befunde zur technisch-arbeitsorganisatorischen Struktur im DDR-Maschinenbau dargestellt und deren Bestimmungsgründe diskutiert. Hier sind, wie im folgenden deutlich werden wird, grundsätzlich zwei Perspektiven zu unterscheiden. In offizieller Lesart erschloß sich die Gestaltung betrieblicher Strukturen aus rechtlichen Festlegungen und programmatischen Verlautbarungen - eine Perspektive, die jedoch um die Analyse der tatsächlichen betrieblichen Handlungsspielräume erweitert werden muß, um die eigentümliche Doppelstruktur planwirtschaftlichen Handelns in den Blick zu bekommen, wobei die „Besonderheit planwirtschaftlicher Koordinierungsformen [..] nicht die Existenz einer Diskrepanz zwischen offiziellen Koordinierungsformen und tatsächlichem Entscheidungsverhalten, sondern eher ihr Ausmaß und ihr systematischer Stellenwert" (Heidenreich 1991a: 413) war. Im Anschluß an die Darstellung der Befunde zu Arbeit und Technik im staatssozialistischen System wird dann die Konstitution der Akteure wirtschaftlichen Wandels behandelt, um schließlich in einem dritten Schritt die Prozesse industrieller (Re-) Strukturierung zu beschreiben. Hier ist dann auch auf die allgemeinere Debatte um den Wandel arbeitsorganisatorischer Gestaltung einzugehen, die in den letzten Jahren die öffentliche Diskussion westlicher Industriegesellschaften beherrschte.

## 3.1. Arbeit und Technik im staatssozialistischen System

### 3.1.1. Der „volkseigene Betrieb" und seine Stellung im Wirtschaftssystem der DDR

Als „wirtschaftliche und gesellschaftliche Einheit der materiellen Produktion" waren die volkseigenen Betriebe „für die Erfüllung der staatlichen Pläne unter Beachtung des Bedarfs der Bevölkerung, der Wirtschaft und der Erfordernisse des sozialistischen Staates verantwortlich." (Verordnung über die Aufgaben, Rechte und Pflichten der volkseigenen Betriebe, Kombinate und VVB 1973, zitiert nach Eckhardt 1981: 66). In der DDR-Wirtschaft war der Plan somit das konstituierende Gestaltungselement, was mit der ersten

Verfassung vom Okotober 1949 verbindlich festgeschrieben wurde (Hamel 1977: 56). Das Privateigentum an Produktionsmitteln war weitgehend abgeschafft, ökonomische Entscheidungen wurden im wesentlichen zentral durch die Staatliche Plankommission getroffen und mittels der Vereinigungen volkseigener Betriebe (VVB) und der Kombinate auf die betriebliche Ebene transformiert (Abbildung 1).

*Abbildung 1: Schematische Darstellung des Planungsablaufs*

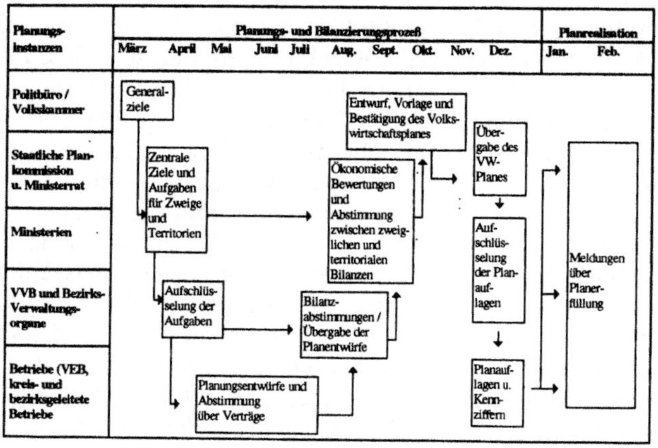


*nach: Knauff (1977: 118)*

„Theoretischer Hintergrund für die zentrale Planung ist die Auffassung, eine Abstimmung von Angebot und Nachfrage über Märkte und Preise, verbunden mit Privateigentum an den Produktionsmitteln [...], führe nicht zu einer gesamtwirtschaftlich sinnvollen Koordination, sondern zu Anarchie der gesellschaftlichen Produktion." (Knauff 1977: 105). Dieser „Rationalitätsmythos der Planmäßigkeit" (Stojanov 1992: 27) bedingte gesellschaftlich eine ausgeprägte Hierarchisierung von Kompetenzen und eine Asymmetrie der Kommunikationswege von oben nach unten, um schließlich die Utopie einer „homogen durchorganisierten Produktionsgesellschaft" (Geyer 1994: 131) verwirklichen zu können. Es war das Prinzip des „Primats der Politik in der Ökonomie", das das Verhältnis von Staat und Wirtschaft kennzeichnete (Lange 1991). Nach dieser Lesart war der Staat ein - langfristig absterbendes - Instrument der Politik, dessen sich die Arbeiterklasse, vermittelt über die kommunistische Partei, in einer Übergangsphase zur Durchsetzung ihrer Interessen bedient (Geistlinger 1986)[13]. Diese „Diktatur des Proletariats“ fußte auf dem Prinzip des demokratischen Zentralismus, das konstitutiv für die gesamte gesellschaftliche Organisation war. „Das aber bedeutete, daß alle gesellschaftlichen Teilsysteme der Herrschaft des politischen unterstellt und dadurch in ihrer Autonomie und in der freien Verwirklichung ihrer systemspezifischen Prinzipien eingeschränkt waren.“ (Pollack 1990: 294). Im ökonomischen Bereich konkretisierte sich dies vor allem in der Einschränkung der Handlungsautonomie der Betriebe. Deren Möglichkeit der Einflußnahme war auf der Absatzseite im wesentlichen auf die Formulierung von „Planungsangeboten“ reduziert (Eckhardt 1981: 77), die mit den staatlichen Planungsvorhaben abgestimmt wurden. Da jedoch der Formulierung und Realisierung bestimmter Planvorgaben eine hohe politisch-ideologische Bedeutung zukam, bestanden entsprechend geringe Gestaltungsspielräume für die Betriebe. *Strategische* Überlegungen der Betriebe wurden „durch zentrale Entscheidungen, Ausnahmeregelungen und Bilanzierungen überdeckt, wobei vielfach zentral gefaßte Beschlüsse einfach nach unten weitergegeben wurden. Zwar wurden in Vorbereitung von langfristigen Plänen Entwicklungskonzeptionen der Unternehmen erarbeitet, sie wurden aber nicht zur Arbeitsgrundlage.“ (Pleschak 1995: 67).

Daß über Produktion und Verwendung der Güter zentral bestimmt wurde, bedeutete in der Konsequenz dann natürlich auch, daß die Zuteilung der notwendigen Vorprodukte (zumindest theoretisch) nicht im Einflußbereich der einzelnen Betriebe lag. Die Außenbeziehungen der Betriebe hatten, da der Verkauf der Produkte im wesentlichen über die staatliche Handelsorganisation abgewickelt wurde, also eine insgesamt geringe Bedeutung.[14]

Die Bilanzierung erfolgte im Prinzip auf naturaler Basis und nicht gewinnorientiert, d.h. es bestand eine Unabhängigkeit von Preisen und Kosten, so daß auch diese für betriebliche Autonomie als notwendig erachtete

---

13 Dies wurde als Prozeß der „politischen Privatisierung” des Staates interpretiert: „Die kommunistischen Parteien mit ihrem Machtmonopol übernehmen so die Techniken und die Institutionen der staatlichen Herrschaft, die im Prozeß der Modernisierung der bürgerlichen Gesellschaft entstanden sind, sie unterwerfen sie aber ausschließlich ihrer Disposition, indem sie die Selbstkontrolle dieser Institutionen durch das positive Recht und den öffentlichen Diskurs aufheben und durch eine Legitimation kraft Außerordentlichkeit ersetzen, die eine Kontrollierbarkeit und somit auch Kalkulierbarkeit der Macht ausschließt.” (Srubar 1991: 419).

14 Hildebrandt (1990: 96) beschrieb dies für eines der großen Maschinenbaukombinate wie folgt: „Der Verkauf lief über die staatliche Handelsorganisation; die Nachfrage war immer höher als die Produktionskapazität. Die Jahresplanung war eine Fortschreibung der bisherigen Produktion plus 5 Prozent Wachstum. Kundenwünsche bezüglich Sonderausführungen, Qualitätsanforderungen, Service und Lieferterminen - die für die Entwicklung der Produktionsorganisation in der Bundesrepublik in den letzten Jahren entscheidend waren - spielen in den DDR-Betrieben kaum eine Rolle. Das Produktionsergebnis wird über die Staatsbürokratie verteilt.“

Voraussetzung nicht erfüllt war (Weinert 1995: 289). Ausfluß eines solchen Plansystems war die Entkoppelung von wirtschaftlicher Situation und Betriebsbestand: „...die Betriebe [hatten, die Verf.] nicht die wirtschaftlichen Konsequenzen ihres Handenls zu tragen. Die volkseigenen Betriebe operierten unter weichen Budgetbedingungen." (Aderhold et al. 1994: 30; vgl. auch Kornai 1986). Dies wiederum gab wenig Anreize zur Steigerung der innerbetrieblichen Effizienz, eher im Gegenteil entwickelten die Betriebe Strategien, Rahmenbedingungen, die sich ihrem unmittelbaren Zugriff entzogen, „so zu *neutralisieren*, daß sie nicht unmittelbar auf die Gestaltung der betrieblichen Produktionsprozesse durchschlagen *(Neutralisierung)*." (Altmann et al. 1978: 164, Hervorhebungen im Original). Im Falle der DDR-Betriebe sind als solche beispielsweise die Hortung der betriebsnotwendigen Ressourcen zu nennen, die im Rahmen der zentralen Planung nicht immer im notwendigen Umfang zur Verfügung gestellt wurden (s.u.).

Versuche, die Effizienz des planwirtschaftlichen Systems zu steigern, indem den Betrieben eine größere Handlungsautonomie eingeräumt wurde und Entscheidungskompetenzen stärker dezentralisiert wurden, wie sie in den 60er Jahren im Zuge der Einführung des Neuen Ökonomischen Systems der Planung und Leitung (NÖSPL) unternommen wurden,[15] sind im nachhinein - infolge von verstärkt auftretenden Knappheiten bei der Produktion bestimmter Güter und einem insgesamt nachlassenden Wirtschaftswachstum - im wesentlichen als gescheitert zu betrachten. Konsequenz dieser Entwicklung war eine verstärkte Rezentralisierung des Systems seit Anfang der 70er Jahre (Eckhardt 1981, Cornelsen 1988a, Thalheim 1987), wobei als „gemeinsamer Nenner all dieser Maßnahmen [...] die Überwindung des Ulbrichtschen Ökonomismus und die uneingeschränkte Re-Etablierung des Primates der Politik" (Weinert 1995: 298) benannt werden kann. Die ehemals als mittlere Leitungsebene fungierenden Vereinigungen volkseigener Betriebe wurden im Zuge der flächendeckenden Kombinatsbildung in den 70er und 80er Jahren abgeschafft. Ziel der Kombinatsbildung war es, den Koordinationsprozeß zwischen den an der Erstellung eines Produktes beteiligten Betrieben durch organisatorische Integration reibungsloser und somit effizienter zu gestalten. Es sollte damit die Möglichkeit geschaffen werden, „die Reproduktionsstufen Vorbereitung, Durchführung und Realisierung der Produktion zu einem einheitlichen Prozeß zusammenzuschließen und konzentriert auszubauen sowie unter Entwicklung der Eigenverantwortung der zum Kombinat gehörenden Betriebe (Kombinatsbetriebe) einheitlich so zu leiten, daß die Errungenschaften der wissenschaftlich-technischen Revolution umfassend mit den Vorzügen des Sozialismus verbunden werden." (Ökonomisches Lexikon

15 „Die Volkswirtschaftspläne wurden durch weniger verbindliche Perspektivpläne ersetzt, die Betriebe konnten in gewissen Grenzen über ihr Produktionssortiment, über Gewinnerzielung und Gewinnverwendung entscheiden." (Cornelsen 1988a: 357)

1979, zitiert nach Fritze 1993). Ziel war also die Vermeidung von „Parallelproduktion" und die Realisierung einer „reproduktiven Geschlossenheit".[16]

Offenbar konnte jedoch die Funktionsfähigkeit des Systems nicht in ausreichendem Maße gesteigert werden, denn es sind rückblickend mindestens drei Strategien auszumachen, die zu der aus der Sicht der Betriebe notwendigen Verstetigung der Produktion beitrugen. Dies war zunächst die Eigenproduktion benötigter Rationalisierungsmittel und technischer Zusatzgeräte durch Abteilungen des sogenannten „Rationalisierungsmittelbaus", die als funktionale Äquivalente fehlender kleinbetrieblicher Strukturen interpretiert werden können (Deppe/Hoß 1989; Graf/Miethe 1992). Vorläufer dieser Abteilungen des Rationalisierungsmittelbaus waren innerhalb der Kombinate Abteilungen des Fertigungsmittelbaus und des Sondermaschinenbaus. Seit Anfang der 80er Jahre wurden den Betrieben im Rahmen des Fünfjahresplanes dann Auflagen zur Steigerung der Eigenproduktion von Rationalisierungsmitteln gemacht, so daß diese Form der Beschaffung der notwendigen Ressourcen immer wichtiger wurde (Thieme 1992). Eine weitere Strategie war die Hortung betriebsnotwendiger Ressourcen materieller als auch nichtmaterieller Art: „Da die Betriebe ohne Rücksicht auf Wirtschaftlichkeitserwägungen Güter und Arbeitskräfte horten konnten, führte dies zu einem permanenten Mangel." (Aderhold et al. 1994: 30; vgl. auch Bluhm 1992b). Und nicht zuletzt entwickelte sich ein im wesentlichen auf persönlichen Beziehungen basierender Tauschhandel zwischen den Betrieben, für den Heidenreich (1991a) den Begriff der „Pseudo-Verkehrswirtschaft" geprägt hat. „...die Verstaatlichung der Wirtschaft im Realsozialismus brachte eine Struktur von sozialen Beziehungen hervor [...], deren Integration typisch auf einem Geflecht von Netzwerken basiert, in welchen die Umverteilung staatlicher Ressourcen erfolgt und durch welche die Dysfunktionen des Systems kompensiert werden." (Srubar 1991: 426). Bereits auf dieser zwischenbetrieblichen Ebene wird also die „Janusköpfigkeit" der Betriebe (Edeling 1992a) deutlich, die in der Koexistenz offizieller Lesart und realer Situation bestand. Das Plansystem war zugleich „Befehl", d.h. verbindlich festgeschriebener Regelungsmechanismus, und „Fiktion" (Pirker et al. 1995).

Die Funktionsmängel eines Plansystems, das allein über Mengen steuerte, können auch an der Diskussion um die Erfüllung der Plankennziffern verdeutlicht werden. Im industriellen Bereich war die Hauptkennziffer, nach der die Leistungen der Betriebe bewertet wurden, die „Industrielle Warenproduktion" (IWP), deren Erreichung in jedem Falle anzustreben war und deren Überschreiten mit speziellen Prämien belohnt wurde. Es bildeten sich daher zwischen Betriebsleitungen und Belegschaften funktionale Allianzen, ein sogenannter „Planerfüllungspakt" (Voskamp/Wittke 1990), der in beiderseitigem Interesse lag. Die (Über-) Erfüllung der IWP-Kennziffer wur-

16 Zu unterschiedlichen Typen von Kombinaten und zur Einschätzung der Wirkungen der Kombinatsbildung vgl. Melzer et al. (1979).

de häufig durch Überstunden kurzfristig erreicht und konnte nur so gesichert werden. Auf seiten der Betriebsleitungen bestand daher ein massives Interesse an der Ableistung von Mehrarbeit, die allerdings nur im Einvernehmen mit den Beschäftigten angeordnet werden konnte, was diesen wiederum deutliche Einkommensvorteile sicherte, so daß im Prinzip von beiden Seiten ein Interesse an dieser Regelung bestand. Um dann tatsächlich die IWP-Kennziffern erreichen zu können, erfolgte eine ausschließliche Orientierung an der Produktionsmenge, d.h. bei Schwierigkeiten mit der Planerfüllung wurden solche Produkte aus dem Sortiment vermehrt produziert „die besonders materialintensiv waren und wenig Arbeitszeit kosteten" (Bluhm 1992a: 47).[17]

Diese Erfahrungen mit der stärkeren Dezentralisierung der Entscheidungskompetenzen verweisen letztlich auf die prinzipielle Unvereinbarkeit größerer Autonomiespielräume auf der betrieblichen Ebene bei weitgehend zentraler Planung und somit auf einen Konflikt unterschiedlicher Regulierungsmechanismen (Busch 1991).[18] „Man reduziert also die zentral vorgegebenen Kennziffern, um den Produzenten mehr Spielraum zu schaffen. Das geschieht schrittweise und nie unter Aufgabe der letzten Entscheidungskompetenz der Zentrale. Auf diese Weise entsteht jedoch ein Hybridsystem, in dem die alte Administration nicht mehr [...] funktionsfähig ist, eine Selbstkoordination [...] jedoch noch nicht funktioniert" (Peche 1991: 243). Differenzierungsprozesse im Sinne einer zunehmenden Eigendynamik und eines Autonomiegewinns gesellschaftlicher Funktionssysteme, wie sie Kennzeichen moderner Gesellschaften sind, und „politisch induzierte Entdifferenzierungsprozesse, die die Eigenständigkeit der gesellschaftlichen Teilbereiche wieder aufhoben" (Pollack 1991: 294), verliefen in der DDR also durchaus simultan oder aber sukzessiv.[19] Der DDR-Betrieb wies jedoch auch wesentliche Kennzeichen vormoderner Organisationen auf, waren die Betriebe doch nicht nur „wirtschaftliche", sondern auch „gesellschaftliche" Einheit der materiellen Produktion. Sie übernahmen insofern eine Vielzahl von Aufgaben, die mit der unmittelbaren Produktion in keinem Zusammenhang standen. „Vielmehr nahmen die Betriebe im Sozialismus auch eine tiefgreifende andere Stellung im gesamten gesellschaftlichen Funktions- und Reproduktionszusammenhang ein; die ihnen historisch zugefallenen oder durch politische Entscheidungen zugewiesenen Aufgaben, Funktionen und Leistungen gingen weit über die bloße Gütererzeugung hinaus." (Lutz 1995: 139). Die im

---

17 Die Modifikation des Kennziffernsystems Anfang der 80er Jahre vermochte an dieser „Tonnenideologie" wenig zu ändern.

18 Heidenreich (1991b) erklärt diese Pendelbewegungen zwischen den institutionellen Alternativen Zentralisierung und Dezentralisierung durch das Auftreten unterschiedlicher Arten von Transaktionskosten.

19 - so daß es problematisch erscheint, generell von einer entdifferenzierten bzw. vormodernen Gesellschaft zu sprechen (Aderhold et al. 1994: 29). Zur Diskussion um die „Modernität" der DDR-Gesellschaft vgl. auch Srubar (1991) -

Westen im Laufe der Industrialisierung immer stärker ausgeprägte „Verzweckung“ des Betriebsraumes, d.h. die zunehmende Funktionsteilung von betrieblicher und öffentlicher Sphäre, fand in dieser Form in den DDR-Betrieben nicht statt.

Diese Besonderheiten sollen hier jedoch nicht weiter vertieft, sondern vielmehr Charakeristika der technisch-arbeitsorganisatorischen Gestaltung im DDR-Maschinenbau herausgearbeitet werden.

### 3.1.2. „Sozialistische Rationalisierung“: Die Gestaltung von Technik und Arbeit im Maschinenbau der DDR

Der Sozialismus war angetreten, seine wirtschaftliche Überlegenheit gegenüber dem kapitalistischen System zu beweisen. Diese Überlegenheit sollte sich zwar zwangsläufig - allerdings nicht naturwüchsig - einstellen und war insofern durch die im Rahmen der „sozialistischen Rationalisierung“ unternommenen Anstrengungen zu forcieren. In der Wirtschaftsgeschichte der DDR werden dabei zwei Phasen ökonomischer Entwicklung unterschieden: die Phase extensiven und die Phase intensiven Wachstums (Rösler 1979). Extensives Wachstum, also Wachstum über Quantitäten, fand vor allem in den 50er Jahren statt, die insbesondere durch Wachstumsprozesse der Investitionsgüterindustrie gekennzeichnet waren. Die Entwicklungen dieser Periode sollen hier nicht im einzelnen dargestellt werden, denn spätestens seit Mitte der 60er Jahre waren die Grenzen dieser Expansionsstrategie erreicht.[20] Seitdem war „intensives“ Wachstum erklärtes Ziel. Dabei war die assoziative Verknüpfung „intensives Wachstum“ durch Steigerung der Arbeits“intensität“ wohl durchaus erwünscht, als Ziel jedoch nicht ausdrücklich formuliert. Explizit wurde vielmehr die Steigerung der Arbeitsproduktivität durch die „Verwissenschaftlichung“ der Produktion angestrebt, wobei neben der Senkung des Aufwandes an vergegenständlichter Arbeit (Senkung des eingesetzten technischen Aufwandes) das Ziel in der Minimierung bzw. Senkung des notwendigen Aufwandes an lebendiger Arbeit bestand (Deppe/Hoß 1980). Da die angestrebte Verwissenschaftlichung der Produktion auf der Basis der „Wissenschaftlichen Arbeitsorganisation“ (WAO) bis zum Ende der DDR einer der Hauptansatzpunkte „sozialistischer Rationalisierung“ war, soll sie im folgenden kurz dargestellt werden. Ende der 70er/ Anfang der 80er Jahre kam dann, infolge der durch die Entwicklung der Mikroelektronik verheißenen Rationalisierungspotentiale, der Aspekt der Produktivitätsstei-

20 „Seit Anfang der 60er Jahre war man sich grundsätzlich im klaren darüber, daß die Phase des extensiven Wachstums zu Ende gekommen sei; das Arbeitskräftepotential war ausgeschöpft, eine Steigerung der Akkumulationsrate nicht mehr akzeptabel. In der Phase des intensiven Wachstums mußte dieses, wie im Westen, aus dem Strukturwandel und dem technischen und organisatorischen Fortschritt gespeist werden.“ (Wagener 1996: 40).

gerung durch Technikeinsatz wieder verstärkt in den Blick, weshalb auch auf diesen Aspekt näher einzugehen ist.

Bei der Betrachtung der technisch-arbeitsorganisatorischen Strukturen in den Betrieben der ehemaligen DDR ist die Forschung aufgrund der historisch gesehen hohen politischen Brisanz des Themas in besonderer Weise mit dem Problem der Verfügbarkeit und Zuverlässigkeit der vorliegenden Daten konfrontiert. Zwar sind seit der Vereinigung zahlreiche Materialien verfügbar, die zu DDR-Zeiten nicht zugänglich waren; dennoch ist sowohl für eine Vielzahl dieser neuen Quellen als auch für die offiziellen Publikationen aus der Zeit vor der Maueröffnung und die einschlägigen bundesrepublikanischen Arbeiten zu beachten, daß sie einem jeweils spezifischen Entstehungskontext entstammen, der zu einem kritischen Umgang mit diesen Quellen veranlassen sollte.[21] Dieser Gefahr eingedenk soll hier dennoch der Versuch unternommen werden, Grundzüge des DDR-spezifischen Produktionsmodells am Beispiel des Maschinenbaus aufzuzeigen. Dazu wird, bevor es um die konkrete Ausgestaltung von Technik und Arbeit geht, ein kurzer Überblick über die Produktionsstrukturen der Branche Maschinenbau gegeben.

#### 3.1.2.1. Produktionsstrukturen

Im Jahr 1989 waren 16,4% der Industriebeschäftigten in der ehemaligen DDR - dies waren rund 520.000 Personen - im Maschinenbau tätig (Hübner 1992: 5), wobei in Rechnung zu stellen ist, daß der sekundäre Sektor in der DDR insgesamt eine größere Bedeutung hatte, als dies für westliche Industrienationen der Fall war (Halstrick-Schwenk et al. 1990).[22] Der regionale Schwerpunkt der Branche lag im heutigen Sachsen und Sachsen-Anhalt. Wie bereits in Abschnitt 3.1.1. dargestellt, waren die Betriebe zu Kombinaten zusammengefaßt. Für den Bereich des Maschinenbaus waren dies vierzehn, vor allem nach dem Erzeugnisspektrum zusammengefaßte Kombinate mit insgesamt 1.135 Betrieben und zwischen 8.000 und 69.000 Beschäftigten. Die durchschnittliche Betriebsgröße lag im Jahr 1989 bei 841 Beschäftigten.[23] Allerdings gibt Schmigalla (1993: 188) zu bedenken, „daß [...] die Betriebsstättenstruktur mit der Betriebsstruktur nicht übereinstimmt. Bei der damaligen Vereinigung von Kleinbetrieben zu größeren Einheiten kam es in der Regel nur zur juristischen Zusammenführung, nicht aber zur örtlichen Zusam-

21 Vgl. Voigt et al. (1987).

22 Im Rahmen des statistischen Systems der DDR wurden Maschinen- und Fahrzeugbau stets gemeinsam ausgewiesen, so daß eine separate Bestimmung der Beschäftigenzahlen nur aufgrund von Schätzungen möglich ist, wie sie beispielsweise Hübner (1992) vorgelegt hat. Die in diesem Abschnitt vorgestellten eigenen Berechnungen haben dagegen die insgesamt ausgewiesenen Zahlen zur Grundlage.

23 Quelle: Statistisches Amt der DDR (Hrsg.) (1990: 183), eigene Berechnungen, bezogen auf Beriebe mit mehr als 25 Beschäftigten. Zum Vergleich: die durchschnittliche Beschäftigtenzahl in den westdeutschen Betrieben lag zu diesem Zeitpunkt bei 174 Beschäftigten.

menlegung, so daß die [vorsozialistische, die Verf.] Betriebsstättenstruktur noch im wesentlichen erhalten geblieben ist." Ein Indiz hierfür ist die durchschnittliche Anzahl der Beschäftigten je Produktionsstätte. Sie lag im DDR-Maschinenbau bei 177 Arbeitern und Angestellten.[24]

Die Einbindung der DDR in den Rat für gegenseitige Wirtschaftshilfe (RGW) sorgte für eine berechenbare Situation auf den Absatzmärkten; die produzierten Maschinen konnten, infolge der vereinbarten Spezialisierungen (Brüstle 1990: 62 f.) in relativ großen Stückzahlen[25] abgesetzt werden bei z.T. - gemessen am Weltmarktstandard - geringer Qualität. Die Exportquote lag 1989 bei 36,4% (Hübner 1992: 8); ca. 70% der Exporte waren Ausfuhren in RGW-Länder.[26] Für verschiedene Maschinengruppen, wie etwa Landmaschinen, Hebezeuge und Fördermittel, dürfte der Anteil von Exporten in das RGW-Gebiet sogar zwischen 80 und 100% gelegen haben, während es den Betrieben kaum gelang, mit diesen Produktgruppen auf den Westmärkten Fuß zu fassen (Brüstle et al. 1990), da insbesondere die Entwicklung der Steuerungstechnik im internationalen Vergleich sowohl quantitativ als auch qualitativ rückständig war (Herzog 1991: 104). Für Exporte ins sogenannte Nicht-sozialistische Wirtschaftsgebiet (NSW), also ins westliche Ausland, die zur Beschaffung von Devisen dringend notwendig waren, mußte die benötigte moderne Steuerungstechnik daher weitgehend zugekauft werden.
Das Konzept der reproduktiven Geschlossenheit in den Kombinaten sowie die unter 3.1.1. beschriebenen betrieblichen Strategien zur Kompensation von Mangelsituationen führten zu einer hohen Leistungstiefe der Betriebe. „In einer Situation, in der die Abnehmer wenig Einfluß auf ihre Lieferanten haben, in der die Zulieferungen höchst unsicher sind, die Erfüllung des Planes aber oberstes Gesetz, in einer solchen Situation tut jede Wirtschaftseinheit gut daran, sich möglichst weitgehend selbst zu versorgen, um die Risiken zu minimieren. Das führt zu einer extrem großen Produktionstiefe, zu wenig spezialisierten, innerbetrieblichen Zulieferbetrieben, die zudem noch mit kleinen Serien oder in Einzelfertigung arbeiten." (Wagener 1996: 59).

---

24 Quelle: Statistisches Amt der DDR (Hrsg.) (1990: 184). Hier wurde allerdings keine betriebsgrößenspezifische Differenzierung vorgenommen, so daß der Durchschnittswert durch die Einbeziehung der Betriebe mit 25 und weniger Beschäftigten verzerrt wird.

25 Hier ist allerdings teilbranchenspezifisch zu relativieren. Besonders hohe Stückzahlen fertigte infolge seiner starken Exportorientierung bspw. der Schwer- und der Werkzeugmaschinenbau, während der Allgemeine und der Land-Maschinenbau eher in Klein- und Mittelserienfertigung produzierten (vgl. Cornelsen 1983: 38).

26 Exportvolumen gemessen in Mio. Mark Valutagegenwert, effektive Preise. Quelle: Statistisches Jahrbuch der DDR 1990, eigene Berechnungen.

### 3.1.2.2. Betriebs- und Arbeitsorganisation im DDR-Maschinenbau

So wie das System der zentralen Planung den Betrieben vergleichsweise wenig Handlungsfreiheit beließ, war auch die innerbetriebliche Leitungsorganisation im wesentlichen durch das Prinzip der Hierarchie bestimmt und durch rigide Kompetenzverteilungen und Anweisungsstrukturen gekennzeichnet (Deppe/Hoß 1989: 239ff.; Klinger 1988a: 386). „Typisch war eine vielebenige, hierarchische Organisation mit zentralen Vorgaben für die Betriebe, wo mit einer ebenso hierarchischen Struktur die Planvorgaben erfüllt werden sollten." (Schier/Ullmann 1992: 8). „Die industrielle Organisation der DDR mit ihrem »demokratischen Zentralismus«, dem Prinzip des »Einzelleiters« und eng begrenzten Entscheidungsbefugnissen untergeordneter Chargen war auf hohe formale Autorität und traditionelle Anweisungsstrukturen von oben nach unten ausgerichtet." (Bluhm 1992b: 32). Gleichzeitig ist jedoch auch hier die Durchsetzung der formalen Aufbauorganisation mit informellen Kontakt- und Kommunikationsnetzen festzustellen (Michler/Dreher 1992: 42).

**Die wissenschaftliche Arbeitsorganistion (WAO)**

Ebenso wie die Gesellschaft auf der Basis der 'Wissenschaft' des Marxismus-Leninismus gesteuert werden sollte, sollte die Ausgestaltung betrieblicher Organisationsstrukturen auf wissenschaftlichen Erkenntnissen basieren und so eine rationale Arbeitsorganisation ermöglichen. Die „Erhöhung der Wirksamkeit des gesellschaftlichen Arbeitsvermögens" war daher Mittelpunkt sozialistischer Rationalisierung in der Phase der „intensiv erweiterten" Reproduktion (Rösler 1979). Der Übergang zu dieser Phase erfolgte, als die Möglichkeiten des Wachstums durch rein quantitative Steigerungen des Arbeitskräfteeinsatzes, z.B. über die Erschließung neuer Erwerbspersonenpotentiale (Frauen), im wesentlichen erschöpft waren. Erste Anzeichen für einen notwendigen Strategiewechsel gab es bereits Anfang der 50er Jahre. Seit Mitte der 60er Jahre waren dann, angestoßen durch die Arbeit der RGW-Kommission für Wissenschaft und Technik, verstärkte Anstrengungen bei der Etablierung eines arbeitswissenschaftlichen Programms zu verzeichnen (vgl. Deppe/Hoß 1980: 32). Dabei knüpfte man an die in den 20er Jahren in der Sowjetunion gesammelten Erfahrungen und entwickelten Konzepte an (Straßburger 1975), die in Auseinandersetzung mit den Taylor'schen Prinzipien entstanden.[27]

---

27 Schon Lenin (1975: 29) hatte auf die Vorteile hingewiesen, die die Anwendung bestimmter Aspekte des Taylor'schen Systems für sozialistische Gesellschaften mit sich bringen würde: „Arbeiten lernen - diese Aufgabe muß die Sowjetmacht in ihrem ganzen Umfang stellen. Das letzte Wort des Kapitalismus in dieser Hinsicht, das Taylorsystem,

Aufgabe der WAO war es, „das Zusammenwirken der Werktätigen mit den Arbeitsmitteln und Arbeitsgegenständen, die Arbeitsumwelt und ganz besonders die Beziehungen der Werktätigen untereinander so zu gestalten, daß dabei die neuesten wissenschaftlichen Erkenntnisse und die besten Arbeitserfahrungen voll zur Geltung kommen. Die Aufgabe erstreckt sich von der Gestaltung der Arbeitsplätze und Arbeitsumgebung bis zur materiellen und moralischen Stimulierung." (Britzke 1990: 3). Die WAO umfaßte daher unterschiedliche inhaltliche Zielrichtungen, wie das Arbeitsstudium, die Arbeitsgestaltung, -klassifizierung und -normung sowie die Entwicklung spezifischer Anreizsysteme (materielle Stimulierung). Im Hinblick auf das Ziel der Effektivierung der Produktion durch die WAO kam vor allem letzterem eine hohe Bedeutung zu, wie sich am ideologischen Nachdruck, mit dem etwa der „sozialistische Wettbewerb" in den Betrieben forciert wurde, zeigt. Nach offizieller Einschätzung zeitigten diese (und andere arbeitswissenschaftliche) Instrumente große Erfolge; so wurde beispielsweise ca. ein Drittel des realisierten Produktivitätszuwachses im industriellen Bereich den Maßnahmen zur Durchsetzung der WAO zugeschrieben (Beyreuther 1984:2).

Zumindest für eine längere Phase der DDR-Geschichte ist also bei der Gestaltung der arbeitsorganisatorischen Strukturen nach Maßgaben der WAO von einer weitgehenden Orientierung an den Prinzipien des Taylorismus auszugehen, deren konsequente Umsetzung allerdings durch permanente Unwägbarkeiten hinsichtlich der Verfügbarkeit von Material, Einsatzbereitschaft von Maschinen und Anlagen usf. behindert wurde. Den aus dieser „Mangelintensität" resultierenden Flexibilitätsbedarf versuchte man „mehr durch bürokratischen Zugriff als durch informelle Eigeninitiative zu decken, um die leistungspolitische Unsicherheitszone besser kontrollieren zu können" (Deppe 1991: 144), so daß die „potentielle Produktivität" der insgesamt gut qualifizierten Facharbeiterschaft „durch eine [...] zentralistisch-hierarchische Betriebsorganisation mit rigiden Kompetenzverteilungen und Anweisungsstrukturen paralysiert" wurde (ebd.).

Andererseits besaßen die Beschäftigten innerbetrieblich eine starke Stellung, die aus ihrer systemimmanent angelegten arbeitsrechtlichen Position folgte, (Bluhm 1992b: 35), die die Kündigung als Sanktionsinstrument weitgehend ausschloß. In Anbetracht der Arbeitskräfteknappheit war eher im Gegenteil die Kündigung ein Drohmittel der Beschäftigten gegenüber der Betriebsleitung, die bei der Realisierung der Planvorgaben in hohem Maße auf Kooperation angewiesen war. Dieser Umstand ist von Heidenreich

vereinigt in sich - wie alle Fortschritte des Kapitalismus - die raffinierte Bestialität der bürgerlichen Ausbeutung und eine Reihe wertvollster wissenschaftlicher Errungenschaften in der Analyse der mechanischen Bewegung bei der Arbeit [...]. Die Sowjetrepublik muß um jeden Preis alles Wertvolle übernehmen, was Wissenschaft und Technik auf diesem Gebiet errungen haben."

(1991a) mit dem Begriff des „Pseudo-Taylorismus" belegt und von Voskamp/Wittke (1990) als „Planerfüllungspakt" bezeichnet worden.

Ebenso wie in den westlichen Staaten wurden auch in den sozialistischen Ländern durch die WAO-Experten spätestens seit Mitte der 80er Jahre „neue" Formen der Arbeitsorganisaiton,[28] wie etwa die kollektive Mehrmaschinenbedienung in Gruppen und die Organisationsform der teilautonomen Produktionskollektive (Macher/Mielke 1989; Plath 1992) entwickelt, die speziell auf den Einsatz an komplexen technischen Systemen zugeschnitten waren.[29] Von diesen arbeitsorganisatorischen Innovationen versprach man sich deutliche Produktivitätsgewinne. Allerdings wurde eine dahingehende Reorganisation der innerbetrieblichen Organisations- und Arbeitsteilungsstrukturen durch den Widerstand von Betriebsleitungen und Beschäftigten behindert, an dem eine breite Implementation neuer Organisationsstrukturen scheiterte (Deppe 1991: 147), wobei der Widerstand sich beispielsweise gegen die - notwendige - stärkere Flexibilisierung im Bereich der Arbeitszeit richtete. „Die tatsächliche Umsetzung der (von seiten der Arbeitswissenschaft, die Verf.) entwickelten Lösungen blieb dann freilich hinter den in sie gesetzten Erwartungen weit zurück." (Lange 1991: 97). Ein solches Muster war für den Bereich technischer aber auch arbeitsorganisatorischer Neuerungen wiederholt zu beobachten: „nach großer Publizität und äußerst erfolgreichen Tests bleibt die Neuerung auf den Testbetrieb beschränkt oder erzielt, wenn sie allgemein eingeführt wurde, nicht die versprochenen Produktivitätsgewinne" (Wagener 1996: 49). Dabei ist ersteres vor allem durch innerbetriebliche Blockaden, letzteres durch die bevorzugte Behandlung von Pilot- und Testprojekten erklärbar (ebd.).

#### 3.1.2.3. Die Mikroelektronik als Hoffnungsträger einer „neuen Rationalisierungsetappe"

Zweiter Hauptansatzpunkt zur Steigerung der Arbeitsproduktivität im Rahmen der 'sozialistischen Rationalisierung' war die „Steigerung der Arbeitsproduktivität in neuen Dimensionen, indem der Aufwand an [...] vergegenständlichter Arbeit weiter minimiert wird." (Trauer 1989: 1762). Dabei wurde, ähnlich wie im Westen in den 80er Jahren, auf die Effizienzsteigerung durch Mikroelektronik gesetzt, was u.a. in der starken Forcierung des „Mikroelektronikprogramms" zum Ausdruck kam. Vom „rechnerintegrierten Betrieb" versprach man sich offenbar die Lösung einer Vielzahl von ökonomischen Problemen. „Es steht außer Zweifel, daß dieser enorme Druck auf höchste Effektivität und höheren Leistungszuwachs unter komplizierter wer-

---

28 Zu neuen Formen der Arbeitsorganisation im Ost-West-Vergleich vgl. Grootings (1989: 217).

29 Für den Werkzeugmaschinenbau vgl. Deppe/Hoß (1989: 239 ff.). Zur Bedeutung von Gruppenarbeit vgl. Nawroth/Kullmann (1992).

denden Reproduktionsbedingungen eine neue Qualität von Betrieben hervorbringen wird. Diese neue Qualität bildet sich unter dem Einfluß eines auf der Mikroelektronik beruhenden, neuen, programmierbaren Techniktyps heraus. Er entsteht durch die Kopplung von Arbeitsmaschine und Computer, von Fertigungstechnik und informationsverarbeitender Technik." (ebd.) Vor dem Hintergrund der demgegenüber nach der Vereinigung vielfach formulierten „Schrotthypothese", wonach der Wert des Kapitalstocks der DDR-Betriebe unter marktwirtschaftichen Verhältnissen praktisch bei Null lag und der gesamte Anlagenbestand auszutauschen sei (Sinn/Sinn 1991; Mallok 1995), soll daher im folgenden ein kursorischer Überblick über die Nutzung computergestützter Techniken im DDR-Maschinenbau gegeben werden.

Dabei ist zunächst auf den spezifischen Charakter solcher Innovationen in plansozialistischen Systemen im allgemeinen hinzuweisen. Innovationsentscheidungen in Planwirtschaften unterlagen grundsätzlich anderen Regelungsmechanismen als Innovationsentscheidungen in Marktwirtschaften. Daraus, und aus der prinzipiellen (Nicht-) Verfügbarkeit bestimmter Techniken innerhalb des RGW, resultieren deutliche Unterschiede hinsichtlich des Diffusionsverlaufes computergestützter Techniken.

Während in westlichen Betrieben Investitionsentscheidungen „vor Ort" fallen und Adoptionsgeschwindigkeit und -verlauf im wesentlichen von der Profitabilität der Innovation, dem Informationsstand der Wirtschaft, der Wettbewerbsintensität sowie einigen anderen Faktoren abhängen (Fritsch 1991),[30] war in der Planwirtschaft der DDR der Einfluß der Betriebe auf Innovationsentscheidungen eher gering. Aktivitäten zur Forschung und Entwicklung (F&E) waren i.d.R. aus den Produktionsbetrieben ausgelagert, um ressourcenintensive 'Doppelarbeit' zu vermeiden (Wagener 1996: 49). Innerhalb der Kombinate wurde F&E jedoch in relativ großem Umfang betrieben, was sich u.a. daran ablesen läßt, daß beinahe jedes über ein spezifisches Forschungszentrum verfügte. Hier sind beispielsweise das Forschungszentrum für Werkzeugmaschinenbau im WZM-Kombinat „Fritz Heckert", das in Zusammenarbeit mit der TU Dresden betriebene Forschungs- und Erprobungszentrum des NAGEMA[31]-Kombinates oder der volkseigene Betrieb Forschung, Entwicklung und Rationalisierung des Schwermaschinen- und Anlagenbaus Magdeburg (VEB-FER) im SKET[32] zu erwähnen (Schwarz 1991). Allerdings „wurde selbst in den großen FuE-Zentren der Industrie keine Grundlagenforschung betrieben. Ihr Profil wurde zunehmend durch den Zwang zur Nachentwicklung international bekannter Erzeugnisse und Verfahren geprägt, die entweder wegen der Embargo-Bestimmungen oder übertriebener Autarkiebestrebungen nicht importiert werden konnten oder sollten."

30 Zum Diffusionsverlauf der NC-Technik im westdeutschen Maschinenbau vgl. Hauptmanns et al. (1992), Hirsch-Kreinsen (1989).

31 Nahrungs- und Genußmittelmaschinen

32 Schwermaschinen Kombinat Ernst Thälmann

(Meske 1994: 13). Insofern war die Innovationsschwäche der DDR-Wirtschaft in erster Linie eine Inventionsschwäche, was zum Beispiel im Falle des Mikroelektronikprogramms durch staatliche Steuerung wettgemacht werden sollte.

Sowohl die Ingangsetzung als auch die Bewertung sowie schließlich die Verordnung der betrieblichen Implementation solch „echter" Innovationen unterlagen den zentralen Planungsinstanzen, was zum Teil unbeachsichtigte Nebenfolgen auf betrieblicher Ebene induzierte: „Grundlegende Innovationen stellen [...] für die Wirtschaftseinheiten häufig nur eine unliebsame Belastung dar. Sie bringen über längere Zeit Unsicherheiten in die eingespielten Routineabläufe, führen naturgemäß zu höheren Leistungsansprüchen in nachfolgenden Planperioden, entwerten ihre bisherigen konventionellen Leistungen und Erzeugnisse und bergen zudem das Risiko in sich, mit der laufenden Planerfüllung in Verzug zu geraten." (Klinger 1987: 12; auch Schier/Ullmann 1992). Interessanterweise ist diese betriebliche Abwehrhaltung auch bei ökonomisch und technologisch überlegenen Verfahren festzustellen, die „obwohl frühzeitig bekannt und in Einzelbetrieben installiert, nicht einmal bei Neuinvestitionen allgemein zum Einsatz kamen." (Wagener 1996: 50). Es ist insofern eine „systematische Innovationsschwäche auf betrieblicher Ebene" (Heidenreich 1991a: 426) festzustellen, ein „Unvermögen(s), auf betrieblicher Ebene Innovationsimpulse aufzunehmen und in alltäglichen, langwierigen und wenig spektakulären Entwicklungsprozessen umzusetzen" (ebd.). Zugleich sind Zweifel an der prinzipiellen Funktionsfähigkeit einer zentralen Planung von Innovationen angebracht: „Die „Einheit von Wirtschafts- und Sozialpolitik" und eine Zentralisierung aller Innovationsbestrebungen (z.B. „Mikroelektronikprogramm" oder „Industrieroboterprogramm") verkamen zu Kampagnen, ohne daß zentrale, mehrzielige und zielgerichtete Systemsteuerung mehr als behauptet wurde" (Schier/Ullmann 1992: 3).

## Rechnerintegrierte Produktion im DDR-Maschinenbau

Mit der Herstellung numerisch gesteuerter Werkzeugmaschinen begann die DDR Mitte der 60er Jahre (Krakat 1988: 167)[33], bis zum Jahr 1977 wurden im Werkzeugmaschinenbau ca. 4000 NC-Maschinen produziert (Deppe/Hoß 1989: 171). Allerdings ging ein Großteil der Maschinen in den Export, so daß Mitte der 70er Jahre davon auszugehen war, daß in dieser Branche in der DDR etwa 500 NC-Maschinen im Einsatz waren, was ca. einem Drittel der in der DDR eingesetzten Maschinen dieses Typs entsprach (ebd.). Der Beginn der Serienproduktion von CNC-Maschinen in der DDR ist auf Anfang der

33 Im Westen war die NC-Technologie bereits seit Anfang der 50er Jahre, schwerpunktmäßig in den USA, entwickelt worden (Hirsch-Kreinsen 1989; Bergmann et al. 1986), setzte sich jedoch auf breiter Ebene erst in den 70er und 80er Jahren durch.

80er Jahre zu datieren (Krakat 1988; Deppe/Hoß 1989). Interessant ist in diesem Zusammenhang rückblickend die Entwicklung im Bereich der flexiblen Fertigungssysteme (Deppe/Hoß 1989: 166ff). In der DDR wurde im internationalen Vergleich relativ früh, d.h. Anfang der 70er Jahre, mit der Installation von Prototypen flexibler Fertigungssysteme begonnen. Während international die Produktion verstärkt erst in der zweiten Hälfte der 70er Jahre einsetzte, kam es in der DDR zu einem Entwicklungsbruch; nach den Prototypen wurden keine weiteren Systeme mehr hergestellt. Als Grund betrachten Deppe/Hoß die „unzureichende Rentabilität des technologischen Projektes selbst“: „Die eingerichteten flexiblen Fertigungssysteme erwiesen sich nach Abschluß des Realisierungszeitraums als außerordentlich kostenaufwendig, ohne daß mit diesem avanciertesten technischen Modell der Schritt zur Vollautomatisierung in der Kleinserienproduktion gelang: sowohl die Prozeßüberwachung wie die Steuerung des Zerspanungsprozesses ließen sich nur höchst unzureichend automatisieren“ (Deppe/Hoß 1989: 169f.).

Der Einstieg zum Einsatz computergestützter Techniken in den produktionsnahen Diensten lag für die DDR im CAD/CAM-Bereich. Integrierte CAD/CAM-Lösungen wurden von der Industrie erstmals auf der Leipziger Messe 1984 vorgestellt (Krakat 1988). Diese Systeme waren nach Einschätzung von Experten zwar nicht so leistungsfähig wie vergleichbare Westprodukte, ihre Verbreitung wurde dafür jedoch stark forciert. Die Planung wies z.B. für das Jahr 1986 einen Bestand von 24.700 CAD/CAM-Stationen aus (ebd.), wobei der Maschinenbau zu den Hauptanwendern dieser Technik gehörte. Dabei handelte es sich aufgrund der technischen Auslegung allerdings um weitgehend isoliert genutzte Systeme, die nicht als wesentlicher Baustein auf dem Weg zu einer rechnerintegrierten Produktion betrachtet werden können.[34] Die vorliegenden Informationen zur Verbreitung computergestützter Techniken in den DDR-Betrieben sind mit besonderer Vorsicht zu interpretieren, da man mit diesen offiziellen Erfolgsmeldungen offenbar vor allem ein positiveres Bild vom Gelingen des Mikroelektronikprogramms kolportieren wollte. Realistischer ist rückblickend wohl die Einschätzung, daß die DDR-Betriebe in quantitativer und qualitativer Hinsicht deutlich schlechter ausgestattet waren als vergleichbare West-Betriebe (Leptin 1990: 11), und „In ostdeutschen Unternehmen [...] bis 1989 der Übergang zur computerintegrierten Produktion ganz am Anfang [stand, die Verf.]. CIM-Konzeptionen existierten lediglich für einige wenige lei-

34 Vergleichszahlen für die Bundesrepublik zeigen, daß im selben Jahr erst in 8,3% der Betriebe CAD-Systeme eingesetzt wurden (ISF), eine CAD/CAM-Vernetzung hatten 2,8% der Betriebe vorgenommen. Erst mit dem enormen Preisfall der Informationstechnik und der Verbesserung der Leistungsfähigkeit der Systeme setzte in der Bundesrepublik für diesen Bereich ein regelrechter Boom ein, so daß schon im Jahr 1991 in knapp 60% der Betriebe ein CAD-System im Einsatz war und 15,5% der Betriebe eine CAD/CAM-Vernetzung vorgenommen hatten. Zahlen: NIFA-Panel, 1. Welle 1991.

stungsstarke, exportorientierte Stammbetriebe von Maschinenbaukombinaten“ (Pleschak 1995: 52). Das Haupteinsatzgebiet der Informationstechnik lag dabei generell nicht der Fertigungsbereich, sondern im betrieblichen Rechnungswesen und der Materialwirtschaft.

Zum Abschluß noch ein Hinweis in bezug auf den Zustand des konventionellen Maschinenparks: Durch die dauerhafte Knappheitssituation im binnenwirtschaftlichen Bereich, aber auch durch den hohen Exportdruck bestand für viele Betriebe ein permanenter Druck zur Produktion, so daß die Instandhaltung und Reparatur der konventionellen Maschinen auf das Notwendigste beschränkt blieb. Dies galt auch für vorbeugende Wartungsarbeiten, so daß es in der Folge zu erhöhtem Verschleiß und einer höheren Unzuverlässigkeit der Maschinen kam (vgl. auch Mallok 1995).

### 3.1.3. Resümee

Insgesamt ist festzuhalten, daß die Maschinenbaubetriebe in der DDR über eine strukturell bedingte geringe Handlungsautonomie verfügten. Dies wirkte sich im Hinblick auf die Beziehungen zur Organisationsumwelt dahingehend aus, daß beispielsweise kaum die Möglichkeit bestand, eigenständige betriebliche Strategien zu entwickeln und zu verfolgen. Des weiteren war die Zahl betrieblicher Außenbeziehungen generell niedrig, und eine Vielzahl der bestehenden Außenkontakte beruhte primär auf informellen Beziehungen.

In bezug auf die Betriebsorganisation ist davon auszugehen, daß die Effizienz der implementierten bürokratischen Mechanismen durch die innerbetrieblichen Allianzen und Machtkonstellationen deutlich eingeschränkt wurde.[35] Auf der Ebene der innerbetrieblichen Arbeitsorganisation war das Leitbild tayloristischer Produktionsorganisation - trotz der nachweisbaren Ansätze zu „neuen“ Formen der Arbeitsorganisation dominierend.

Vom technischen Niveau her waren die Betriebe - grosso modo, d.h. abgesehen von einigen Vorzeigebetrieben und unter Außerachtlassung teilbranchenspezifischer Unterschiede[36] - im Vergleich zu westlichen Konkurrenten eher rückständig. Die Entwicklung neuer technischer Lösungen und Produkte scheiterte trotz regionaler und fachlicher Konzentration wichtiger Ressourcen an den politisch verordneten Autarkiebestrebungen, der weitgehenden Isolierung vom Fortgang des technischen Fortschrittes in den westli-

35 „Verläßt der Beobachter - der Forscher oder der Berater - nach längerem Aufenthalt den ostdeutschen Betrieb, zeigt sich ihm über dem Ausgang die andere Seite des Januskopfes: eine in der praktischen Durchdringung des Betriebsalltags weitgehend gescheiterte bürokratische Organisation, deren Effizienz ohne die Existenz gemeinschaftlicher Strukturen stark eingeschränkt wäre, deren eingeschränkte Effizienz aber die Bedingung für die Ausbildung der Gemeinschaftlichkeit ist, die ihrerseits wiederum die Effizienz bürokratischer Organisation begrenzt.“ (Edeling 1992a: 983)

36 So war etwa der Werkzeugmaschinenbau insgesamt mit vergleichsweise „moderner“ Produktionstechnik ausgestattet.

chen Ländern und einer unzureichenden institutionellen Verknüpfung von betrieblicher und überbetrieblicher Ebene im Bereich der F&E.

## 3.2. Die Konstitution der Akteure: „Top Down“ und „Bottom Up“

Bevor der Frage nach dem Verlauf der (Re-) Strukturierungsprozesse in der Branche insgesamt und in den einzelnen Betrieben nachgegangen wird (Kapitel 3.3.), ist vorab der Prozeß der Konstituierung der Akteure darzustellen. Mit Brezinski/Fritsch (1995: 1) werden dabei grundsätzlich zwei Entwicklungen unterschieden: der Privatisierungsprozeß als Transformation „von oben nach unten“ (Top-down) und der Aufbau neuer sowie der Ausbau der wenigen bestehenden Betriebe, die nicht zentral geleitet wurden, als Transformation „von unten nach oben“ (Bottom-up). „Viewing an economy as a population of firms, there are two alternatives for such a transformation of post-socialist econmomies: „Top-down“ and „bottom-up“. Whereas top-down denotes the privatization of state-owned enterprises, bottom-up characterizes the change of economic structures that is due to the establishment of new enterprises or to the development of the private firms that already exist.“ (Brezinski/Fritisch 1995: 1). Zuvor jedoch noch einige kurze Bemerkungen zu den als wesentlich betrachteten Eigenschaften kapitalistischer Betriebe und Unternehmen.[37]

### 3.2.1. Exkurs: Betrieb und Unternehmen im marktwirtschaftlichen System

Unternehmungen[38] können „als finanziell und juristisch selbständige Organisationseinheiten zur gewinnbringenden Erstellung von Gütern bzw. Dienstleistungen“ (Fürstenberg 1970: 53) charakterisiert werden, während Betriebe „durch planmäßige Zusammenfassung von Arbeitsmitteln und Arbeitskräften zu einem nach technischen, wirtschaftlichen und sozialen Gesichtspunkten organisierten Leistungsgefüge gekennzeichnet sind, das der kontinuierlichen Erfüllung spezifischer Wirtschaftsaufgaben dient.“ (ebd.). Der Betrieb ist in dieser Sichtweise „Kernstück“ der Unternehmung, deren Aufgabe jedoch über die Planung der Betriebsorganisation hinausgeht. Die betriebswirtschaftliche Standardliteratur definiert ihren Gegenstandsbereich, den Betrieb, in ähnlich allgemeiner Form: „Demnach ist der Betrieb als planvoll organisierte Wirtschaftseinheit zu umschreiben, in der Sachgüter und Dienstleistungen er-

37 Diese Unterscheidung zu treffen scheint notwendig, da sich das empirische Material allein auf die betriebliche Ebene bezieht.

38 Die Begriffe „Unternehmung“ und „Unternehmen“ werden im folgenden als Synonyme verwendet.

stellt und abgesetzt werden." (Wöhe 1984: 2). „Die Betriebe des marktwirtschaftlichen Wirtschaftssystems bezeichnet man als *Unternehmungen.* Die Unternehmung ist also eine historische Erscheinungsform des Betriebes. [...] Jede Unternehmung ist ein Betrieb, aber nicht jeder Betrieb ist eine Unternehmung." (ebd.). Als systemspezifische Eigenarten von Betrieben in marktwirtschaftlichen Systemen - also Unternehmen - gelten dabei die Handlungsautonomie, die Orientierung am erwerbswirtschaftlichen Prinzip sowie das Privateigentum an Produktionsmitteln. Hierin liegen entscheidende Voraussetzungen der Wirksamkeit des Marktes als Instrument der Koordination des Wirtschaftsprozesses.[39] Im Gegensatz zu den sozialistischen Planwirtschaften kommt in Marktwirtschaften im ökonomischen Bereich ein eigenes Steuerungsmedium, eine eigene Systemrationalität zum Tragen: „Unternehmerisches Handeln muß sich im Idealfall nur am wirtschaftlichen Ergebnis messen lassen" (Aderhold et al. 1994: 29).

### 3.2.2. Vom „volkseigenen Betrieb" zum Unternehmen: Wirkungen des Privatisierungsprozesses

Als Hauptansatzpunkt bei der Transformation der volkseigenen Betriebe in Unternehmen wurde von offizieller Seite von vornherein die Überführung in Privateigentum und die Schaffung marktwirtschaftlicher Rahmenbedingungen betrachtet (Treuhandanstalt 1994, Nolte 1992; Wieczorek 1992; Kern/Sabel 1993). Bevor die Treuhandanstalt jedoch die Privatisierung des ihr übertragenen Betriebsbestandes in Angriff nahm, erfolgte die Auflösung der Kombinate und die Ausgliederung „betriebszweckfremder" Betriebsteile aus den Betrieben (Michler/Dreher 1992), so daß es zunächst zu einem Anwachsen der Zahl der zu privatisierenden Unternehmen um fast 50% auf 13.815 kam (Treuhandanstalt 1994).[40] Die Zerschlagung der großen Kombinate schien jedoch unvermeidlich, da sich zeigte, „daß die großen Einheiten als Ganzes in der Regel weder sanierbar noch privatisierbar sind. Die Dekomposition, das Zerlegen und das Entflechten, das Ab- und Aufspalten der Konzerne und Großunternehmen ist - wenn sie nicht als ganzes verkäuflich sind - zur Voraussetzung für die Privatisierung geworden." (Schmigalla 1993: 189). Die Privatisierung erfolgte dann in unterschiedlicher Form. Ein Teil des Betriebsbestandes konnte relativ rasch an West-Investoren veräußert werden,

39 Hier handelt es sich natürlich um eine mehr oder weniger idealtypische Charakterisierung des marktwirtschaftlichen Systems; zur Unterscheidung der Begriffe Wirtschaftsordnung, -verfassung und -system vgl. Leptin (1992).

40 Zum Prozeß der Aufspaltung der Treuhandunternehmen und seinen rechtlichen Grundlagen vgl. Welter (1992: 166). Eine Bilanz der Treuhandtätigkeit aus eigener Sicht findet sich in Treuhandanstalt (1994). Kritisch hierzu etwa Geppert/Kachel (1995) sowie Nolte/ Ziegler (1993). Eine Analyse der Handlungsspielräume der Treuhandanstalt im föderalen System der Bundesrepublik Deutschland bietet Czada (1993).

insgesamt erwies sich der Prozeß jedoch als eher langwierig und schwierig. Gerade im Bereich des Maschinenbaus schienen die vorwiegend mittelständischen westdeutschen Unternehmen durch die Übernahme der zum Teil um ein Vielfaches größeren Ost-Betriebe überfordert zu sein (Wittke et al. 1993).[41]

Ein anderer Teil der Betriebe wurde durch die Rückübertragung an Alteigentümer und durch Management-Buy-Out oder Management-Buy-In[42] privatisiert (Dreher/ Michler o.J.). Die verbleibenden Betriebe wurden einer Bewertung hinsichtlich der Sanierungsfähigkeit unterzogen und in Abhängigkeit von diesem Ergebnis entweder liquidiert oder - falls als überlebensfähiger „industrieller Kern" der ostdeutschen Industrie eingestuft - im Rahmen „kooperativer Experimente"[43] (Kern/Sabel 1993) zunächst mittelfristig in ihrem Bestand gesichert.

Mit der Entscheidung für eine möglichst rasche Privatisierung als Mittel der Wahl wurde jedoch zunächst außer acht gelassen, daß hierdurch allein die Funktionsfähigkeit der Unternehmen noch nicht hergestellt werden konnte. „Volkseigene *Betriebe* werden [...] durch ihre Überführung in das Privateigentum noch nicht zu Unternehmen. Sie müssen vielmehr erst *in Unternehmen transformiert* werden, die ihre Betriebe und Waren nicht mehr hinnehmen, sondern gestalten." (Arndt 1992: 283). Die Erlangung von Handlungskompetenz und -autonomie in den ostdeutschen Betrieben erscheint somit als notwendige Voraussetzung eines erfolgreichen Übergangs zur Marktwirtschaft und der Bewältigung des Transformationsprozesses. Damit verbunden ist eine umfassende Umstrukturierung fast sämtlicher betrieblicher Funktionen. „Der Übergang vom planwirtschaftlichen zum marktwirtschaftlichen Status erfordert eine totale Transformation aller Funktionen, Elemente und Teilsysteme der Wirtschaftseinheiten, eingebettet in einen gleichzeitigen Wandel aller anderen Wirtschaftseinheiten und des gesamten Umfeldes." (Schmigalla 1993: 184).

Dabei verfügen die neu entstandenen Betriebe und Unternehmen infolge des Verlaufs des Privatisierungs- und Sanierungsprozesses in unterschiedlicher Weise über Eigenschaften, die für ein kapitalistisches Unternehmen als wesentlich betrachtet werden, womit eben vor allem Handlungsfähigkeit und

---

41 Mit Lehmbruch (1993) könnte man konstatieren, daß es sich hier um strukturelle Inkompatibilitäten handelte, die als Folge vierzigjähriger „sozialistischer Transformation" nunmehr die Entwicklung behinderten. Allerdings erwiesen sich die betrieblichen Strukturen - zumindest auf der Ebene der Betriebsstätten - als erstaunlich persistent (vgl. die Ausführungen auf in 3.1.2.1.).

42 Mit Management-Buy-Out (MBO) ist die Veräußerung an Manager gemeint, die aus dem Betrieb/Unternehmen kommen, mit Management-Buy-In der Verkauf des Betriebes/ Unternehmens an Manager von außen (meist Westdeutschland).

43 Hier ist beispielsweise die ATLAS-Vereinbarung mit dem Land Sachsen zu nennen, aber auch die Überführung von Betrieben in die von der Treuhandanstalt geschaffenen Management KG's.

Handlungsautonomie sowie die Orientierung am erwerbswirtschaftlichen Prinzip, sprich die Gewinnorientierung gemeint, sind. „Der Betrieb ist nun nicht mehr der institutionelle Ort, an dem Gesellschafts-, Wirtschafts- und Sozialpolitik von Partei- und Staatsführung umgesetzt wird, sondern die Unternehmen werden zum „Brennpunkt der kapitalistischen Wirklichkeit“, an dem - in weitgehender Autonomie von nichtwirtschaftlichen Entscheidungskriterien - Produkt- und Produktionsstrategien mit dem Ziel einer möglichst hohen Rentabilität kombiniert werden.“ (Heidenreich 1993: 78).

Bei der Übernahme von Betrieben durch westdeutsche (oder ausländische) Investoren verblieben in der Regel wesentliche Unternehmensfunktionen im Mutterunternehmen[44], oder aber es wurde von dieser Seite das notwendige Know-how sowie personelle (Management) und andere überlebenswichtige Ressourcen zur Verfügung gestellt. Diese Betriebe konnten also mit einer vergleichsweise positiven Startposition in die Marktwirtschaft rechnen, da sie mit einer Vielzahl von „Transformationsproblemen”, die von Albach (1993) etwa als Probleme des Zugangs zu Informations-, Handels- und Beschaffungsnetzwerken beschrieben wurden, nicht konfrontiert waren - und es sich hier zumeist auch um die wettbewerbsstärkeren Betriebe handelt (vgl. auch Albach/Witt 1993, Grünert 1993).

Anders stellte sich die Situation für Betriebe dar, die relativ lange in Treuhandbesitz verblieben oder z.B. auf Belegschaftsinitiative hin ausgegründet wurden. Erstere verfügten im Hinblick auf die technisch-organisatorische Neustrukturierung über eine eher geringe Handlungsautonomie, da von seiten der primär an der Privatisierung interessierten „Transformationsagentur“ Treuhandanstalt vor allem solche Entscheidungen bewußt verzögert wurden, die sich auf die grundsätzliche Unternehmenskonzeption bezogen, um gegenüber potentiellen Investoren keine nur schwer revidierbaren „Fakten“ zu schaffen. Auch die Herausbildung gewinnorientierten Handelns ist unter den Bedingungen einer staatlichen Bestandsgarantie sicherlich etwas langsamer zu erwarten und birgt die Gefahr einer Strukturkonservierung. Während allerdings die Betriebe, die vergleichsweise lang im Besitz der Treuhandanstalt oder ihrer Nachfolgeorgansation, der BVS (Bundesanstalt für vereinigungsbedingte Sonderaufgaben), verblieben, immerhin ein umfassendes „backing“ durch den Eigentümer hatten, waren die aus den Kombinaten ausgegründeten Betriebe zumeist weder mit den institutionellen Spielregeln einer Marktwirtschaft vertraut, noch standen ihnen wichtige Ressourcen in ausreichendem Maße zur Verfügung.

---

44 - was verschiedene Beobachter zu der Prognose veranlaßte, die ostdeutschen Betriebe müßten auf diese Weise fast zwangsläufig zu „verlängerten Werkbänken“ - der Westbetriebe 'verkommen' -

### 3.2.3. Transformation von unten

Von dieser „Transformation von oben“ ist die „Transformation von unten“, d.h. die Veränderung des Betriebsbestandes durch die Neugründung von Unternehmen zu unterscheiden. Nach Analysen von Fritsch/Werker (1994:11) kommt dieser Entwicklung, gemessen an der Zahl der Unternehmen resp. Betriebe in einigen Bereichen sogar eine größere Bedeutung zu als der "Transformation von oben". Auch für Branchen, für die dies nicht zutraf (wie z.B. den Maschinenbau), dürfte im übrigen davon auszugehen sein, daß es durch die amtliche Statistik zu einer (systematischen) Untererfassung neugegründeter Betriebe kam resp. kommt (Eickelpasch/Görzig 1993). Ähnlich wie die aufgrund von Belegschaftsinitiativen „ausgegründeten“ Betriebe dürften die neugegründeten Betriebe vor dem Problem einer defizitären Eigenkapitalausstattung - und in der Folge auch eines Fremdkapitalmangels - stehen (Fritsch/Werker 1994: 14). Darüber hinaus fehlte es ihnen - sofern sie von ostdeutschen Privatpersonen gegründet wurden - an einer ausreichenden Vertrautheit mit marktwirtschaftlichen Strukturen: „Anders als in Polen und Ungarn können sich diese Länder bzw. Regionen nicht auf einen kleinbetrieblichen bzw. privaten Sektor oder auf Manager und Belegschaften stützen, die an eigenständiges Handeln im Rahmen indirekt-dezentraler Formen der Wirtschaftslenkung gewöhnt waren.“ (Heidenreich 1994: 20)

### 3.2.4. Resümee

Es ist also davon auszugehen, daß die Entwicklungschancen der Betriebe, die z.B. hinsichtlich ihres technischen Niveaus und ihres Produktspektrums ohnehin schon über sehr unterschiedliche Startchancen beim Übergang in die Marktwirtschaft verfügten, sich durch den Privatisierungsprozeß weiter differenzierten, was sich möglicherweise auf die technisch-organisatorische Gestaltung des Produktionsprozesses, von dessen effizienter Gestaltung die Bestandsicherung der Betriebe grosso modo abhängen wird (Rössel 1995, Schmierl 1995), ausgewirkt haben könnte, da die „wesentlichen Planungen der Arbeitsorganisation“ auf der Unternehmensebene veranlaßt werden (Minssen 1992: 38).

## 3.3. Die Transformation von Technik und Arbeit: Ein Überblick über Forschungsergebnisse

Nachdem wesentliche Gestaltungsmerkmale und Bestimmungsgründe innerorganisatorischer sowie technischer Strukturen in den DDR-Maschinenbaubetrieben aufgezeigt wurden und der Prozeß der Konstitution der Akteure dargestellt wurde, sind nun die Befunde zu betrieblichen Entwicklungen nach der Wende und deren Determinanten zusammenzufassen. Vorab soll aber im Rahmen eines kurzen Exkurses die theoretische Diskussion zur Gestaltung von Technik und Arbeit in marktwirtschaftlichen Systemen, wie sie in den letzten Jahren in den westlichen Industrieländern geführt wurde, resümiert werden, da sich hieraus möglicherweise Annahmen über innerbetriebliche Entwicklungen in den ostdeutschen Betrieben ableiten lassen. Der Schwerpunkt der Argumentation bezieht sich dabei auf die westdeutsche Debatte unter besonderer Berücksichtigung des Maschinenbaus.

### 3.3.1. Exkurs: Zur Gestaltbarkeit von Technik und Organisation unter marktwirtschaftlichen Bedingungen

Mit der Gestaltung von Arbeit und Technik unter marktwirtschaftlichen Bedingungen beschäftigen sich insbesondere Industriesoziologie und Organisationsforschung.[45] Die Entwicklung beider Disziplinen in den letzten Jahren kann man dabei summarisch als „Dreischritt von geschlossenen Systemen über hohe Umweltbezüge hin zur Akteursorientierung in beiden Fächern" (Schmid/Lehner 1992: 39) betrachten.[46]

Die ursprünglich stark strukturalistische Argumentation, die sich aus den Schlüsselkategorien Effizienz, Kontingenz und - für die Indstriesoziologie - Kongruenz erschließen läßt, soll hier kurz skizziert werden.[47] Der Bestand einer Organisation hängt in dieser Sichtweise primär von einer ausreichenden Effizienz innerorganisatorischer Strukturen ab, die für das Überleben einer Organisation als zentral betrachtet wird. „Ein „Überleben" bzw. das Erreichen des zum „Überleben" notwendigen Maßes ökonomischer Effizienz ist nur gewährleistet - so die Vermutung -, wenn die Organisationsstruktur den Erfordernissen der Kontextfaktoren angepaßt wird." (Schreyögg 1978: 284). Dabei wird vorausgesetzt, „daß ein verbindliches (sanktionsbewehrtes) Effizienz-Niveau objektiv vorgegeben ist." (ebd.) Die größtmögliche Effizienz wird dann erzielt, wenn die organisationsinternen Strukturen bestmöglich an die externen Bedingungen angepaßt sind, so daß die Umweltbedingungen letztlich die innerorganisatorische Gestaltung determinieren.

Eine im Prinzip ähnliche Argumentation findet sich in industriesoziologischen Arbeiten, die von einer Kongruenzbeziehung zwischen gesellschaftlichen Makrostrukturen einerseits und betrieblichen Mikrostrukturen andererseits ausgehen. Für die bundesrepublikanische Nachkriegsentwicklung konkretisierte sich dies dahingehend, daß in der „Prosperitätskonstellation der Nachkriegszeit" (Lutz 1989) die Dominanz einer „tayloristischen Syndroma-

45 Zum thematischen Zuschnitt von Industrie- und Organisationssoziologie in der DDR vgl. Scherzinger (1979) und Edeling (1992b).

46 Zum Verhältnis von Industriesoziologie und Organisationsforschung vgl. auch Schienstock (1993).

47 Ausführlicher hierzu Kapitel 4.3.

tik“ unterstellt wurde.[48] Stabile Situationen auf den Absatzmärkten sorgten demnach dafür, daß eine an den Taylor'schen Prinzipien orientierte Organisationsstruktur für diesen Zeitraum die effizienteste Form der Produktion gewesen sei, und zudem über den begrenzten Anwendungsbereich der Massenproduktion hinaus auch Ausstrahlungseffekte in andere Branchen, wie den Maschinenbau, gehabt habe (Bechtle/Lutz 1989: 11), indem auch diese sich an dem tayloristischen Rationalisierungsparadigma orientierten.

Die Unterschiede zwischen dieser industriesoziologischen und der oben beschriebenen organisationstheoretischen Interpretation könnte man dabei dahingehend zusammenfassen, daß letztere die relevante Unternehmensumwelt in stärkerem Maße eingrenzte und trotz der Annahme eines im wesentlichen deterministischen Verhältnisses von Umwelt und Organisationsstruktur unterschiedliche Formen innerbetrieblicher Organisationsgestaltung - zumindest ansatzweise - erklären konnte (vgl. dazu Woodward 1971), während erstere auf einen deutlich globaleren Umweltbegriff rekurierte und arbeitsorganisatorische Strukturen, die, wie etwa im Maschinenbau, sichtlich weit entfernt von tayloristischen waren, dann im wesentlich als Folge eines „Rationalisierungsdilemmas“ begreifen mußte.

Eine exemplarische Beschreibung des „Rationalisierungs- und Kontrolldilemmas“ findet sich bei Bergmann et al. (1986: 11). „Als Erzeuger von Investitionsgütern war und ist der Maschinenbau mit Anforderungen konfrontiert, die der Verwendung der bewährten Methoden der Rationalisierung enge Grenzen zogen oder auch gänzlich ausschlossen“, wobei als bewährte Methoden der Rationalisierung dabei die „Verfahren der Massenproduktion, wie die weitgehende Technisierung und arbeitsteilige Organisation des Fertigungsprozesses“, genannt werden (ebd.). Unter Rationalisierung wird hier also offenbar nicht der Einsatz unterschiedlicher Methoden zur Effizienzsteigerung verstanden, wie dies etwa die relativ neutrale Definition von Fürstenberg (1977: 14) nahelegt. Demnach sind unter Rationalisierungsmaßnahmen solche Maßnahmen zu verstehen, „die den Wirkungsgrad wirtschaftlicher Tätigkeit durch zweckmäßigsten Einsatz der Produktionsfaktoren erhöhen“ (ebd.). Rationalisierung wird im Prinzip vielmehr gleichgesetzt mit der Durchsetzung der Taylor'schen Idee von Produktivitätssteigerung durch Arbeitszerlegung. Erst vor dem Hintergrund eines solchen, etwas schiefen Begriffes von „Rationalisierung“ wird die Interpretation der Situation im Maschinenbau als „Rationalisierungs- und Kontrolldilemma“ (vgl. z.B. Kern/Schumann 1990), aber auch die Bildung von Gegensatzpaaren wie

48 Zur Interpretation dieser „fordistischen“ Konstellation im Rahmen eines allgemeinen Modells gesellschaftlicher Entwicklung durch die Regulationstheorie vgl. Hirsch/Roth (1986).

„Rationalisierung vs. Modernisierung“ oder „Rationalisierung vs. Humanisierung“ verständlich.[49]

Nun soll nicht bestritten werden, daß zumindest das ‘Rationalisierungsideal’ im Maschinenbau auch durch die Vorstellungen des Taylorismus geprägt war; dennoch ist festzuhalten, daß die Bedeutung tayloristischer Formen von Arbeitsorganisation im Maschinenbau quantitativ nicht sehr bedeutsam war, und die Betriebe, über lange Zeit relativ erfolgreich, die notwendige Effizienz durch andere Formen der Arbeitsgestaltung gesichert haben.

In jedem Fall wurde spätestens seit Mitte der siebziger Jahre eine Erosion dieser „kongruenten“ Situation konstatiert, ausgelöst durch einen Wandel der makroökonomischen Bedingungskonstellationen weg von der Massenproduktion, hin zu stärker kundenindividueller Produktion, ein Wandel also vom Verkäufer- zum Käufermarkt (Piore/Sabel 1989). Es sei einmal dahingestellt, inwiefern diese Entwicklung für den Maschinenbau - zumindest den westdeutschen - eine breitere Relevanz besitzt (Ostendorf/ Saurwein 1996). Dennoch ist im Zusammenhang mit dieser Entwicklung eine breitere Diskussion um die Gestaltung von Arbeit und Technik belebt worden.

Auch bei einer rein strukturellen Argumentation wäre, in der Folge solcher Tendenzen, eine verstärkte Dynamik der organisatorischen Entwicklung zu erwarten gewesen. Es sind jedoch noch andere Trends zu nennen, die zu einer Belebung der „Determinismus-Voluntarismus-Debatte“ um die Gestaltbarkeit technisch-arbeitsorganisatorischer Strukturen geführt haben. Zum einen wurde durch die verstärkte Verbreitung computergestützter Techniken in zunehmendem Maße eine Entkoppelung von Produktions- und Arbeitsprozeß (Springer 1987) realisierbar, die weitere Spielräume für die arbeitsorganisatorische Gestaltung eröffnete. Zum anderen fand die Rolle der verschiedenen betrieblichen Akteure bei der Gestaltung betrieblicher Strukturen eine stärkere Beachtung, und dies nicht nur in der Industriesoziologie, sondern auch in der Organisationsforschung.[50]

Insbesondere mikropolitische Analysen wirtschaftlicher Organisationen betonen, „daß erstens das, was in Organisationen geschieht, nicht durch externe Zwänge determiniert ist, daß vielmehr zweitens Akteure, deren Handeln durch Strukturen - zu denen auch die Ökonomie gehört - restringiert und ermöglicht wird, die entscheidenden Weichenstellungen der Entwicklung von Organisationen produzieren.“ (Windeler 1992: 86). In der Konsequenz sind die Möglichkeiten „Entscheidungen zu gestalten [...] *offener,* als es die

---

49 Offenbar ist, wie Minssen (1992: 65) anmerkt, „Ein allseits geteilter Rationalisierungsbegriff [...] in der Industriesoziologie also keineswegs vorzufinden“. Eine Auseinandersetzung mit dem „parteilichen“ Begriff der Rationalisierung findet sich auch bei Tully (1982).

50 Zur argumentativen Grundstruktur der sich bereits seit den 60er Jahren entwickelnden akteurszentrierten Ansätze in der Organisationsforschung vgl. Freriks (1996: 60ff.).

landläufigen Vorstellungen von Rationalität und Effizienz suggerieren." (ebd.: 88).

Schließlich wurde der Effizienzbegriff als solcher zunehmend in Frage gestellt. „Unter diesen Umständen bleibt Effizienz ein komplexer, ständig sozialer Entwicklung unterliegender Sachverhalt, der weder abschließend bezeichnet noch in einer überzeitlichen Dimension festgehalten werden kann. Immer klafft eine mehr oder weniger große Lücke zwischen der theoretischen Maximaleffizienz, die fiktiv bleibt und der rechnerischen Konventionseffizienz" (Kern 1989: 261).

In der Summe führten diese empirischen und theoretischen Brechungen dazu, daß der Blick auf die betriebliche Realität erheblich breiter wurde, die Rede von einer „Neuen Unübersichtlichkeit" (Hirsch-Kreinsen/Wolf 1987) war, und auch vor dem Hintergrund der klassischen Annahmen scheinbar zunächst unerwartete Befunde, wie der der „Strukturierten Vielfalt" (Freriks/ Widmaier 1992) technisch-arbeitsorganisatorischer Konstellationen, interpretierbar und plausibel erschienen.

Das entstandene Interpretationsvakuum wurde, infolge eines offenbar generellen Dranges, passende Generalisierungen zu finden und nicht die tendenzielle „Unordnung" der Gesellschaft und „Verschlungenheit" der Geschichte (Kern 1989) unumwunden zu akzeptieren, durch eine gewisse Anzahl vordergründig konkurrierender Erklärungsmuster aufgefüllt. Eine beinahe euphorische Aufnahme fanden all jene Interpretationen, die eine Verbesserung der als tayloristisch eingestuften Arbeitsbedingungen durch ganzheitlichere Aufgabenzuschnitte prognostizierten, was den historisch befürchteten Trend zur Dequalifizierung auf breiter Ebene aufzuhalten versprach. Der „restringierende Zugriff auf Arbeitskraft" im Sinne tayloristischer Rationalisierung verschenke wichtige Produktivitätspotentiale, so das Credo der „Neuen Produktionskonzepte" (Kern/Schumann 1990). Die Erschließung dieser Potentiale erfordere also - in Abhängigkeit von der bisherigen Arbeitsgestaltung - eine Professionalisierung/Reprofessionalisierung der Produktionsarbeit, die Einführung von oder das Festhalten an ganzheitlichen Aufgabenzuschnitten. In „anthropozentrischen Produktionssystemen" sollte somit die Vereinbarkeit von betrieblichen Effizienzkalkülen bei einer gleichzeitig stärkeren Humanorientierung möglich werden (Nolte 1993). Die Attraktivität dieses Gedankens lag bzw. liegt demnach insbesondere in einer prinzipiell versöhnlichen Perspektive der Interessengegensätze zwischen Arbeit und Kapital (Pries et al. 1989). Die in diesen Ansätzen enthaltene implizite Warnung vor einer Verfestigung neuer Differenzierungs- und Segmentationslinien mit einer „ungleichgewichtigen Verteilung der Rationalisierungslasten" (Kern/Schumann: 1990: 23) wurde insofern geflissentlich überhört. „In essence, production systems are considered as anthropocentric if they combine people and technology in a way that both requires and fosters skills and capabilities, and that moreover is characterized by low hierarchies and group work." (von Bandemer et al. 1991). Wie jüngere Arbeiten (Saurwein 1996) zeigen, hat es sich hier jedoch vielfach eher um „romantische Vorstellungen" gehandelt, als um tragfähige Gestaltungsvarianten für die innerbetriebliche Organisation von Technik und Arbeit.

Parallel zu solch positiven Zukunftsszenarien blieben skeptische Gegenpositionen stets gewahrt. So konstatierte etwa Dörr (1991), daß es infolge des Einsatzes computergestützter Techniken zu einer Neuverteilung, einer Abspaltung der intellektuellen Produktionskompetenzen gekommen sei, die die Qualität der Produktionsarbeit nicht unberührt gelassen habe; es sei vielmehr zu einer Verschiebung von Kontrollkompetenzen „hin zu den von der unmittelbaren Produktionsarbeit separierten und hierarchisierten Funktionsträgern" (ebd.: 251) gekommen; insofern sei der beobachtbare Wandel eher als „Formwandel" von Kontrolle zu interpretieren, und nicht als Kontrollverlust. Eine ebenso skeptische Position beziehen im Grunde genommen die Apolegeten eines „Neuen Rationalisierungstyps", nämlich einer „systemischen Rationalisierung" (Sauer et al. 1986; Sauer/Altmann 1989), die insbesondere auf die problematischen Wirkungen der aus dem Einsatz von Informationstechnologie resultierenden Veränderungen der zwischenbetrieblichen Arbeitsteilung für den betrieblichen Arbeitskräfteeinsatz abstellen.

Neben diesen industriesoziologischen Interpretationen betrieblichen Wandels wurde die öffentliche Debatte insbesondere durch eher praxisorientierte Ansätze, die die Analyse betrieblicher Strukturprobleme vor allem mit Blick auf die Formulierung und Ausarbeitung konkreter Gestaltungsvorschläge betreiben, belebt. Von diesen war die prominenteste zweifelsohne die von Womack et al. (1992) vorgelegte Studie zur „zweiten Revolution in der Automobilindustrie", die Strukturen einer „schlanken Produktion" (lean production) darstellte und als mehr oder weniger allumfassendes Heilmittel für höhere Wettbewerbsfähigkeit propagierte. Das Interessante an diesem Ansatz war, daß er in verschiedener Hinsicht quer zu gängigen Kontroversen lag; hier erschien Gruppenarbeit, die ansonsten vorzugsweise von denjenigen als 'Siberstreif am Horizont' betrachtet wurde, die es sich zur Aufgabe gemacht hatten, die Ankunft „neuer Produktionskonzepte" zu deklamieren, ebenso als notwendiges Element wie andererseits eine konsequente Reorganisation der gesamten Wertschöpfungskette, eine Neuzuschneidung der zwischenbetrieblichen Arbeitsteilung, was darauf verweist, daß diese beiden Entwicklungslinien, wie beispielsweise auch Schumann et al. (1994b) konstatieren, eben nicht als Alternativen zu konzeptionalisieren sind, sondern schlicht auf unterschiedliche Aspekte betrieblicher Rationalisierungsstrategien fokussieren.

Es soll an dieser Stelle darauf verzichtet werden näher zu beleuchten, was sich hinter aktuell thematisierten Konzeptionen einer „fraktalen", „liquiden", oder „virtuellen" Fabrik genauer verbirgt[51], was durch den Hinweis begründet werden kann, daß „die Managementliteratur [...] zu einem großen Teil gerade aus Lösungsangeboten für dieses 'Organisationsproblem'" besteht und „Naheliegenderweise [...] die vorgeschlagenen Lösungen durchaus unterschiedlich [sind], je nachdem, welche „Schule" befragt wird." (Minssen 1992: 58).

## Moving targets, oder: Zur Relevanz der Diskussion für die ostdeutschen Betriebe

Insgesamt läßt sich die dargestellte Debatte dahingehend zusammenfassen, daß unter marktwirtschaftlichen Bedingungen von einer Determiniertheit der innerbetrieblichen Strukturen durch Umweltbedingungen nicht auszugehen ist, daß die betriebliche Wahlfreiheit wohl aber durch strukturelle Rahmenbedingungen, die sich beispielsweise aus der Produktstruktur ergeben, beschränkt ist. Diese änderte sich jedoch für eine Vielzahl der ostdeutschen Betriebe durch die notwendige Neupositionierung am Markt, da „für die bisherigen Produkte keine zahlungskräftige Nachfrage mehr mobilisiert werden konnte und neue Produkte noch nicht konkurrenzfähig angeboten werden konnten." (Heidenreich 1993: 79). Die Wahl eines neuen bestandssichernden Unternehmenszweckes zieht jedoch andere Entscheidungen nach sich, wie diejenige für die Art der einzusetzenden Technologien und die zu realisierenden Organisationsstrukturen. Auch die Betriebe standen somit vor einem „Dilemma der Gleichzeitigkeit" (Offe 1994), indem sie, sofern sich dies nicht durch Entscheidungen eines Investors quasi „von selbst" ergab, über die Produkt-, Technik- und Organisationsmodernisierung mehr oder weniger simultan entscheiden mußten.

Es bestand insofern für die betrieblichen Akteure eine hohe Unsicherheit über notwendige und sinnvolle betriebliche Strategien. Diese Unsicherheit wurde durch die beschriebene Unklarheit im Hinblick auf die Effizienz bestimmter technischer und organisatorischer Strukturen noch verschärft. Hier sind nun generell unterschiedliche Verhaltensmuster denkbar: der Rückgriff auf prinzipiell bereits „bewährte" Gestaltungsvarianten, d.h. etwa die Orientierung an und konsequente Realisierung von tendenziell eher arbeitsteiligen Organisationsstrukturen oder die Übernahme „erfolgreicher" organisatorischer Strukturen von Investoren (wie etwa von Michler/Dreher (1992) beschrieben), aber auch die Einführung von aktuell als besonders erfolgreich gehandelten Konzepten zur Gestaltung der Betriebs- und Unternehmensorganisation, die, von Unternehmensberatern und Wissen-

---

51 Die Prognosen über die Fabrik der Zukunft scheinen mittlerweile ebenso zahlreich zu sein, wie noch vor wenigen Jahren die zur Zukunft der Industriegesellschaft, die ebenfalls häufig eher den Charakter „wissenschaftlich begründeter Spekulation" (Bell 1975) aufwiesen.

schaftlern eindrucksvoll beschrieben, gewissermaßen als der „Weisheit letzter Schluß“ erscheinen mochten. Beide Strategien sind unter den gegebenen Bedingungen durchaus rational zu nennen und können als Alternativen einer „nachholenden“ (Kalkowski 1994) oder aber „überholenden“ (Wittke et al. 1993) Modernisierung betrachtet werden. Wird zusätzlich die Möglichkeit ins Kalkül gezogen, daß sich in den letzten 50 Jahren in der (ehemaligen) DDR spezifische Verhaltensdispositionen herausgebildet haben, die bei gegebenen strukturellen Rahmenbedingungen einen Einfluß auf die innerbetriebliche Gestaltung der (Arbeits-) Organisation gewinnen könnten, ist zu konstatieren, daß die Frage nach Strategien betrieblicher Produktionsmodernisierung im Transformationsprozeß zunächst empirisch zu klären ist.

### 3.3.2. Betriebliche Produktionsmodernisierung im Transformationsprozeß: Ein Überblick über Forschungsergebnisse

Da der Schwerpunkt der Arbeiten zur Transformation zunächst auf der Makroebene des gesellschaftlichen Umbruchs lag, wies die Forschungslandschaft in einigen Bereichen zeitweise „blinde Flecken“ auf, was in besonderer Weise für den betrieblichen Reorganisationsprozeß galt resp. gilt. Mittlerweile liegt jedoch eine Fülle von Arbeiten, Forschungsberichten und „grauer Literatur“ vor, die sich allerdings auf unterschiedliche Zeitpunkte des Transformationsprozesses beziehen und auf jeweils sehr unterschiedliche Aspekte des betrieblichen Reorganisationsprozesses abstellen. Insofern scheint bei der folgenden Darstellung mindestens eine inhaltliche Differenzierung notwendig.

Die Ausführungen orientieren sich dabei am von Pries et al. (1990) geprägten Begriff betrieblicher Produktionsmodernisierung. Die Autoren unterscheiden vier Eingriffsfelder betrieblicher Rationalisierung: die Produktstruktur/Absatzstrategie, das Fertigungssystem, die Arbeits-/Betriebsorganisation sowie das Personalsystem. Dem liegt die Annahme zugrunde, daß es sich um vier eigenständige Rationalisierungsarenen handelt. „Veränderungen der Produktstruktur und der Absatzstrategie oder der Arbeits- und Betriebsorganisation sowie neue personalpolitische Strategien werden hier also zwar im gesamtbetrieblichen Kontext auch der technischen Prozeßrationalisierung, nicht aber als deren abhängige Variablen thematisiert.“ (Pries et al. 1990: 7).

Dieser Zugang scheint vor dem Hintergrund der spezifischen Handlungsbedingungen der ostdeutschen Betriebe - der beschriebenen Notwendigkeit simultaner Strategiewahl - besonders sinnvoll, um die verschiedenen Dimensionen zunächst analytisch zu trennen. Die Zusammenführung der Befunde erfolgt dann in den Kapiteln 3.3.3. und 3.4., die der Darstellung von Ansätzen zur Typisierung betrieblicher Transformationsverläufe und der Bewertung der vorliegenden Befunde dienen.

### 3.3.2.1. Produktstruktur/Absatzstrategie

**Anpassung der Produktpalette**

Nach der Realisierung der Wirtschafts- und Währungsunion mit der Bundesrepublik im Juli 1991 standen die Betriebe zunächst vor dem Problem der Sicherung ihres bisherigen Absatzes. Der Umstellungskurs Mark der DDR zu DM der BRD von 1:1 für Stromgrößen (wie Löhne) und 2:1 für Bestandsgrößen (wie Vermögen) konfrontierte sie mit dem Problem, daß ihre bisherigen Abnehmer bereits kurzfristig nicht mehr in der Lage waren, die - nach wie vor benötigten - Produkte zu bezahlen.

*Abbildung 2: Durchschnittliche Umsatzanteile im ostdeutschen Maschinenbau (nach Region 1992)*[52]

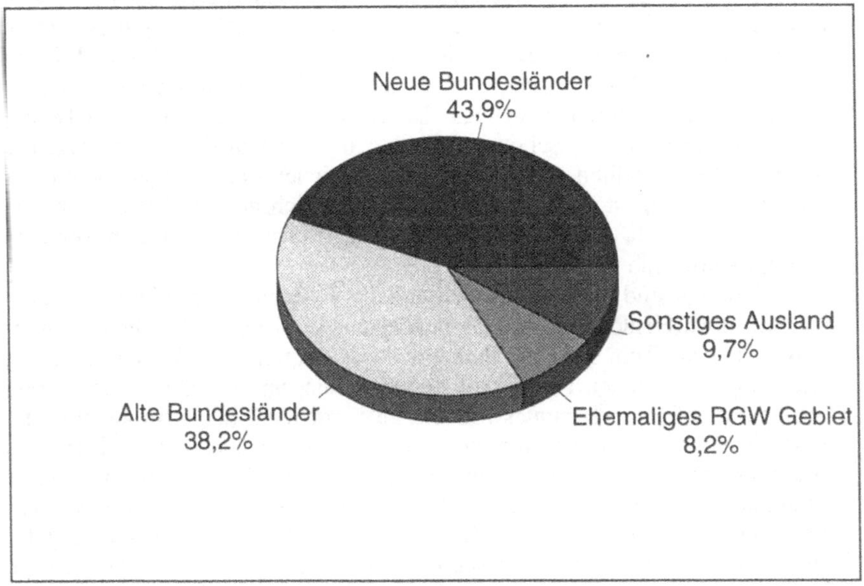


Staatlicherseits wurden zwar nach einer gewissen Übergangsphase Garantien zur finanziellen Absicherung der Lieferungen übernommen (die sogenannten Hermes-Bürgschaften), doch waren sie allein nicht dazu geeignet, die Ausla-

52 Quelle: NIFA-Panel Neue Bundesländer 1993 (Fertigungsbetriebe mit mehr als 20 Beschäftigten); zur Datenbasis vgl. Kapitel 4.1.

stung der betrieblichen Kapazitäten sicherzustellen. Abbildung 2 verdeutlicht anhand der Daten des NIFA-Panels den massiven Rückgang der mit Abnehmern aus dem Bereich des ehemaligen RGW erzielten Umsatzanteile; so wurden von den 1993 im Rahmen des NIFA-Panels befragten Betrieben im Durchschnitt des Jahres 1992 nur noch 8% ihres Umsatzes mit Abnehmern aus dem Gebiet des ehemaligen RGW erzielt. Insofern war für das Gros der Betriebe die Suche nach neuen Märkten und auch eine grundlegende Modernisierung des Produktionsprogrammes unvermeidbar, da ihre Produkte, wie bereits ausgeführt, auf dem Weltmarkt nur bedingt konkurrenzfähig waren.

Wie die Zahlen des Fraunhofer Institutes für Innovationsforschung und Systementwicklung (ISI)[53] zeigen, betraf dieser Prozeß eine Vielzahl der Betriebe; so gab allein gut ein Viertel der befragten Maschinenbaubetriebe an, ihr *Haupt*produkt zwischen 1989 und 1992 verändert zu haben (Lay/Gagel 1995: 24). Diese Zahlen bedürfen jedoch einer weitergehenden Interpretation, da eine Veränderung des Hauptproduktes sowohl durch Produktinnovationen bedingt sein kann, als auch durch die Veränderung der Auftragslage. In der Tat scheint letzteres für viele Betriebe zutreffend zu sein, was sich beispielsweise am Anstieg des Anteils der Lohnfertigungsaufträge ablesen läßt. Diese Entwicklung ist etwa von Bluhm (1992a) und Demmer/Kleinow (1992) als zunächst zunehmende Traditionalisierung des Produktspektrums beschrieben worden. Da die Produkte, die unter den Bedingungen weitgehend abgeschotteter Märkte im Rahmen des RGW begehrte Handelsware darstellten, unter marktwirtschaftlichen Bedingungen nicht mehr verkäuflich waren, konzentrierten die Betriebe sich auf die Produktion von Standardprodukten, für deren Fertigung vergleichsweise wenig Know-how benötigt wurde und wird.

Allerdings sind auch andere betriebliche Strategien beschrieben worden. So stellt etwa Heidenreich (1993) mindestens zwei unterschiedliche Vorgehensweisen dar. Zum einen die Strategie der „Generalisten", die die Erhaltung einer möglichst breiten Produktpalette anstrebten, um die häufig irreversible Festlegung auf ein bestimmtes Produkt zu vermeiden, und zum anderen die Strategie des „Gesundschrumpfens" auf einen überlebensfähigen Kern des Betriebes (s.u.). Die Generalisten antizipierten jedoch nicht die mit dieser Strategie verbundenen vielfältigen Risiken, wozu beispielsweise die Vorhaltung von Kapazitäten zählt, die dann nicht in ausreichendem Maße ausgelastet werden konnten. Zudem versperrte diese Strategie in der Regel auch die Profilierung als Anbieter spezifischer Produkte. „Die Achillesferse breit

53 Dieses Institut führte in Kooperation mit dem ISF (München) im Auftrag des BMFT die Basiserhebung zur Evaluierung der CIM-Förderung im investitionsgüterproduzierenden Gewerbe der neuen Bundesländer durch, in die insgesamt 841 Betriebe einbezogen werden konnten; vgl. dazu Lay (1995). Diese Erhebung wird im folgenden in Kurzform als „CIM-Evaluierung" bezeichnet.

angelegter Produktstrategien sind allerdings unzureichende Spezialkenntnisse und hohe Herstellungskosten." (Heidenreich 1993: 80).

Eine zumindest temporäre Ausweitung des Produktspektrums ostdeutscher Maschinenbaubetriebe konstatierten auch Michler/Dreher (1992) am Beispiel des Werkzeugmaschinenbaus. Etwa 60% der befragten Maschinenbaubetriebe[54] gaben zum Befragungszeitpunkt (1991) an, die Herstellung „neuer" Produkte bereits in Angriff genommen zu haben - allerdings nicht mit dem Ziel der Straffung der Produktpalette. Es handelte sich bei diesen Produkten vielmehr um solche, die zusätzlich zum bisherigen Produktspektrum angeboten wurden, das mit dem Ziel der Ausnutzung der vorhandenen Kapazitäten zunächst weitgehend beibehalten wurde. Auf die Risiken einer solchen Strategie der Konservierung einer möglichst breiten Produktpalette weist auch Wiener (o.J.) anhand der Transformationsprofile dreier Betriebe eines Schwermaschinenbaukombinates hin: „Zu spät hat der Konzern erkannt, daß er weder seine Größe halten, noch mit seiner einstigen Produktionsbreite überleben kann. Verschiedene Standbeine in der Produktion bieten zwar gut laufenden Unternehmen Sicherheiten, wenn eine Produktionsstrecke mal eine Flaute erlebt. Wenn aber der gesamte Betrieb krisenhaft geschüttelt ist, sind es nur viele Holzbeine, die er damit hat." (Wiener o.J.: 45).

Die ebenfalls von Heidenreich beschriebene gegenläufige Strategie der Spezialisierung auf ein bestimmtes Produkt, des „Gesundschrumpfens" auf einen überlebensfähigen Kern, war oftmals jedoch nicht minder riskant, da sie umfassende Informationen über die zukünftigen Geschäftsfelder und die Situation potentieller Konkurrenten erfordert hätte, die den Betrieben nicht vorlagen. Auch die den Betrieben von seiten der Treuhandanstalt zur Seite gestellten westdeutschen Unternehmensberater waren häufig nicht in der Lage, Empfehlungen hinsichtlich der Entwicklung des Produktspektrums zu geben (Wiener o.J.: 46). Zudem wären hiermit ebenfalls irreversible Investitionsentscheidungen (Heidenreich 1993: 81) verbunden gewesen, die bei einem Scheitern des verfolgten Weges den Bestand des Betriebes in Frage gestellt hätten. Es blieb insofern nicht selten dem Zufall bzw. der Findigkeit des Managements überlassen, diejenigen Entscheidungen zu treffen, die mittel- bis langfristig erfolgversprechend erschienen (Dörr/ Schmidt 1992: 71).[55]

---

54 Bei der Untersuchung von Michler/Dreher handelt es sich um eine Sekundärauswertung einer vom DIW Mitte 1991 im Rahmen des vom BMWi beauftragten Projektes „Beobachtung der gesamtwirtschaftlichen und unternehmerischen Anpassungsprozesse in Ostdeutschland" durchgeführten Erhebung, an der sich ca. 1700 ostdeutsche Industriebetriebe, darunter ca. 50 Werkzeugmaschinenproduzenten, beteiligten. Diese Erhebung wurde von den Autoren mit dem Ziel der qualitativen Konfundierung der Ergebnisse durch Interviews in vier ostdeutschen Unternehmen des Werkzeugmaschinenbaus ergänzt.

55 Zur ambivalenten Rolle des Managements im Transformationsprozeß vgl. Pohlmann/ Schmidt (1995).

**Produktinnovationen**

Voraussetzung für die Entwicklung neuer Produkte ist eine betriebsin- und -externe Infrastruktur im Bereich der Forschung und Entwicklung. Gerade in diesem Bereich bestanden jedoch erhebliche Problemlagen bei den Betrieben. Die Forschungseinrichtungen der Kombinate wurden durch die Treuhandanstalt in juristisch selbständige Unternehmen, sogenannte Forschungs GmbH's überführt.[56] Die Produktionsbetriebe wurden daher des Großteils ihrer F&E-Kapazitäten durch organisatorische Separierung relativ kurzfristig beraubt. Für die innerhalb der Produktionsbetriebe verbliebenen F&E-Kapazitäten ist festzuhalten, daß der generelle Beschäftigungsabbau selbstredend auch diese Abteilungen betraf. Dadurch ist die absolute Anzahl von F&E-Beschäftigten in vielen Betrieben jedoch so gering, daß die verbleibenden Forschergruppen „praktisch nur noch experimentelle Entwicklungen oder stark eingegrenzte angewandte Forschung durchführen" (Meske 1994: 41). Es sind demnach - auch aufgrund der stark veränderten Betriebsgrößenstruktur im industriellen Bereich mit durchschnittlichen Beschäftigtenzahlen, die unter denen westdeutscher Betriebe liegen - nur in begrenztem Ausmaß Potentiale für - notwendige - betriebliche Grundlagenforschung vorhanden.

Es kam also insgesamt zu einer starken Reduktion der absoluten Zahl von F&E-Beschäftigten in Ostdeutschland, die zudem noch mit deutlichen Verschiebungen der Beschäftigungsstruktur insofern verbunden war, als damit eine weitgehende organisatorische Trennung von F&E und dem Bereich der direkten Produktion einherging. Abbildung 3 zeigt diese Verschiebungen für die ostdeutsche Wirtschaft insgesamt zwischen 1989 und 1993 sowie im Vergleich mit der westdeutschen Wirtschaft. Ihr läßt sich entnehmen, daß nur noch 48% der in Ostdeutschland im Bereich F&E-Beschäftigten in der Wirtschaft beschäftigt sind.

Diese - auch im Vergleich zu Westdeutschland - geringe Bedeutung innerbetrieblicher F&E ist als außerordentlich kritisch zu betrachten, da sie im Hinblick auf das Innovationspotential zu betrieblichen Strukturen geführt hat, die nicht als „schlank", sondern als „magersüchtig" - und insofern nicht mehr wettbewerbsfähig - zu betrachten sind (Rössel 1995a: 128). Nach Befunden der CIM-Evaluierung beschäftigten 1992 noch 55% der Unternehmen des investitionsgüterproduzierenden Gewerbes in Ostdeutschland Mitarbeiter im F&E-Bereich (Lay/Gagel 1995: 35), wobei die Autoren als wesentlichen Bestimmungsfaktor für die Wahrscheinlichkeit, daß ein Betrieb F&E-Mitarbeiter beschäftigt, neben der Betriebsgröße die wirtschaftliche Situation des Betriebes ausmachten. Unternehmen, die eine konkrete Gefahr für ihren

56 Im Jahr 1989 bestanden beispielsweise im gesamten industriellen Bereich 38 solcher Einrichtungen mit knapp 16.000 F&E-Beschäftigten. Durch Aus- und Neugründungen ist deren Zahl - allerdings nicht die Zahl der Beschäftigten - weiter angewachsen. Diese Unternehmen werden staatlicherseits massiv gefördert (vgl. Meske 1994).

zukünftigen Bestand sahen, beschäftigten unterdurchschnittlich häufig F&E-Personal. Bei Betrieben, die mit einer sich verbesserenden Marktlage rechneten, verhielt es sich umgekehrt. Allerdings sind hier Ursache und Wirkung sicherlich schwer zu trennen; das Vorhandensein von F&E-Kapazitäten kann sich einerseits günstig auf die Fähigkeit zur betrieblichen Umstrukurierung ausgewirkt haben, oder aber umgekehrt, eine schwierige wirtschaftliche Situation hat zum Abbau dieser Kapazitäten geführt.

*Abbildung 3: Struktur des F&E-Personals in Deutschland*

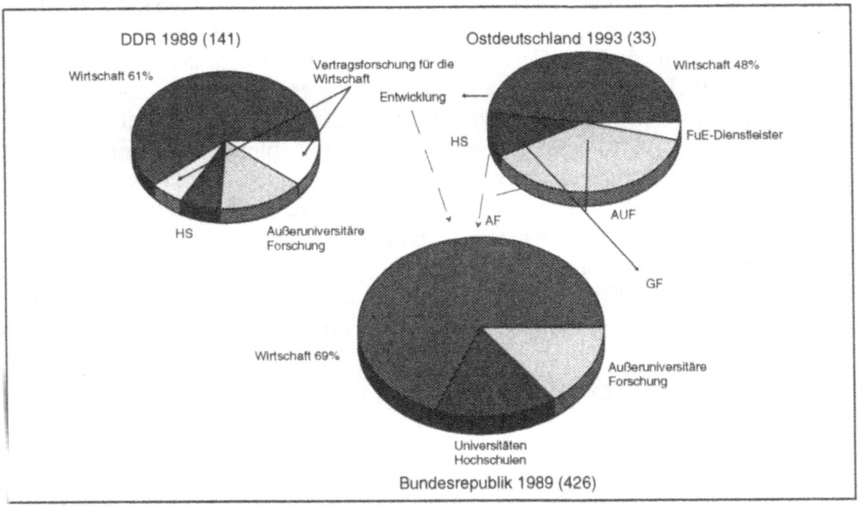


*nach: Meske (1994: 47)*

## Vertrieb und Beschaffung

Der Vertriebsbereich ist insgesamt als ein ähnlich neuralgischer Punkt bei der betrieblichen Reorganisation zu betrachten wie der Bereich der Produktinnovation. In vielen Betrieben fehlte nach der Vereinigung und der Umstrukturierung durch die Treuhandanstalt eine funktionsfähige Vertriebsabteilung, da diese ebenfalls entweder in organisatorisch verselbständigten Betrieben resp. Betriebsbereichen verblieb, oder aber von vornherein nicht existierte, da der Absatz der Produkte ja im wesentlichen durch die staatliche Handels- und Außenhandelsorganisation abgewickelt wurde. Allerdings bestand, wie beschrieben, eine Vielzahl informeller Beziehungen zu anderen Betrieben, Abnehmern und Zulieferern, die aber durch Instabilität der organisatorischen Strukturen in diesen Betrieben offenbar weitgehend entwertet wurden. „Mißtrauen wurde aber auch den persönlichen Beziehungen selbst entgegengebracht. Man war sich nicht sicher, ob jene Personen, mit denen man früher kooperiert hatte, durch veränderte Positionen in der Verwaltungskette noch die erforderliche Entscheidungskompetenz und -befugnis hätten. Der Zerfall der ehemaligen Kombinatsstrukturen stellte somit auch diese Form des sozialen Kapitals der ostdeutschen Wirtschaftssubjekte in Frage." (Metze/Luutz 1996: 874 f.)

Insofern kann es nicht erstaunen, daß nach Erkenntnissen von Lay/Gagel (1995) der Vertrieb noch 1993 für mehr als die Hälfte der Betriebe der ostdeutschen Investitionsgüterindustrie ein wesentliches Handlungsfeld war, das als um so zentraler erscheinen muß, wenn man den Umstand berücksichtigt, daß die Mehrzahl der Betriebe insbesondere im westeuropäischen Ausland bis zu diesem Zeitpunkt noch nicht Fuß fassen konnte (vgl. Abbildung 2). In immerhin 12% der Betriebe war zum Befragungszeitpunkt jedoch (noch) kein spezialisiertes Vertriebspersonal beschäftigt. Für den Bereich der Beschaffung ist von einer analogen Problematik auszugehen, die sich allerdings weniger gravierend auf die betriebliche Situation auswirkte und insofern auch nicht annähernd so ausführlich dokumentiert ist. Heidenreich (1993: 88) weist jedoch darauf hin, daß die Betriebe nach der Vereinigung oftmals teure Erfahrungen mit den Nachwirkungen ihrer spezifischen Beschaffungslogik sammelten, indem sie nach wie vor die bisher knappen Materialien zu vielfach auch noch überhöhten Preisen horteten.

#### 3.3.2.2. Fertigungssystem

In diesem Bereich müssen insbesondere Maßnahmen zur technischen Modernisierung nach 1989 näher betrachtet werden. Dabei waren im vorhinein unterschiedliche Entwicklungen denkbar: „kapitalarme" Modernisierungsstrategien (Demmer/Kleinow 1992), die insbesondere auf den effizienteren Einsatz der vorhandenen Technologien setzen würden, der beispielsweise durch Nachrüstung von Einzelmaschinen erreicht werden kann (Mallok 1995: 6), oder aber ein mehr oder weniger vollständiger Austausch des vergleichsweise überalterten Maschinenbestandes (Wagner et al. 1994: 33). Fast ein wenig überraschenderweise[57] scheint die letztgenannte Alternative dominant gewesen zu sein. So stellt etwa Hirsch-Kreinsen (1992a: 295) fest, daß „technikzentrierte Rationalisierungsmaßnahmen, die in der überwiegenden Zahl der Fälle auf die Modernisierung der Technik setzen und, wenn überhaupt, erst in zweiter Linie auf das Produktivitätspotential von Arbeitskräften", überwogen, wobei dies vor allem für an Westeigentümer privatisierte Betriebe gelte. Diese Befunde stimmen mit denen aus anderen qualitativen Studien überein und sind durch die vom ISI durchgeführte

57 - vor dem Hintergrund der vergleichsweise knappen verfügbaren Investitionsmittel -

Basiserhebung zur CIM-Evaluierung bestätigt worden (Wengel/Harnischfeger 1995 und Lay/Harnischfeger 1995).

Auf die Darstellung der Diffusionsquoten einzelner computergestützter Techniken kann hier mit Hinweis auf Kapitel 5.2. verzichtet werden. Es sollen an dieser Stelle vielmehr die zentralen inhaltlichen Aussagen, die die Autoren aus ihren Analysen ableiten, kurz dargestellt werden. Sie lassen sich dahingehend zusammenfassen, daß es im gesamten investitionsgüterproduzierenden Gewerbe der neuen Bundesländer einen schnellen technischen Aufholprozeß gegeben hat, und zwar sowohl im kaufmännischen und Verwaltungsbereich als auch in der Produktion selbst. Im Hinblick auf die betriebsspezifischen Einsatzquoten der Techniken lassen sich zum einen Differenzierungen feststellen, die denen aus den alten Bundesländern hinlänglich bekannten entsprechen - insbesondere betriebsgrößenabhängige Unterschiede, aber auch solche, die sich vornehmlich aus der Produktstruktur erklären lassen -, zum anderen ist der Technikeinsatz nach diesen Befunden jedoch auch abhängig von den Eigentumsverhältnissen und der allgemeinen wirtschaftlichen Lage der Betriebe. Dabei weisen die Betriebe, die zum Erhebungszeitpunkt noch zum Treuhandportfolio gehörten, keinen Rückstand beim Technikeinsatz, sondern, im Gegenteil, einen hohen Technisierungsgrad auf; allerdings war ein Großteil der in diesen Betrieben noch vorhandenen Techniken bereits vor der Wende angeschafft worden und insofern nur bedingt auf neuestem technischen Stand. Betriebe, die sich im Besitz ostdeutscher Eigentümer befanden, waren nach den Analysen von Wengel/Harnischfeger (1995: 91) „in unterdurchschnittlichem Maße zur Erneuerung ihrer EDV-Ausstattung in der Lage", während Betriebe mit Westeigentümern im Hinblick auf die Technikeinsatzquoten in etwa im Durchschnitt lagen (ebd.).

In den Betrieben sind insgesamt daher „Bei fast allen Techniklinien [...] Verbreitungsquoten und eine Ausschöpfung der betriebsspezifischen Einsatzpotentiale erreicht, die bereits heute nahezu dem westdeutschen Niveau entsprechen, es teilweise sogar übertreffen." (ebd.: 99). Allerdings weisen die Autoren auch darauf hin, daß die vorhandenen Techniken nicht immer adäquat eingesetzt werden, und mit der frühzeitigen, aber wenig zielgerichteten Modernisierung des Produktionsapparates auch ein hohes Risiko verknüpft war/ist, falls die Techniken sich als ungeeignet für das sich noch im Wandel befindliche Produktspektrum erweisen.

### 3.3.2.3. Personalsystem

Die Veränderungen im Personalsystem der Betriebe sind sowohl in quantitativer als auch in qualitativer Hinsicht gut dokumentiert. Durch die SÖSTRA e.V. (Sozialökonomische Strukturanalysen Berlin) wurden im Auftrag und in Zusammenarbeit mit der Bundesanstalt für Arbeit (BfA) und der

Treuhandanstalt die Beschäftigungsentwicklung und die Beschäftigungsperspektiven von Treuhandunternehmen und Ex-Treuhandfirmen seit 1991 fortlaufend erfaßt und analysiert (im folgenden „Treuhandpanel"; vgl. Wahse et al. 1991, 1992, 1993).[58]

Insgesamt scheint in diesem Bereich weniger die Beschreibung der quantitativen (Abwärts-) Entwicklung,[59] die vor dem Hintergrund der massiven verdeckten Arbeitslosigkeit in den Betrieben quasi unausweichlich war und sich an der Entwicklung des ersten und zweiten Arbeitsmarktes in den neuen Bundesländern ablesen läßt, sondern vielmehr die strukturelle Entwicklung innerhalb der Betriebe von Interesse. Damit sind Verschiebungen der Beschäftigung zwischen den verschiedenen betrieblichen Bereichen sowie die Segmentierungstendenzen, die aus dem Personalabbau resultieren könnten (zur Theorie segementierter Arbeitsmärkte vgl. Widmaier 1991), gemeint.

Im Hinblick auf die innerbetriebliche Verschiebung von Beschäftigung kommen unterschiedliche Autoren zu durchaus divergierenden Befunden.[60] Denisow/Stieler (1993) unterscheiden beispielsweise zwischen Betriebsbereichen mit über- und solchen mit unterproportionaler Personalreduktion, wobei sie zu ersteren die Bereiche Einkauf, Vertrieb, Aus- und Weiterbildung und Forschung/Entwicklung/Konstruktion zählen. Erklärbar ist dies i.E. im Bereich Einkauf mit der Verfügbarkeit notwendiger Ressourcen am Markt, im Bereich Vertrieb durch die Nutzung vorhandener Geschäftsbeziehungen sowie entsprechender Ressourcen der (westdeutschen) Investoren sowie im Bereich der Forschung, Entwicklung und Konstruktion durch die „Nachnutzung" von Know-how der Unternehmen der alten Bundesrepublik, die eine, auch aus Kostengründen notwendige, Reduktion der F&E-Beschäftigten erlaube.

Im Gegensatz dazu konstatierten Binus/Groß (1992) aufgrund ihrer Analysen der Veränderungen der betrieblichen Personalstruktur von Maschinenbaubetrieben, die sich u.a. auch auf eine branchenspezifische Analyse des Treuhandpanels stützen, einen eher gegenläufigen, und vor dem Hintergrund bisheriger Ausführungen zur Veränderung der Produkt- und Absatzstruktur

58 Zum Einsatz neuer Instrumente der aktiven Arbeitsmarktpoltik in den neuen Bundesländern vgl. Kaiser (1992) sowie Knuth (1996). Einen guten Überblick über die Veränderungen von Erwerbsarbeit und Beschäftigung in den neuen Bundesländern geben auch die Beiträge in Nickel et al. (1994).

59 Vgl. hierzu speziell für den Maschinenbau Binus/Groß (1992), die auch die - erwarteterweise positivere - Entwicklung frühzeitig privatisierter Betriebe im Vergleich zu den „Treuhandbetrieben" darstellen.

60 Es scheint für die Entwicklungen im Personalbereich ausreichend, sich auf wenige exemplarische Untersuchungen zu beschränken, da eine Reihe der vorliegenden Analysen wenig systematischen Charakter hatte. Der Vollständigkeit halber sei hier deshalb nur noch auf die Studien von Bersa (1992) sowie Lehmann/Thiel (1992) hingewiesen. Eine zusammenfassende Bewertung der im Auftrag der KSPW erstellten Studien zur betrieblichen Personalentwicklung in der Transforamtion findet sich in Fischer/Weißbach (1993).

auch plausibleren Befund, nämlich einen zu diesem Zeitpunkt (1992) noch erheblichen Nachholbedarf in den Bereichen Einkauf, Vertrieb und Entwicklung und Konstruktion, den die Betriebe in hohem Maße durch externe Rekrutierung zu überwinden trachteten.

Im Hinblick auf den zweiten als wesentlich zu betrachtenden strukturellen Effekt, die Veränderung der Qualifikationsstruktur in den Betrieben, sind die vorliegenden Befunde demgegenüber deutlich homogener. Hier ist einheitlich festzustellen, daß der Personalabbau vor allem in der Produktion zuungunsten der Un- und Angelernten erfolgte (Denisow et al. 1995: 292), so daß es in der Folge zu einer weiteren Erhöherung des Facharbeiteranteils in den Betrieben kam (vgl. hierzu auch Schultz-Wild 1995). Dabei ist allerdings zu berücksichtigen, daß die formale Qualifikationsstruktur in den ostdeutschen Betrieben aufgrund der unterschiedlichen Ausbildungspraxis nicht unmittelbar z.B. mit den westdeutschen Daten vergleichbar ist, und zugleich auch noch keine Aussagen über einen qualifikationsadäquaten Einsatz der Arbeitskräfte getroffen werden können. Auch bei formaler Konstanz der Beschäftigungssituation ist es darüber hinaus für einen Teil der Beschäftigten zu einem umfassenden Wandel des Berufsbildes und Anforderungsprofils gekommen (zur veränderten innerbetrieblichen Rolle der Meister vgl. Aderhold et al. 1994).

Auch bei formal hoch qualifiziertem Personal kam es aufgrund technischer und organisatorischer Veränderungen und Innovationen in den Betrieben zu einem erheblichen Qualifizierungsbedarf (Wagner 1993), und zwar nicht nur im Bereich der Verwaltung, wo ein hoher Schulungsbedarf im Hinblick auf betriebswirtschaftliche und juristische Kenntnisse bestand (Lenske 1992), sondern auch im Bereich der Produktion.[61] Hier wären breit angelegte Qualifizierungsmaßnahmen erforderlich gewesen, die jedoch eine Vielzahl der Betriebe aus ökonomischen Gründen überforderten.

### 3.3.2.4. Arbeits-/Betriebsorganisation

#### Innerbetriebliche Arbeitsorganisation

Für den Bereich der innerbetrieblichen Arbeitsorganisation stellt zunächst eine ganze Reihe von Studien für einen relativ frühen Zeitpunkt im Transformationsprozeß in den „Altbetrieben" die „Orientierung an traditio-

61 Damit sollen die Chancen, die sich aus der Verfügbarkeit gut qualifizierten Personals, das unter planwirtschaftlichen Bedingungen sehr spezifische Erfahrungen im Bereich der Produktion sammeln konnte, indem z.B. das Improvisationsgeschick der Beschäftigten gefordert war (Senghaas-Knobloch 1992), nicht negiert werden: „En effet, la branche est-allemande de la machine-outil dispose comme atout d'un facteur de production et de productivité difficile à acheter et qui est une condition essentielle de la production dans un système post-tayloriste: un potentiel en personnel hautement qualifié doué dans son domaine de spécialisation, habitué à une socialisation du type coopératif." (Dörr/Schmidt 1992b: 220)

nellen westlichen Organisationskonzepten [...], die den Zeiten größerer Massenfertigung entstammen, verknüpft mit einer Rigidisierung der Arbeitspolitik und der betrieblichen sozialen Beziehungen" (Demmer/Kleinow 1992: 61; in diesem Sinne auch Hirsch-Kreinsen 1992a) fest. Rückschauend kann dies, mit Blick auf die Notwendigkeit der Anpassung an marktwirtschaftliche Verhältnisse, als Phase „marktwirtschaftlicher Grundsanierung" betrachtet werden, die vor allem das Ziel der Erhöhung des Leistungsniveaus und der Kostensenkung verfolgte, wobei die Aktivitäten vorrangig „Tageserfordernissen folgten" und „Kurzzeiteffekte sicherten" (Rössel 1995b: 253). Damit verbunden war der umfassende „Abbau von Arbeitsplätzen, die Erweiterung der Arbeitsaufgaben und eine erhöhte Intensität und Disziplinierung" sowie „eine Neugestaltung der Aufbau- und Ablauforganisation" (ebd.).

Ein solcher Neuzuschnitt der organisatorischen Struktur kann mittel- und langfristig - a priori - sowohl zu einem Abbau als auch zu einer Vertiefung der Arbeitsteilung in den Betrieben führen. Und während etwa Schmierl (1995: 170) für den Zeitraum bis 1993 feststellt, die Befunde sprächen „für eine betonte Differenzierung der Betriebs- und Arbeitsorganisation, für das Vorliegen eng definierter Aufgabenzuschnitte und strikter Kompetenzabgrenzungen, für Versuche einer Perfektionierung zentralistischer und bürokratischer Vorgaben und Kontrollen sowie für das Überleben einer in der Vergangenheit betriebenen, am tayloristischen Paradigma orientierten Rigidisierung", so scheinen sich unter der Berücksichtigung neu eingeleiteter Maßnahmen zumindest für die Zukunft andere Trends prognostizieren zu lassen: „Eine Reihe von bereits realisierten Veränderungen deutet darauf hin, daß die Dezentralisierung von Abläufen und Entscheidungen und die auf einen Abbau von Spezialisierung, Arbeitsteilung und Hierarchisierung hinauslaufenden Maßnahmen überwiegen." (Lay et al. 1994: 46). Auch Ansätze zu „modernen" Formen des Arbeitskräfteeinsatzes, wie etwa Gruppenarbeit, lassen sich in zahlreichen Betrieben ausmachen, wenngleich hinsichtlich des Aufgaben- und Kompetenzspektrums der Gruppen anzumerken ist, daß sie, ähnlich wie im westdeutschen Maschinenbau, noch weit vom „Idealtypus" teilautonomer Gruppenarbeit wie er in der Literatur beschrieben wird, entfernt sind und es unter Berücksichtigung produktionsstruktureller Voraussetzungen wohl auch bleiben werden (vgl. hierzu Widmaier/Saurwein 1996 sowie Saurwein 1996) - auch wenn einige Autoren zu einer durchaus anderen Einschätzung gelangen.[62]

Als zentraler Einflußfaktor der organisatorischen Umstrukturierung wurden wiederholt die Eigentumsverhältnisse herausgearbeitet (Kalkowski 1994). So konstatierten etwa Michler/Dreher (1992) für den Werkzeug-

62 So etwa Hinz/Schmickler (1993: 234): „Die Chancen zur Einführung neuer, auf mitarbeiterorientierten Organisationsstrukturen basierender Produktionskonzepte sind in den Unternehmen der NBL groß, weil „radikale Umstrukturierungen" sowieso notwendig sind."

maschinenbau, daß sich die arbeitsorganisatorische Gestaltung in den an West-Investoren privatisierten Betrieben im wesentlichen an dem orientiere, was in den westdeutschen Zweigwerken des Unternehmens bereits realisiert sei. Erklärbar dürfte die zentrale Rolle, die den Eigentumsverhältnissen bei der betrieblichen Restrukturierung zukommt, vor allem aus der unterschiedlichen Verfügbarkeit wichtiger betrieblicher Ressourcen (Kapital, Know-How) sein. (vgl. Kapitel 4.3.2.2.).

Die ebenfalls als relevant betrachtete Variable „Privatisierungszeitpunkt" deckt dagegen vor allem die unterschiedlichen Startchancen der Betriebe beim Übergang zur Marktwirtschaft ab (Lutz 1996). Dennoch ist damit die Frage nach der quantitativen Bedeutung unterschiedlicher Rationalisierungsmuster noch nicht beantwortet, vor allem da für eine zweite Transformationsetappe, die bspw. von Rössel (1995b) als Phase der „Profilsuche/Feinprofilierung" bezeichnet wurde, ein weniger deterministisches Verhältnis von Umweltanforderungen und betrieblicher Reaktion konstatiert wurde (ebd.).

Ebenso unklar ist, welche organisatorischen Konzeptionen in den neugegründeten Betrieben dominieren. Hier scheint auch erst jetzt eine Aussage möglich, da sich Strukturen erst herausbilden und etablieren mußten. Dabei ist nicht unbedingt davon auszugehen, daß der organisatorische Gestaltungsspielraum der neugegründeten Betriebe größer ist als derjenige der „Altbetriebe", da eine Interessenartikulation der betrieblichen Akteure in den weiterbestehenden Betrieben, die zu organisatorischen Rigiditäten einer Umstrukturierung hätte führen können, vor dem Hintergrund umfassender ökonomischer Sachzwänge zumindest in einer ersten Phase betrieblicher Reorganisation als weitgehend nicht legitim betrachet wurde (Lakemann et al. 1994).

### Zwischenbetriebliche Arbeitsteilung

Die zwischenbetriebliche Arbeitsteilung kann insbesondere für die eigenständigen ostdeutschen Betriebe, die nicht in westdeutsche Unternehmens- bzw. Konzernstrukturen eingebunden sind, einen neuralgischen Punkt organisatorischer Gestaltung darstellen. Hier liegen vergleichsweise weniger Befunde vor und dies insbesondere für den Maschinenbau.[63] Allenfalls sind erste Ansätze gemacht worden, das Problem „Zerrissener Netze" (Albach 1993) und somit des Neuaufbaus von Kooperations- und Lieferbeziehungen analytisch und empirisch in den Griff zu bekommen (Metze/Luutz 1996), wobei erste Indizien dafür sprechen, daß es zur Herausbildung neuartiger Interaktionsmuster auf zwischenbetrieblicher Ebene gekommen ist (ebd.).

63 Zur Rekonstituierung der Zuliefernetzwerke in der Automobilindustrie vgl. Belau/Schreiber (1995).

In Anbetracht der Fülle der vorliegenden Befunde liegt es nahe, den Versuch einer Systematisierung durch die Entwicklung von Betriebstypen mit unterschiedlichen Transformationsverläufen zu unternehmen. Im folgenden sollen daher Ansätze zu einer solchen Typisierung dargestellt werden.

### 3.3.3. Typisierung betrieblicher Transformationsverläufe

Ein sehr frühzeitiger und einflußreicher Typisierungsversuch wurde von Grabher (1991a) vorgelegt. Er unterscheidet den Sektor einer „quasi-endogenen"[64] Ökonomie, der aus der Kombinatsauflösung resultierte, und eine „exogene" Ökonomie, die durch die Investitionen westlicher Kapitalgeber entstand. Innerhalb dieser Sektoren nimmt er eine Unterscheidung im Hinblick auf das Produktspektrum und die Marktorientierung der Betriebe vor, für die er insbesondere die Auswirkungen auf die regionalwirtschaftliche Entwicklung thematisiert. Im Bereich des endogenen Sektors unterscheidet er den Typ des „Nischenverteidigers", der sich weiterhin auf die osteuropäischen Märkte konzentriert, und „isolierte Pioniere", die zwar über ein beträchtliches Innovationspotential verfügen, denen aber nunmehr „entscheidende Vernetzungen" fehlen. Im Hinblick auf den exogenen Sektor differenziert Grabher wiederum zwischen Großinvestitionen westlicher Konzerne in „Kathedralen in der Wüste",[65] die aufgrund ihrer Einbindung in bestehende Konzernstrukturen nur wenig regionale Ausstrahlungseffekte haben, sowie Übernahmen, die aus Sicht der Investoren „Brückenkopf"-Funktion erfüllen sollen, indem sie den Zugang zu den bisherigen Märkten in Osteuropa sichern sollen. Diese Brückenköpfe haben dementsprechend auch eine größere regionale Ausstrahlung.

Einen anderen Ansatz zur Typisierung hat Grünert (1993) vorgelegt. Sie sieht im wesentlichen drei Ansatzpunkte, die für eine Typenbildung bedeutsam sind: die Marktlage der Betriebe, die Eigentumsverhältnisse und die Produktionstechnologie. Im Hinblick auf die Marktlage unterscheidet sie vier Typen von Betrieben: jene, die bereits in der DDR weltmarktfähige Produkte erzeugt haben, jene die neu aufgebaut wurden und insofern konkurrenzfähige Produkte herstellen, sowie Betriebe, die vorwiegend oder ausschließlich auf lokalen Märkten agieren, und schließlich als vierten Typ eine „Problemgruppe" von Betrieben, deren alte Märkte weggebrochen sind, und die nunmehr vor der Notwendigkeit stehen, neue Märkte zu erschließen. Im Hinblick auf die Eigentumsverhältnisse sind ihres Erachtens drei Typen von Betrieben zu unterscheiden: die Betriebe, die von westlichen Großinve-

---

64 „Quasi"-endogen nennt Grabher diesen Sektor der Ökonomie weil die so entstandenen Betriebe (zunächst noch) von der Treuhandanstalt, also „exogen" kontrolliert werden.

65 Beispiele wären hier etwa die Investitionsprojekte von Opel in Eisenach und VW in Zwickau was verdeutlicht, daß diese Typisierung nicht branchenunabhängig „funktioniert".

storen aufgekauft wurden, Betriebe, die eine „mittelständische" Privatisierung mitgemacht haben und solche Betriebe, die noch der Treuhandanstalt (bzw. ihrer Nachfolgeorganisation) unterstehen. Dabei ist im Bereich der mittelständischen Privatisierungen die größte Heterogenität zu konstatieren, finden sich hier doch Übernahmen durch westliche Mittelständler, Privatisierungen an westliche Einzelinvestoren, insbesondere Unternehmensberater, aber auch Rückübertragungen an Alteigentümer und Fälle des sogenannten Management-Buy-Out (MBO). Im Hinblick auf die Technologie nennt Grünert dann noch einmal drei Kriterien, nach denen eine Systematisierung erfolgen sollte: die eingesetzte Technik und Innovativität des Produktionsprogrammes, die Verfahrenstechnolgie und schließlich das Produktsortiment. Sie räumt ein, daß „Eine schematische Kombination all dieser Merkmale [...] selbst bei starken Vereinfachungen (sogar bei, wie hier z.T. angedeutet, extremer Dichotomisierung) eine nicht mehr handhabbare Vielfalt von Typen" ergäbe (Grünert 1993: 166). Dem ist ohne Vorbehalt zuzustimmen. Ihre Vermutung ist jedoch, daß diese Dimensionen nicht unabhängig voneinander sind, und sich insofern „typische" Merkmalskombinationen ausmachen lassen, von denen sie dann vier nennt: Durch Großkonzerne privatisierte Betriebe, technologieorientierte Ausgründungen, Betriebe, die auf traditionellem technischen Niveau lokale Märkte beliefern, und schließlich die Betriebe, die der Treuhandanstalt (resp. BVS) unterstellt sind.

Zum Abschluß sei noch auf eine recht interessante Typisierung der Betriebe des investitionsgüterproduzierenden Gewerbes hingewiesen, die Schultz-Wild (1995) vorgelegt hat. Er unterscheidet den Betriebstyp „industrieller Werkbänke" mit hohen Beschäftigtenanteilen in Fertigung und Montage, aber nur gering ausgebauten F&E-, Konstruktions- und Vertriebsabteilungen, zu denen ca. ein Fünftel der ostdeutschen Betriebe zählt, den Typ der „industriellen Dienstleister" mit einem hohen Anteil von F&E-Beschäftigten, zu dem ca. 5% der ostdeutschen Betriebe zu zählen sind,[66] sowie den Typ des „industriellen Komplettbetriebes", der „eine ausgewogene Struktur von Fertigungsabteilungen, technischen Diensten, Vertrieb usw." aufweist (ebd.: 118), und zu denen immerhin drei Viertel der Betriebe der ostdeutschen Investitionsgüterindustrie zu rechnen sind. Leider wird eine branchenmäßige Differenzierung, die näheren Aufschluß über die quantitative Bedeutung der unterschiedlichen Typen speziell für den Maschinenbau geben könnte, von Schultz-Wild nicht vorgenommen.

Die übrigen Typisierungsversuche, die sich in der Literatur finden, sind vergleichsweise weniger systematisch und methodisch recht problematisch und sollen daher an dieser Stelle nicht ausführlicher dargestellt werden (vgl. bspw. Hogrebe/Krüger 1993). Hinzuweisen ist dabei etwa auf die Arbeiten

66 Diese industriellen Dienstleister sind, wie in Abschnitt 3.3.2.1. beschrieben, zumeist aus ausgegründeten F&E-Bereichen der Kombinate sowie aus den ehemaligen Betrieben des Rationalisierungsmittelbaus entstanden.

von Dörr/Schmidt (1992a) oder Geppert/Schmidt (1993), die im Prinzip jeder Untersuchungseinheit ein eigenes „Transformationsprofil" zuschreiben, so daß die Zahl der gebildeten Typen tendenziell gegen die Zahl der Untersuchungseinheiten konvergiert, aber auch auf die Darstellung von Rössel (1995b), der den Versuch unternimmt, auf der Basis einer Typologie, die einem grundsätzlich anderen Forschungskontext entstammt, nämlich der vom ISF entwickelten Unterscheidung von strukturkonservativen, strukturinnovativen und struktursuchenden Betrieben, eine Systematisierung betrieblicher Transformationsverläufe vorzunehmen. Insofern ist Pohlmann/Schmidt (1995: 237) zuzustimmen, die festhalten: „Die Typologisierung von Betrieben im Transformationsprozeß steckt ebenso wie ihre tiefgründige Analyse noch in den Kinderschuhen."

## 3.4. Zusammenfassung und Bewertung der vorliegenden Befunde zur betrieblichen Transformation

Wie aus der Darstellung der vorliegenden Forschungsergebnisse ersichtlich geworden sein sollte, stand, aus einer Reihe von unterschiedlichen Gründen, vor allem die empirische Forschung im Mittelpunkt des Interesses. Als wichtigster Grund ist in diesem Zusammenhang sicher die Notwendigkeit raschen Handelns zu betrachten, da die Fakten „im Transformationsprozeß vernichtet, verdrängt und vergessen" zu werden drohten (Albach 1993: 5), so daß das Bestreben nach Erfassung und Quantifizierung sozialer Tatbestände zunächst einmal das dringlichste Anliegen zu sein schien. Die vorstehenden Ausführungen konzentrierten sich - aus Gründen der inhaltlichen Schwerpunktsetzung - dabei auf jene Arbeiten, die sich mit dem Wandel betrieblicher Strukturen beschäftigen.[67] Es ist, da dies nicht jeweils explizit deutlich gemacht wurde, ergänzend hinzuzufügen, daß sich die ganz überwiegende Mehrzahl der Arbeiten auf eine relativ schmale empirische Basis - in der Regel wenige Betriebsfallstudien, die gegebenenfalls durch Experteninterviews ergänzt wurden, - stützt.[68] Als Ausnahmen sind hier im wesentlichen das von der BfA und der Treuhandanstalt in Auftrag gegebene Betriebspanel („Treuhandpanel" vgl. Wahse, div. Jahrgänge) sowie die vom Bundesminister für Forschung und Technologie (BMFT) in Auftrag gegebene Basiserhebung zur Evaluierung der CIM-Förderung in den neuen Bundesländern (CIM-Evaluierung; vgl. die Beiträge in Lay 1995) zu nennen.

---

67 Aus dem Bereich der mittlerweile ebenso zahlreich vorliegenden Untersuchungen zum „Wandel betrieblicher Sozialverfassung" (Aderhold et al. 1994) seien hier stellvertretend nur einige angeführt, so etwa Lippold et al. (1992), Heering/Schroeder (1995), Lohr et al. (1995) und Bosch (1996).

68 Zur Fallstudienproblematik vgl. Hauptmanns/Rogalski (1992) sowie Steininger (1991).

Während das Treuhandpanel vor allem das Monitoring der Beschäftigungsentwicklung in den Betrieben zum Ziel hatte,[69] deckte die CIM-Evaluierung einen deutlich breiteren Gegenstandsbereich ab. Die - von diesen und einigen wenigen anderen Ausnahmen abgesehen - feststellbare Konzentration auf „typische“ Forschungsobjekte, insbesondere die Abwicklung der Industriekombinate und die anschließenden Restrukturierungsprozesse (Grünert 1995), ist insofern relativ leicht erklärbar, als hier der methodische Zugang vergleichsweise einfach war. Dies galt, wie an den spärlichen Erkenntnissen, die hinsichtlich der Entwicklung neugegründeter Betriebe vorliegen, deutlich wird,[70] für andere Gegenstandsbereiche nicht. Inhaltlich knüpften die meisten Projekte an die in den letzten Jahren in Westdeutschland geführten Debatten an (vgl. dazu auch Ostendorf 1994).

Darüber hinaus ist festzuhalten, daß sich durch das - natürlich unvermeidbare - time-lag bei der Publikation von Untersuchungsergebnissen ein großer Teil der nunmehr „literarisch zugänglichen“ Arbeiten auf einen relativ frühen Zeitpunkt des Transformationsprozesses bezieht und insofern nur bedingt die aktuelle Situation wiedergibt. Ein deutlicher Hinweis hierauf ist zum Beispiel die vielfach noch vorfindbare dichotome Gegenüberstellung von „Treuhandbetrieben“ und privatisierten Betrieben, die nach Auflösung der Treuhandanstalt zum Ende des Jahres 1994 insofern nicht mehr tragfähig ist, als nur noch eine sehr kleine Gruppe von Betrieben direkt oder indirekt - über Management KG's - von der Treuhandnachfolgerin kontrolliert wird.

Grundsätzlich können offenbar verschiedene betriebliche Eingriffsfelder unterschieden werden: zum einen jene, in denen von der Tendenz her für alle Betriebe eine - summa summarum - ähnliche Entwicklung zu konstatieren ist, zum anderen solche, in denen von einer - in Abhängigkeit von bestimmten strukturellen Merkmalen - divergierenden Entwicklung auszugehen ist. Zu den ersten gehören sicherlich die betriebliche Personalentwicklung und die Umstrukturierungsprozesse im Bereich des Produktspektrums. Einen drastischen Personalabbau hatten im Prinzip alle Betriebe zu verzeichnen, und in der Regel ging dieser zulasten der weniger qualifizierten Mitarbeiter. Zudem erfolgten deutliche Verschiebungen in der innerbetrieblichen Personalstruktur zugunsten derjenigen Bereiche, die zu DDR-Zeiten aus strukturellen Gründen „unterbelichtet“ waren. Ähnliche Entwicklungen im Bereich der Produktstruktur liegen insofern für die meisten Betriebe vor, als sie, von Ausnahmen abgesehen, ihre osteuropäischen Abnehmer verloren und die in den Jahren 1990 und 1991 als strategischen Wettbewerbsvorteil eingeschätzten „Fühlungsvorteile“ auf diesen Märkten nicht realisieren konnten. Darüber hinaus stellten sich praktisch alle Betriebe auf die Produktion kleiner und mittlerer Serien um, folgten also eher der von den westdeutschen Maschinenbauern realisierten „Nischenstrategie“ als dem japanischen Erfolgsweg, d.h. der Pro-

69 Ein weiterer Aspekt war die Abschätzung der Produktivität der Betriebe.
70 Vgl. dazu auch Steil (1996).

duktion von vergleichsweise preisgünstigen Standardmaschinen in großen Serien.[71] Durchaus ähnliche Entwicklungstendenzen sind auch für den technischen Bereich zu unterstellen, wobei die jeweiligen betrieblichen Chancen zur Modernisierung des Produktionsapparates von den verfügbaren (finanziellen) Ressourcen abhingen, so daß die betrieblichen Entwicklungen sich je nach Eigentumsverhältnissen unterschieden. Dies führte zwar nicht zu einer deutlichen Segmentation der Betriebe hinsichtlich ihrer Technikausstattung. Allerdings ist ein Teil des Maschinenparks, vor allem in den Altbetrieben, offenbar nicht auf dem neuesten technischen Stand. Notwendig wären insofern ergänzende und exaktere Informationen hinsichtlich der *innerbetrieblichen* Diffusion computergestützter Techniken und der innerbetrieblichen Techniknutzung, um auf dieser Grundlage genauer abschätzen zu können, *wie* die jeweiligen Techniken eingesetzt werden und ob das Potential, das sie bieten, weitgehend ungenutzt bleibt.

Divergierende Befunde sind vor allem im Bereich der organisatorischen Entwicklung festzustellen. Der größte Teil der vorliegenden Untersuchungen legt hier die Interpretation nahe, daß eine Verschärfung bzw. Ausweitung der innerbetrieblichen Arbeitsteilung eingetreten sei. Allerdings könnte dieser Eindruck möglicherweise allein dadurch zustande gekommen sein, daß Personalpuffer rasch abgebaut wurden und werden mußten. Ob diese Beobachtungen insofern eine verallgemeinerbare Entwicklung beschreiben, ist fraglich und bedarf der empirischen Klärung. In bezug auf die (Re-) Organisation der zwischenbetrieblichen Beziehungen steckt die Forschung insgesamt gewissermaßen noch in den Kinderschuhen, so daß hier der deutlichste Nachholbedarf besteht.

Hinsichtlich der Anwendbarkeit der referierten Typologien ist festzuhalten, daß sie für den Maschinenbau lediglich eine begrenzte Aussagekraft haben. Der Neuaufbau von Werken "auf der grünen Wiese" fand in dieser Branche so gut wie nicht statt. Betriebe, die Brückenkopffunktion erfüllen konnten oder könnten, gibt es nicht mehr. Sollen Typologien analytisch fruchtbar gemacht werden, bedürfen sie in jedem Fall einer branchenspezifischen Modifikation. Am interessantesten erscheint vor diesem Hintergrund die Typologie von Schultz-Wild, da sie dort ansetzt, wo besondere Problemlagen bestehen, nämlich an der Fähigkeit der Betriebe, selbst eigenständige neue Produkte zu entwickeln. Dies ist aufgrund der weitgehenden organisatorischen Separierung von F&E und Produktion eines der virulentesten Probleme der Branche.

All diese Aspekte zusammengenommen, ist es sicherlich nicht falsch festzustellen, daß die Forschung zu den Prozessen betrieblicher Transformation in den neuen Bundesländern noch deutliche empirische Defizite aufweist.

---

71 Hierdurch dürfte auf lange Sicht eine positive Beschäftigungsentwicklung auf Branchenebene durch betriebliches Wachstum weitgehend ausgeschlossen sein. Vgl. dazu Freriks/Niggemann (1996).

Auf der anderen Seite ist der theoretischen Aufarbeitung der Entwicklung vergleichsweise noch weniger Aufmerksamkeit geschenkt worden. Als wesentliche Erklärungsvariablen der beschriebenen Prozesse sind primär die Eigentumsverhältnisse und außerdem der Privatisierungszeitpunkt herausgearbeitet worden. Allerdings sind diese Einflußfaktoren im wesentlichen nicht in theoretische Konzepte eingearbeitet worden, wobei gerade dieses Theoriedefizit dazu beitrug, daß „die bisherige Transformationsforschung nicht sehr viel mehr erbringen konnte als eine bloße Beschreibung früherer und heutiger Verhältnisse und spezifischer Verläufe auf dem Gebiet der ehemaligen DDR." (Lutz 1995: 13). Grünert (1995: 140) formuliert dies noch etwas schärfer und merkt an „daß sich die Transformationsforschung bisher zum weit überwiegenden Teil auf eine Art deskriptiver Begleitforschung reduziert. Neue theoretische Fragen wurden bislang kaum gestellt, geschweige denn beantwortet."

Dennoch scheint es *vordringlich*, die *empirische* Wissenslücke hinsichtlich der technisch-organisatorischen Gestaltung zu verkleinern, indem quantitative Eckdaten geliefert werden, die die Einordnung der vorliegenden, im wesentlichen auf einer notgedrungen schmalen empirischen Basis fußenden Untersuchungsergebnisse erlauben. Dabei soll auch der Versuch unternommen werden, die zentralen Einflußfaktoren und Variablen in empirisch bewährten Theoriekonzeptionen zu verorten (vgl. dazu Kapitel 4.4.). Die zu klärenden resp. vordringlich zu behandelnden Fragen können in Kürze wie folgt zusammengefaßt werden:

Zunächst wäre zu überprüfen, ob im Bereich der technischen Ausstattung der Betriebe davon auszugehen ist, daß der Prozeß der Modernisierung des Produktionsapparates tatsächlich bereits weitgehend abgeschlossen ist. Zum zweiten ist auf der Basis aktueller Daten zu klären, ob die am weitesten verbreitete These von der Rigidisierung der innerbetrieblichen Arbeitsteilung bestätigt werden kann, oder ob sich die vergleichsweise positiveren Prognosen zumindest von der Tendenz her bestätigen. Sollte dies nicht zutreffen, scheint eine nachhaltige Entwicklung in Richtung eines Abbaus innerbetrieblicher Arbeitsteilung und einer verstärkten Dezentralisierung von Kompetenzen zunehmend unwahrscheinlich, da sie immer stärker mit einem hohen Umstellungsaufwand und Reibungsverlusten verbunden wäre. Als zentraler Untersuchungsgegenstand erscheint darüber hinaus der Bereich betrieblicher Außenbeziehungen als „Erblast" des Transformationsprozesses, da hier nur wenige exemplarische Befunde vorliegen, andererseits aber beispielsweise durch die Etablierung von Kooperationsbeziehungen die Überwindung innerbetrieblicher Defizite - etwa im Bereich der Innovation - möglich erscheint. Diese Fragen werden im fünften Kapitel ausführlich behandelt, nachdem im folgenden Kapitel die Datenbasis dargestellt, Erläuterungen zur Auswertungsstrategie und Ergebnisinterpretation sowie zum theoretischem Zugang gegeben wurden.

# 4. Datenbasis und theoretischer Zugang: Möglichkeiten und Grenzen des NIFA-Panels bei der Analyse betrieblicher Transformationsprozesse

## 4.1. Zur Datenbasis: Aufgabenstellung und empirische Reichweite des NIFA-Panels

### 4.1.1. Aufgabenstellung und Erhebungsmethode

Das NIFA-Panel hatte im Rahmen des interdisziplinären Sonderforschungsbereiches 187 die Aufgabe, repräsentative Daten zu den Themenbereichen

- Stand und Entwicklung der Verbreitung computergestützter Techniken,
- Stand und Entwicklung betrieblicher Arbeitsorganisation und
- Entwicklung des betrieblichen Personaleinsatzes und der betrieblichen Qualifikation

in der gewerblichen Wirtschaft bereitzustellen.[72] Zur Grundgesamtheit des NIFA-Panels gehören die deutschen Maschinenbaubetriebe mit mehr als 20 Beschäftigten, die in der Betriebsdatei der Bundesanstalt für Arbeit (BfA) enthalten sind, Erhebungseinheit ist also der Betrieb.[73] Die interessierenden Informationen werden seit 1991 in jährlichem Abstand mittels einer weitgehend standardisierten Befragung erhoben. Adressat ist im Rahmen der Erhe-

72 Zu Gegenstand und Aufbau des NIFA-Panels vgl. Flimm/Saurwein (1992); zur methodischen Konzeption des NIFA-Panels vgl. Hauptmanns/Seitz (1992). Nach Beendigung des Sonderforschungsbereiches wurde das Panel seit Beginn des Jahres 1996 als eigenständiges Forschungsprojekt fortgeführt.

73 Die BfA generiert die Informationen ihrer Betriebsdatei aus der Statistik, die sie über die sozialversicherungspflichtig Beschäftigten führt, indem die zu einer „Betriebsnummer" vorliegenden Daten aggregiert werden. Daher repräsentieren diese Betriebsnummern nicht immer einen Betrieb, sondern es ist möglich, daß für einen Betrieb mehrere Betriebsnummern vergeben sind oder ein und derselbe Betrieb unter unterschiedlichen Betriebsnummern geführt wird. Diese Fälle sind jedoch quantitativ nicht so bedeutsam, daß dieser Unterscheidung im folgenden Rechnung getragen werden müßte. Zur Problematik der Nutzung der Betriebsdatei der Bundesanstalt für Arbeit im Rahmen sozialwissenschaftlicher Forschungsprojekte vgl. Fritsch et al. (1993).

bung zunächst die Geschäfts- bzw. Betriebsleitung, die, vor allem in kleineren Betrieben, in der Regel auch die Beantwortung des Fragebogens übernimmt oder gegebenenfalls eine andere Person mit dieser Aufgabe betraut.[74] Das NIFA-Panel ist, da alle in der Grundgesamtheit befindlichen Betriebe angeschrieben werden, eine Vollerhebung. Mit realisierten Rücklaufquoten von jeweils ca. 30% liegen derzeit von etwa 750 Betrieben vollständige Informationen für die Erhebungswellen 92-94 vor.[75] Die Maschinenbaubetriebe in den neuen Bundesländern wurden im Jahr 1993 erstmals in die Untersuchung einbezogen. Zu diesem Zeitpunkt war der Aufbau der Betriebsdatei der BfA für dieses Gebiet weitgehend abgeschlossen, allerdings war noch keine wirtschaftsfachliche Zuordnung der Betriebe zu den Teilbranchen des Maschinenbaus erfolgt, und auch eine sichere Ermittlung der Beschäftigtenzahlen war nicht möglich, so daß der zur Verfügung gestellte Adressenbestand durch den Einbezug der Betriebe mit weniger als 20 Mitarbeitern weit mehr als 4000 Betriebe umfaßte. Mittels eines spezifischen Auswahlverfahrens (vgl. hierzu Hauptmanns/Ostendorf 1994) wurden daher für die Befragung ca. 1000 Betriebe ausgewählt. Da die im Rahmen dieser Arbeit vorgestellten Auswertungen im wesentlichen auf der Basis der 94er Erhebung des Panels vorgenommen wurden, für die diese Problematik nicht mehr zutraf, soll auf nähere Ausführungen an dieser Stelle verzichtet[76] und im folgenden allein Ausschöpfung und Abbildungsgenauigkeit der im Jahr 1994 durchgeführten Panelwelle dargestellt werden. Vorab ist jedoch kurz zu thematisieren, warum die spezifischen Möglichkeiten, die ein Paneldesign bei der Analyse der technisch-arbeitsorganisatorischen Strukturen des ostdeutschen Maschinenbaues bieten würde, nicht genutzt wurden.

Ein Panel-Design besitzt in besonderer Weise den Vorzug, die Nachzeichnung (betriebs-) individueller Entwicklungsverläufe zu ermöglichen (Lazarsfeld et al. 1969; Faulbaum 1988; Hansen 1982).[77] Dennoch soll hierauf im Rahmen der vorliegenden Arbeit verzichtet werden. Wie erläutert, bestanden bei der Abgrenzung der Grundgesamtheit in der ersten ostdeutschen Panelwelle besondere Schwierigkeiten, die sich in der Datenstruktur insofern

---

74 Der Beantworter des Fragebogens ist dann im Folgejahr zunächst Zielperson der Befragung.

75 Die 1991 durchgeführte erste Panelwelle ist infolge der Änderungen des Erhebungsprogrammes im wesentlichen als breit angelegter Pretest für die Folgewellen zu betrachten.

76 An bestimmten Stellen erschien es jedoch sinnvoll, Informationen aus dieser Erhebungswelle heranzuziehen (vgl. Kapitel 5.2.). Der interessierte Leser sei daher zur Vertiefung auf die Darstellung der methodischen Grundlagen in Hauptmanns/Ostendorf (1994) verwiesen. An dieser Stelle sei lediglich erwähnt, daß ingesamt 160 der befragten Betriebe den zugesandten Fragebogen auch beantworteten, was auf der Basis einer bereinigten Nettoausgangsbasis von 856 Betrieben einer Rücklaufquote von 19% entspricht.

77 Erste Längsschnittanalysen auf der Basis der westdeutschen Daten verdeutlichen die Unverzichtbarkeit eines solchen empirischen Zugangs bei der Analyse von Stabilität und Wandel technisch-organisatorischer Strukturen (vgl. dazu die Beiträge in Widmaier 1996).

niederschlagen, als es sich bei einem erheblichen Prozentsatz der Betriebe um Kleinstbetriebe mit weniger als 20 Beschäftigten handelt. Diese Betriebe waren bei der Konzeption der Untersuchung (vgl. Hauptmanns 1991) aus der Grundgesamtheit des Panels ausgeschlossen worden, da angenommen wurde, daß zumindest ein Teil des Erhebungsprogrammes durch diese Betriebe nicht in sinnvoller Weise beantwortet werden könne. Die vorliegenden Auswertungen stützen im nachhinein diese Annahme. So ist festzustellen, daß diese Betriebe insbesondere bei den Fragen zur organisatorischen und arbeitsorganisatorischen Struktur einen deutlich höheren Anteil fehlender Werte aufweisen als die größeren Betriebe, was dafür spricht, daß die konkreten Organisationsformen bei dieser Gruppe von Betrieben durch das Fragenprogramm nicht in angemessener Weise erfaßt werden. Der notwendige Ausschluß dieser Betriebe aus der Analyse würde die Zahl der ostdeutschen „Panelbetriebe", also der Betriebe, die sowohl an der 93er als auch der 94er Erhebung teilgenommen haben, auf ca. 70 Betriebe reduzieren. Diese geringe Fallzahl würde jedoch bei der Berücksichtigung von Kontrollvariablen erhebliche Probleme bei der Auswertung induzieren. Im übrigen könnten auf der Basis von lediglich zwei Panelwellen im Längsschnitt ohnehin wenig valide Aussagen über die Qualität der beobachteten Veränderungstendenzen getroffen werden. Auch die Durchführung von Querschnittvergleichen der 93er und 94er Erhebung ist aufgrund der eingeschränkten Vergleichbarkeit der Stichproben, die aus der beschriebenen Vorgehensweise bei der Definition der Grundgesamtheit resultiert, nur bedingt sinnvoll. Die Durchführung von Verlaufsanalysen wird nach Abschluß weiterer Panelwellen jedoch möglich sein und sicherlich zur Beantwortung einiger zur Zeit noch offener Forschungsfragen beitragen können. Vorerst scheint es jedoch angebracht, die Beschreibung und Analyse der technisch-arbeitsorganisatorischen Strukturen auf die Daten der 94er Erhebung zu stützen, für die im folgenden die wesentlichen Informationen hinsichtlich der Ausschöpfung und Abbildungsgenauigkeit dargestellt werden.

### 4.1.2. Empirische Reichweite: Ausschöpfung und Abbildungsgenauigkeit

#### 4.1.2.1. Rücklaufentwicklung

Für die 1994 durchgeführte Welle des NIFA-Panels in den neuen Bundesländern wurden die Daten zur wirtschaftsfachlichen Zuordnung der Betriebe und zu den Beschäftigtenzahlen zwar noch nicht in der dem Projekt von der

BfA zur Verfügung gestellten Adressendatei ausgewiesen,[78] jedoch waren diese Daten Grundlage für die Ziehung der Betriebsadressen. Die Grundgesamtheit des NIFA-Panels für das Jahr 1994 wurde bestimmt, indem diese aktuelle Betriebsdatei der BfA zugrunde gelegt wurde, wobei zusätzlich diejenigen Betriebe, die sich aktuell nicht mehr in der Datei befanden,[79] wohl aber im Vorjahr an der Befragung teilgenommen hatten, ebenfalls angeschrieben wurden. Zusätzlich zu den 956 Betrieben aus dem Adressenbestand der BfA (NBL) wurden daher 48 weitere Betriebe in die Erhebung einbezogen. Insgesamt wurden somit im Jahr 1994 in den neuen Bundesländern 1004 und in den alten Bundesländern 5834 Betriebe angeschrieben. Die folgende Tabelle gibt einen Überblick über die Rücklaufentwicklung, differenziert nach der regionalen Zuordnung.[80]

*Tabelle 1: Rücklaufentwicklung im NIFA-Panel (1994)*

| | Neue Bundesländer | Alte Bundesländer |
|---|---|---|
| Bruttoausgangsbasis | 1004 | 5834 |
| Nicht zustellbar | 13 (1,3%) | 56 (1,0%) |
| Kein Maschinenbau | 32 (3,2%) | 43 (0,7%) |
| Keine Produktion/Fertigung | 35 (3,5%) | 56 (1,0%) |
| Betrieb erloschen | 45 (4,5%) | 63 (1,1%) |
| Nettoausgangsbasis | 879 (87,5%) | 5616 (96,3%) |
| Verweigerungen | 33 (3,8%) | 162 (2,9%) |
| Teilnehmer 1994 | 298(33,9%) | 1581 (28,2%) |

Hier wird die nach wie vor höhere Dynamik der Entwicklung des Betriebsbestandes in den neuen Bundesländern deutlich. Während von den ostdeutschen Betrieben 12,5% der ursprünglichen Aussendungen nachträglich ausfielen, lag dieser Anteil in den alten Bundesländern bei lediglich 3,7%. Mit 298 realisierten Interviews lag die Ausschöpfungsquote für die ostdeutschen Betriebe mit knapp 34% deutlich über der der westdeutschen Betriebe (28,2%). Von Interesse ist nunmehr, inwiefern diese Ausfälle systematischen Charakter hatten. Einen Anhaltspunkt dafür bietet ein Vergleich bestimmter Merkmalsverteilungen in der realisierten Stichprobe mit bekannten Grundgesamtheitsparametern. Dies sind die Teilbranchenzugehörigkeit und - in eingeschränkter Form (vgl. unten) die Betriebsgrößenklassenverteilung. Vorab sollen jedoch im Rahmen eines kurzen Exkurses die Problematik der Feststel-

78 Was in erster Linie mit der „Datenweitergabepolitik"der BfA zusammenhängt, da die Daten nicht an „externe" Nutzer weitergegeben werden sollten, bevor sie anderen amtlichen Stellen (in diesem Fall dem Statistischen Bundesamt) zur Auswertung zur Verfügung gestellt wurden.

79 Hauptgründe für das Ausscheiden eines Betriebes aus dem durch die BfA zur Verfügung gestellten Adressenbestand sind temporär das Absinken der Beschäftigtenzahl unter die Schwelle von 20 Mitarbeitern sowie das Erlöschen der Betriebe.

80 Die Abgrenzung bzw. Definition der hier berechneten Ausschöpfungsquote orientiert sich dabei an dem von Schnell et al. (1988: 283) referierten Verfahren nach Porst (1985).

lung von „Repräsentativität" im NIFA-Panel sowie, daran anschließend, etwas genereller die Anwendbarkeit inferenzstatistischer Verfahren im Rahmen der vorliegenden Arbeit diskutiert werden.

#### 4.1.2.2. Exkurs: Das NIFA-Panel als finite Grundgesamtheit oder: wann ist ein Ergebnis „signifikant"?

Das NIFA-Panel ist, wie dargestellt, als Vollerhebung konzipiert. Die Ausschöpfungsquote beträgt - unter Vernachlässigung gewisser Schwankungen - in der Regel um die 30%. Nun stellt sich die Frage, inwiefern auf der Basis der erhobenen Daten verallgemeinerbare Aussagen über die Grundgesamtheit getroffen werden können und die Befunde auf der Grundlage bestimmter impliziter Annahmen „signifikant" sind. Von Verallgemeinerbarkeit geht man in der Regel aus, wenn die realisierte Stichprobe „repräsentativ" für die (angestrebte) Grundgesamtheit ist, so daß „Repräsentanznachweisen" im allgemeinen eine gewisse Bedeutung beigemessen wird, um die Voraussetzung für die Anwendbarkeit inferenzstatistischer Verfahren zu prüfen, die den Rückschluß von der vorliegenden Stichprobe auf die Grundgesamtheit erlauben.

Der Begriff der Repräsentativität ist ein äußerst schillernder. Zwar finden sich in manchen Lehrbüchern Ausführungen zur Repräsentativität von Stichproben (Böltken 1976, Bortz 1993), eine exakte und allgemein gebräuchliche Definition des Begriffes existiert aber nicht, vielmehr ist „Repräsentativität" häufig ein nicht genauer spezifiziertes Gütekriterium für die Validität einer Untersuchung (vgl. Kruskal/Mosteller 1980; Bischoff 1995). Die neuere Diskussion um „Sinn und Unsinn von Repräsentativitätsstudien" (Pötter/ Rendtel 1993a) und die Kritik an allzu simplifizierenden Repräsentanznachweisen (vgl. dazu auch Pötter/Rendtel 17993b und die Replik von Hartmann/Schmipl-Neimanns 1993) verdeutlichen dabei den bestehenden Nachholbedarf in bezug auf Überlegungen zur Verallgemeinerbarkeit von Befunden der Umfrageforschung.

Übliche Repräsentanznachweise werden erbracht, indem überprüft wird, ob bestimmte, in der Stichprobe vorgefundene Merkmalshäufigkeiten mit derselben Häufigkeit vorkommen wie in der Grundgesamtheit, ob Abweichungen zwischen beiden Verteilungen also rein zufällig und nicht „signifikant" sind, wobei die Interpretation nahegelegt wird, daß hierdurch der Beleg erbracht sei, daß dies auch für alle anderen interessierenden Merkmale in der Stichprobe zutreffe, es sich also im Prinzip um eine Zufallsstichprobe handele, die es erlaube, verallgemeinerbare Aussagen zu treffen. Ein solcher Nachweis kann jedoch allenfalls eine „spezifische" Repräsentativität für die in der Regel wenigen bekannten Grundgesamtheitsparameter belegen, nicht aber eine „globale“ Repräsentativität beweisen,[81] so daß Pötter/ Rendtel (a.a.O.) als „Kern des Problems der Analyse von Umfragedaten“ die Frage betrachten, inwiefern nach Berücksichtigung von Design- und Ausfall-Wahrscheinlichkeiten sinnvolle Schätzungen für die Grundgesamtheit möglich sind. Zum einen kommt also der Analyse von Ausfallprozessen eine besondere Bedeutung zu, da Ausfälle (Non-response) Populationsschätzungen auf der Basis der realisierten Stichprobe in unbekanntem Maße beeinflussen können (ebd.: 272).[82]

Von zentraler Bedeutung ist aber zum anderen auch die Frage, auf welche Grundgesamtheit rückgeschlossen werden soll oder kann, und welche Konsequenzen sich aus der Berücksichtigung des Erhebungsdesigns für die Bewertung der Befunde ergeben, da die Genauigkeit des angestrebten Rückschlusses „erheblich“ hiervon abhängt. Bei der Abgrenzung der Grundgesamtheit sind daher nicht nur angestrebte Grundgesamtheit, Auswahlgesamtheit und Inferenzpopulation zu unterscheiden, sondern prinzipieller Überlegungen dazu anzustellen, ob auf eine hypothetische oder aber auf eine realiter vorhandene Grundgesamtheit rückgeschlossen werden soll (Menges 1959: 38). In der Regel liegt bei der Anwendung inferenzstatistischer Verfahren die Idee des Rückschlusses auf eine unendlich große, hypothetische, d.h. im Prinzip nur gedachte Grundgesamtheit, zumindest aber die Annahme eines im Verhältnis zur Stichprobe sehr großen Umfanges der Grundgesamtheit zugrunde. Dem Problem des Rückschlusses auf empirische, in der Terminologie von Yule/Kendall „existierende“ Grundgesamtheiten wurde und wird dagegen in der statistischen und methodischen Literatur vergleichsweise wenig Aufmerksamkeit gewidmet, obwohl „...die Vorstellung, es existiere immer eine Gesamtheit der Gesamtheiten höherer Ordnungen, aus denen die Elemente „gezogen“ werden, für uns (in der Sozialstatistik und wahrscheinlich auch in der biologischen Statistik) durchaus nicht den denkbar allgemeinsten Fall darstellt.“ (Anderson 1923, zitiert nach Menges 1959: 39). Die Grundgesamtheit des NIFA-Panels ist jedoch ein gutes Beispiel für eine „nur“ empirische, realiter vorhandene Grundgesamtheit, da sie aufgrund der Veränderungen allgemeiner Rahmenbedingungen nicht als Repräsentant aller jemals existiert habenden und jemals noch existierenden Maschinenbaubetriebe betrachtet werden kann. Wird zudem das verwendete Erhebungsdesign (Vollerhebung) berücksichtigt, ergeben sich für die Bewertung der vorliegenden Befunde einige interessante Schlußfolgerungen, so daß diese Unterscheidung, vor allem im Zusammenhang mit der Größe der realisierten

81 „Keinesfalls reicht bei sozialwissenschaftlichen Erhebungen der Nachweis, daß bestimmte Merkmale in der Grundgesamtheit mit derselben Häufigkeit vorkommen wie in der Stichprobe aus, um zu beweisen, daß die Stichprobe alle interessierenden Merkmale in der korrekten Häufigkeit wiedergibt.“ (Schnell et al. 1988: 281). Vgl. dazu auch Schnell (1993).

82 Zum Problem von Non-response im NIFA-Panel vgl. Hauptmanns (1995b).

Stichprobe, nicht allein von „philosophischem“ Interesse ist, und daher auch keine vordergründig „szientistische“, was im folgenden anhand dreier einfacher und daher anschaulicher Beispiele verdeutlicht werden soll, die an den inhaltlichen Fragestellungen des NIFA-Panels orientiert sind.

**Beispiel 1: „Repräsentativität“**

Die Grundgesamtheit des NIFA-Panels umfaßte in den alten Bundesländern im Jahr 1994 N = 5616 Betriebe (vgl. Tabelle 1). Von Interesse sei nun, ob der Anteil einer bestimmten Teilbranche in der realisierten Stichprobe mit dem Anteil in der Grundgesamtheit übereinstimmt, oder ob er so stark abweicht, daß die Abweichung nicht mehr als zufällig betrachtet werden sollte, also „signifikant" ist. Aus der Betriebsdatei der BfA kann die Information entnommen werden, daß der Anteil der Betriebe, die zur Teilbranche 260 gehören, in der Grundgesamtheit bei $\pi = 26{,}6\%$ liegt.[83] Es sei nun einmal angenommen, daß der Anteil dieser Teilbranche in der realisierten Stichprobe bei $p = 25\%$ liege.[84] Ist diese Abweichung nun als „zufällig" zu betrachten, und die Stichprobe im Hinblick auf die Zugehörigkeit zu dieser Teilbranche repräsentativ? Die Verteilung des Anteilswertes in der Grundgesamtheit folgt einer Binomialverteilung mit den expliziten Parametern $n = 5616$ und $\pi = 0{,}266$ und kann durch eine Normalverteilung mit

$$N(n\pi;\sqrt{n\pi(1-\pi})$$

also $N$ (1494; 33) approximiert werden.[85] Die Stichprobenverteilung des Anteilswertes folgt approximativ einer Normalverteilung mit

$$N\left(n\pi;\sqrt{\frac{\pi(1-\pi)}{n}}\right)$$

also $N$ (0,266; 0,01). Zur Beurteilung der Abweichung des Anteilswertes in der Stichprobe kann nun aufgrund der Verteilung ein Konfidenzintervall bestimmt werden. Die Grenzen eines 90%-Konfidenzintervalles liegen im

83 Es sei hier einmal unterstellt, daß die Angaben der BfA den tatsächlichen Anteil in der Grundgesamtheit wiedergeben. Zur Systematik der Teilbranchenabgrenzung vgl. Anhang B.

84 Tatsächlich liegt dieser Anteil bei 24,8% (vgl. Tabelle 2), jedoch ist dieses Beispiel geeignet, die Problematik von Repräsentativität und Signifikanz zu veranschaulichen.

85 Meiner Kollegin Hiltrud Niggemann verdanke ich den Hinweis, daß es in der statistischen Literatur durchaus unüblich ist, die Normalverteilung durch den Mittelwert und die Standardabweichung zu charakterisieren, sondern vielmehr durch den Mittelwert und die Varianz. Da dies jedoch äquivalente Angaben sind, wurde die in den Sozial- und Wirtschaftswissenschaften übliche Form beibehalten.

vorliegenden Fall[86] bei $p_{r1} = 0{,}249$, $p_{r2} = 0{,}282$. Der Anteilswert in der realisierten Stichprobe liegt bei p = 0,25, also innerhalb des Konfidenzintervalls, weshalb man die Abweichung vom „wahren“ Wert als auf dem 10%-Niveau nicht signifikant bewerten, also von der Repräsentativität der Stichprobe ausgehen würde.

Nicht berücksichtigt wäre bei diesem standardisierten Vorgehen allerdings, daß es sich hier um eine Stichprobe aus einer Grundgesamtheit mit endlichem (finitem) Umfang von N = 5616 handelt. Unter Berücksichtigung dieser Information gelangt man nun zu einem anderen Ergebnis: Die Standardabweichung der Stichprobenfunktion muß mit einem nach der Pearson-Tschuprow'schen Formel zu bestimmenden Korrekturfaktor multipliziert werden (Endlichkeitskorrektur), der sich wie folgt bestimmt (Menges 1959: 17):

$$K = \sqrt{\frac{N-n}{N-1}}$$

wobei N der Umfang der Grundgesamtheit ist und n der Umfang der Stichprobe. Für große N läßt sich diese Formel zu

$$K \approx \sqrt{1 - \frac{n}{N}},$$

vereinfachen. Dabei ist n/N der Auswahlsatz (A). Für einen kleinen Auswahlsatz von A < 5% ist dieser Korrekturfaktor zur Bestimmung der Varianz der Stichprobenfunktion zu vernachlässigen, da sein Wert dann bei K = 0,97, also nahe bei 1 liegt. Bei sehr großen Auswahlsätzen wird der Korrekturfaktor dagegen sehr klein, d.h. je mehr Elemente aus der Grundgesamtheit sich in der Stichprobe befinden, je mehr also über die Grundgesamtheit bekannt ist, in um so stärkerem Maße reduziert der Korrekturfaktor die Varianz der Stichprobenfunktion, was intuitiv plausibel ist, da im Falle n = N, mithin K = 0, d.h. bei Bekanntheit aller Grundgesamtheitselemente, auch der Anteilswert eines bestimmten Merkmals bekannt ist. Im vorliegenden Fall beträgt der Auswahlsatz A = 0,28. Als Korrekturfaktor für den durchschnittlichen Stichprobenfehler ergibt sich somit ein Wert von

$$K = \sqrt{1 - \frac{1581}{5616}} = \sqrt{1 - 0{,}28} = \sqrt{0{,}72} = 0{,}85$$

86 - ohne Berücksichtigung der Kontinuitätskorrektur -

Die Verteilung der Stichprobenfunktion ist daher im vorliegenden Fall nicht durch eine *N* (0,266; 0,01) Verteilung zu approximieren, sondern durch eine *N* (0,266; 0,0085) Verteilung. Durch die reduzierte Varianz ergeben sich jedoch dann - bei gleichem Signifikanzniveau - Grenzen für das Konfidenzintervall, die bei $p_{r1}$ = 0,252 und $p_{r2}$ = 0,280 liegen. Der (angenommene) Anteilswert in der Stichprobe von p = 0,25 liegt damit nicht mehr innerhalb der Grenzen des Konfidenzintervalls, die Hypothese, die Stichprobe stamme aus einer Grundgesamtheit mit $\pi$ = 0,266, würde also verworfen und die Abweichung als signifikant betrachtet. Abbildung 4 zeigt die Verteilung der Stichprobenfunktion des Anteilswertes mit und ohne Berücksichtigung des Korrekturfaktors. Sie verdeutlicht noch einmal, daß bei gleichem Erwartungswert von $\mu$ = 0,266 die Verteilung mit kleiner werdender Varianz steiler wird, d.h. Stichprobenrealisationen nahe an $\mu$ werden wahrscheinlicher und vice versa.

*Abbildung 4: Dichtefunktion der Stichprobenverteilung des Anteilswertes*

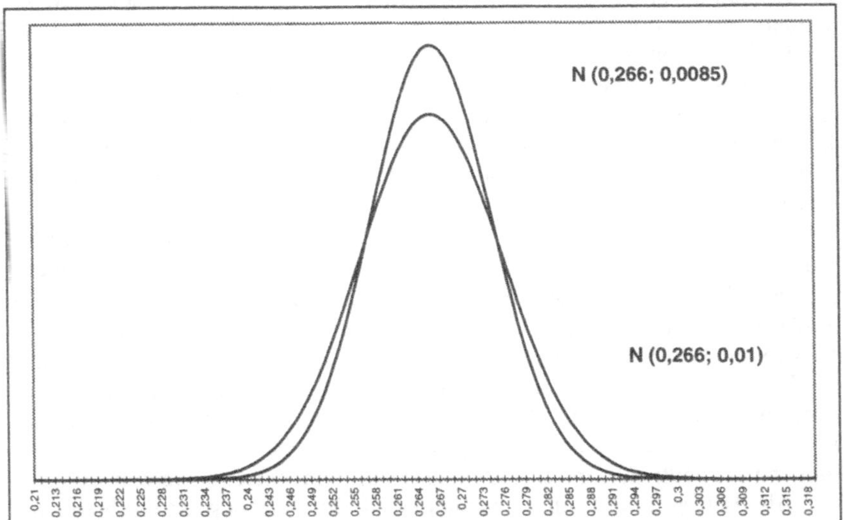


Es sei nun ferner unterstellt, für die ostdeutschen Betriebe hätten sich dieselben Werte ergeben, also ein Anteilswert der Teilbranche 260 in der Grundgesamtheit von $\pi$ = 0,266 und ein Anteilswert von p = 0,25 in der Stichprobe. Zur Beurteilung der Abweichung würde man bei einem Stichprobenumfang von n = 298 ohne Berücksichtigung des Korrekturfaktors für die Standardabweichung von einer nach *N* (0,266; 0,0256) verteilten Stichprobenfunktion ausgehen, mit Berücksichtigung des Korrekturfaktors, der aufgrund des höheren Auswahlsatzes von A = (298/879) = 0,34 hier stärker zu Buche schlägt als im ersten Beispiel, also:

$$K=\sqrt{1-\frac{298}{879}}=\sqrt{1-0{,}34}=\sqrt{0{,}66}=0{,}81,$$

und daher zu einer stärkeren Reduktion der angenommenen Standardabweichung führt, von einer nach N (0,266; 0,021) verteilten Stichprobenfunktion. Als Grenzen für die Konfidenzintervalle ergeben sich im ersten Fall (ohne Korrektur) die Werte $p_{r1} = 0{,}224$ und $p_{r2} = 0{,}308$, im zweiten Fall, also nach Berücksichtigung des Korrekturfaktors erhält man - bei wiederum gleichem Signifikanzniveau - die Werte $p_{r1} = 0{,}232$ und $p_{r2} = 0{,}3$. Dies heißt jedoch, daß man den Stichprobenbefund von p = 0,25 in jedem Fall nicht als signifikante Abweichung einschätzen würde. Folgende Interpretation dieses Ergebnisses sind zum bisher Gesagten äquivalent: im Falle der westdeutschen Stichprobe würde eine Stichprobenrealisation (bei Berücksichtigung der Endlichkeitskorrektur) als signifikant abweichend bewertet, wenn sie 1,38 Prozentpunkte und mehr vom tatsächlichen Grundgesamtheitsparameter abweicht; bei der ostdeutschen Stichprobe ist erst eine Abweichung von mehr als 3,4 Prozentpunkten als „signifikant" zu interpretieren, d.h. der Korrekturfaktor müßte für die ostdeutschen Betriebe bei K = (1,38/3,4) = 0,41 liegen. Ein solcher Korrekturfaktor ergibt sich jedoch bei gegebenem N nur durch Erhöhung des Auswahlsatzes auf A = 84%, was bei einer Grundgesamtheit von 879 Betrieben einem Stichprobenumfang von 734 Betrieben entsprechen würde.

Hieraus ergibt sich vorläufig die Schlußfolgerung, daß in diesem hypothetischen Beispiel im Falle der westdeutschen Betriebe bei Berücksichtigung „realistischer" Stichprobenvarianzen durch die erhöhte Effizienz des Schätzers des Stichprobenfehlers von einer zufälligen Abweichung des Anteilswertes nicht mehr ausgegangen werden kann - ein durchaus unerwünschtes Ergebnis, da dem Streben nach dem Nachweis von „Repräsentativät" durchaus entgegenstehend. Aufgrund dieses Beurteilungsmaßstabes wäre die in Ostdeutschland realisierte Stichprobe dann durchaus „repräsentativer", da hier erst ein deutlich stärkerer Effekt als signifikant bewertet werden würde.

Abbildung 5 verdeutlicht noch einmal die Wirkung unterschiedlicher Stichprobenumfänge und der Berücksichtigung der Pearson-Tschuprow'schen Endlichkeitskorrektur am Beispiel einer Normalverteilung mit einem Erwartungswert von 0[87] und Streuungen, die im Verhältnis dem dargestellten Beispiel entsprechen. Die Standardnormalverteilung repräsentiert dabei den Fall der westdeutschen Stichprobe ohne Berücksichtigung der Endlichkeitskorrektur, die *N* (0; 0,85) Verteilung wie in Abbildung 4 die Verteilung der Stich-

87 - was unerheblich ist, da die Gestalt einer Normalverteilung durch ihre Standardabweichung resp. Varianz, nicht aber durch ihren Mittelwert bestimmt wird -

probenfunktion des Anteilswertes in der westdeutschen Stichprobe mit Berücksichtigung der Endlichkeitskorrektur.

Die beiden anderen Verteilungen gelten für die jeweiligen Fälle der ostdeutschen Stichprobe, was die höhere Entscheidungsunsicherheit aufgrund kleinerer Stichprobenumfänge deutlich macht, die eben seltener zu „signifikanten" Ergebnissen führen. Dies gilt auch für den Fall, daß, wie in den folgenden Beispielen, Grundgesamtheitsparameter nicht bekannt sind und daher aus der Stichprobe geschätzt werden müssen.

*Abbildung 5: Normalverteilungen mit unterschiedlichen Varianzen*

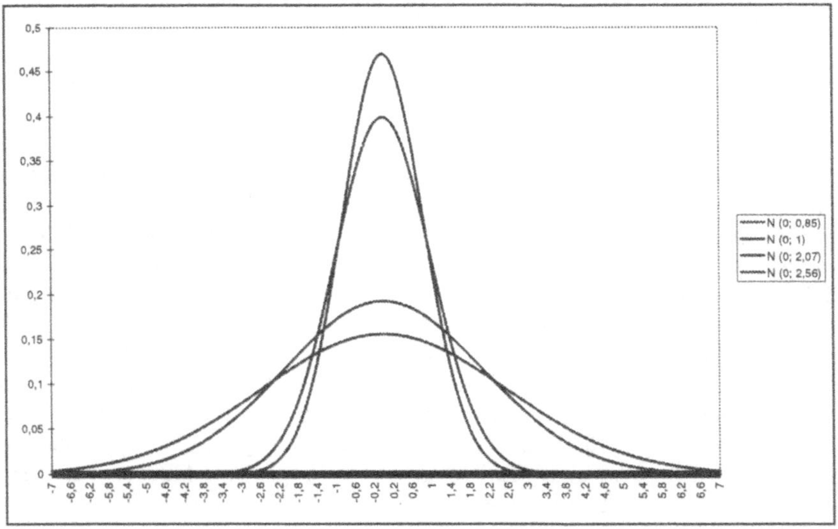


**Beispiel 2: Intervallschätzung für die durchschnittliche Anzahl computergestützter Funktionen**

In der ostdeutschen Stichprobe liege die durchschnittliche Anzahl computergestützter Funktionen bei $\bar{x} = 7,6$ bei einer Standardabweichung von s = 6 und einem Stichprobenumfang von n = 236. Die Stichprobenverteilung des Mittelwertes kann also durch eine

$$N(\mu_{\bar{x}};\sigma_{\bar{x}})$$

Verteilung approximiert werden. Da die Grundgesamtheitsparameter in diesem Falle nicht bekannt sind, müssen sie aus der Stichprobe geschätzt werden. Die Schätzwerte für $\mu_{\bar{x}}$ und $\sigma_{\bar{x}}$ ergeben sich aus:

$$\mu_{\bar{x}} \approx \hat{\mu}_{\bar{x}} = \bar{x} \text{ und } \hat{\sigma}_{\bar{x}} \approx \frac{\hat{\sigma}}{\sqrt{n}} \text{ mit } \hat{\sigma} = s$$

so daß von einer nach *N* (7,6; 0,39) verteilten Stichprobenfunktion auszugehen ist. Von Interesse sei nun, von welchem Wert für die durchschnittliche Anzahl computergestützter Funktionen in der Grundgesamtheit auszugehen ist. Als Grenzpunkte für ein 90%-iges Konfidenzintervall ergeben sich die Werte $\bar{x}_{r1} = 6{,}96$ und $\bar{x}_{r2} = 8{,}24$.

Auch hier empfiehlt es sich jedoch, bei der Schätzung des Standardfehlers der Stichprobenfunktion die Endlichkeitskorrektur zu berücksichtigen. Die Schätzwerte für $\mu_{\bar{x}}$ und $\sigma_{\bar{x}}$ ergeben sich dann aus:

$$\mu_{\bar{x}} \approx \hat{\mu}_{\bar{x}} = \bar{x} \quad \text{und} \quad \sigma_{\bar{x}} \approx \hat{\sigma}_{\bar{x}} = \frac{\hat{\sigma}}{\sqrt{n}} \sqrt{1 - \frac{n}{N}} \text{ mit } \hat{\sigma} = s.$$

Unter Berücksichtigung der Endlichkeitskorrektur für den durchschnittlichen Stichprobenfehler ist daher von einer nach *N* (7,6; 0,33) verteilten Stichprobenfunktion auszugehen, Grenzpunkte für das 90%-ige Konfidenzintervall sind die Werte $\bar{x}_{r1} = 7{,}05$ und $\bar{x}_{r2} = 8{,}14$. In beiden Fällen ist der Schätzer für den durchschnittlichen Stichprobenfehler konsistent, d.h. mit steigendem Stichprobenumfang nimmt die Varianz des Schätzers ab, jedoch ist die Schätzfunktion mit Berücksichtigung der Endlichkeitskorrektur effizienter, da ihre Varianz kleiner ist als im ersten Fall.[88] Im Vergleich zur ersten Variante hat sich die Spanne des Konfidenzintervalls demnach von 1,28 auf 1,09, d.h. um ca. 1/6[89] verkürzt. Die Berücksichtigung der Endlichkeitskorrektur würde also eine deutlich genauere Prognose erlauben, was eben durch die höhere Effizienz der Schätzfunktion zu erklären ist.

**Beispiel 3: Mittelwerte im Ost-West-Vergleich**

Einmal angenommen, der durchschnittliche Eigenfertigungsanteil in den untersuchten ostdeutschen Maschinenbaubetrieben läge bei $\bar{x}_O = 64{,}5\%$, im westdeutschen Maschinenbau wäre dagegen ein durchschnittlicher Wert von $\bar{x}_W = 63{,}2\%$ gemessen worden. Ist dieser Befund mit der Hypothese vereinbar, daß der durchschnittliche Eigenfertigungsanteil sich in Ost und West nicht unterscheidet? Diese Hypothese wäre gleichbedeutend mit der Annahme, daß die Stichprobenverteilung der Differenz dieser Mittelwerte einer $N(\mu_{D\bar{X}};\sigma_{D\bar{X}})$ Verteilung entspricht mit $\mu_{D\bar{X}} = 0$. $\sigma_{D\bar{X}}$ bestimmt sich, unter

88 Zu Eigenschaften von Parameterschätzern vgl. Bortz (1993: 93ff.)
89 - eben um ca. 15 Prozent -

der Annahme, daß Ost- und Weststichprobe aus Grundgesamtheiten mit unterschiedlichen Varianzen stammen, durch

$$\sigma_{D\bar{x}} = \sqrt{\frac{\sigma_1^2}{n_1} + \frac{\sigma_2^2}{n_2}} \quad \text{mit } \sigma_i \approx \hat{\sigma}_i = s_i; \qquad i = 1,2$$

Die Alternativhypothese könnte sein, daß die Differenz der Mittelwerte der beiden Grundgesamtheiten der empirisch ermittelten entspricht, also Ha: $\mu_{D\bar{x}} = 2{,}3$. Die Standardabweichungen in der Stichprobe lagen bei $s_O$= 20,9 (Ost; n = 244) und $s_W$ = 22,3 (West; n = 1384), so daß sich als Schätzwert für den Standardfehler der Stichprobenverteilung ein Wert von $\sigma = 1{,}46$ ergibt, die Stichprobenfunktion also approximativ nach *N* (0; 1,46) verteilt ist. Die Differenz der durchschnittlichen Eigenfertigungsanteile in der Stichprobe, die $d_{\bar{x}} = 2{,}3$ Prozentpunkte beträgt, ist demnach auf dem 5% Niveau nicht als signifikant zu betrachten, denn mit einer Wahrscheinlichkeit von p = 0,0582 werden gemäß dieser Verteilung Werte realisiert, die größer sind. Die Wahrscheinlichkeit $\beta$ für den Fehler 2. Art, also für die Annahme der Nullhypothese bei Gültigkeit der Alternativhypothese, liegt in diesem Fall, wenn als Grenzen des Annahmebereiches für die Nullhypothese $d_{\bar{x}_{r1}} = -2{,}4$ und $d_{\bar{x}_{r2}} = 2{,}4$ bestimmt werden, bei ß = 0,4865. Anders ausgedrückt bedeutet dies, daß in diesem Fall die Wahrscheinlichkeit für die Annahme der spezifischen Alternativhypothese bei 0,5135 liegt.

Approximiert man jedoch die Stichprobenverteilung der Differenz der Mittelwerte mit einer N (0; 1,35) Verteilung, was sich nach Berücksichtigung der entsprechenden Korrekturfaktoren über

$$\sigma_{D\bar{x}} = \sqrt{\sum_{i=1}^{2} \frac{\sigma_i^2}{n_i}\left(1 - \frac{n_i}{N_i}\right)} \approx \sqrt{\sum_{i=1}^{2} \frac{s_i^2}{n_i}\left(1 - \frac{n_i}{N_i}\right)}$$

ergibt[90], dann beträgt die Wahrscheinlichkeit einer Stichprobenrealisierung von $d_{\bar{x}} = 2{,}3$ oder größer nurmehr p = 0,0446, d.h. es käme zur Ablehnung der Nullhypothese, daß beide Stichproben aus Grundgesamtheiten mit demselben Mittelwert stammen.

Zum Abschluß dieses Exkurses soll nun noch einmal kurz zusammengefaßt werden, welche Schlußfolgerungen resp. Konsequenzen sich aus einer Berücksichtigung der finiten Grundgesamtheit des NIFA-Panels ergeben:

90 Werden die beiden Stichproben als nachträglich geschichtete Stichproben betrachtet, würde sich die Varianz der Stichprobenfunktion weiter reduzieren (vgl. Cochran 1972: 173).

- Bei rein deskriptiver Darstellung der Erhebungsergebnisse ist das Gesagte zunächst nur peripher von Interesse, da die getroffenen Aussagen für die in die Analyse einbezogenen Betriebe Gültigkeit besitzen. Von einem gewissen Interesse sind vorstehende Ausführungen in diesem Zusammenhang dennoch, da auch im rein deskriptiven Fall häufig die Frage nach der Aussagekraft der Daten im Sinne von Repräsentativität aufgeworfen wird. Diesen Punkt betreffend wird im folgenden die Ansicht vertreten, daß die Daten des NIFA-Panels möglicherweise - das wird sich im nachstehenden Abschnitt zeigen - nicht im statistischen Sinne als repräsentativ bezeichnet werden können, daß die Stichprobe aber im Sinne von „die Heterogenität der Grundgesamtheit adäquat wiedergebend" dennoch „repräsentativ" ist.
- Soll mittels inferenzstatistischer Verfahren ein Rückschluß auf Parameter der Grundgesamtheit vorgenommen werden, so ist festzuhalten, daß durch die Berücksichtigung des Erhebungsdesigns (Vollerhebung einer endlichen Grundgesamtheit) eine höhere Genauigkeit erreichbar wäre.[91]
- Gleiches gilt für die Bewertung von Unterschieden zwischen beiden Teilstichproben (Ost/West), da durch die Berücksichtigung des Pearson-Tschuprow'schen Korrekturfaktors über die Reduktion der Varianz der Stichprobenfunktionen eine bessere Trennschärfe erreichbar wäre, und somit die Anzahl der - erwünschten - „signifikanten" Ergebnisse anstiege. An dieser Stelle soll jedoch noch eines hinzugefügt werden: $\alpha$-Fehlerwahrscheinlichkeit und $\beta$-Fehlerwahrscheinlichkeit verhalten sich gegenläufig, d.h. ein geringes $\alpha$-Fehlerniveau geht mit einem hohen $\beta$-Fehlerniveau einher. Die Frage, welche Fehlerwahrscheinlichkeiten anzustreben sind, ist dabei aber auch unter inhaltlichen Aspekten zu betrachten und sollte sich nicht an "allgemein üblichen" 1-10% Regeln orientieren. Hierzu führt Bortz (1993: 118) aus:

„Die Konsequenz dieser gegenläufigen Beziehung liegt auf der Hand. Je stärker man sich dagegen absichern will, eine an sich richtige $H_0$ zu verwerfen (niedriges $\alpha$-Fehler-Niveau), desto größer wird die Wahrscheinlichkeit, daß die $H_0$ fälschlicherweise beibehalten wird (hohe $\beta$-Fehler-Wahrscheinlichkeit). Innovative Forschungen in einem relativ jungen Untersuchungsgebiet, bei denen die Folgen einer fälschlichen Annahme von $H_1$ vorerst zu vernachlässigen sind, hätten also bei einem $\alpha$-Niveau von 1% nur wenig Chancen, der Wissenschaft neue Impulse zu verleihen. In derartigen Untersuchungen ist daher auch ein $\alpha$-Niveau von 10% zu rechtfertigen."

91 Es ist einzuräumen, daß die hier vorgestellten Überlegungen in recht einseitiger Weise einen Aspekt herausgreifen, nämlich den der Verringerung der Varianz der Schätzer durch die Berücksichtigung des Erhebungsdesigns, und den umgekehrten Effekt, der durch die Berücksichtigung unterschiedlicher Teilnahmewahrscheinlichkeiten zustande käme (Pötter/Rendtel 1993a: 273), vernachlässigen, was jedoch durch das eigentliche Anliegen - die Verdeutlichung der Relativität „üblicher" Signifikanzaussagen - zu begründen ist.

Auch in der vorliegenden Arbeit handelt es sich um ein noch weitgehend neues Forschungsgebiet, und auch wenn z.B. Ost-West-Vergleiche im konkreten Fall - aus weiter unten auszuführenden theoretischen Gründen - meist primär kontrastierenden Charakter haben, so ist doch eher der Nachweis von Unterschiedlichkeit und nicht von Gleichheit angestrebt, was eben auch heißen kann, einen höheren Fehler 1. Art in Kauf zu nehmen.

- Diese hier anhand sehr einfacher Beispiele demonstrierten Auswirkungen der Berücksichtigung des endlichen Stichprobenumfanges wirken sich natürlich auch auf die Ergebnisse komplexerer statistischer Verfahren aus: allerdings scheitert die durchgängige und umfassende Umsetzung des Konzeptes, die ja offenbar aus einer Reihe von Gründen angestrebt werden sollte, an der Forschungspraxis, da in den gängigsten sozialwissenschaftlichen Analysepaketen - im Rahmen dieser Arbeit wurde ausschließlich mit SPSS gearbeitet - der Fall finiter Grundgesamtheiten nicht berücksichtigt wird. Daraus ergibt sich das Problem, daß die ausgewiesenen Signifikanzniveaus nur mit Einschränkungen aussagekräftig sind. Dabei ist die Richtung der „Verzerrung" klar: signifikante Ergebnisse blieben auch signifikant, nicht signifikante Ergebnisse wären aber unter Umständen auch signifikant gewesen.[92]
- Werden ost- und westdeutsche Stichprobe separat betrachtet, ist durch den geringeren Stichprobenumfang im Osten davon auszugehen, daß Ergebnisse bei gleicher Effektstärke seltener als signifikant ausgewiesen werden. Der Korrekturfaktor ist bzw. wäre jedoch infolge der besseren Ausschöpfung im Osten höher als im Westen, so daß sich das Signifikanzniveau bei Berücksichtigung dieses Faktors stärker ändern würde, und sich der Vorteil der größeren Stichprobe im Westen mindestens ansatzweise relativiert. Die Signifikanzniveaus sind daher nicht unmittelbar vergleichbar.
- Sofern Signifikanzniveaus in dieser Arbeit angegeben werden, sind es diejenigen, die auf der - an sich falschen - Annahme unendlicher Grundgesamtheiten beruhen. Sie sind insofern aber als Anhaltspunkt für „bemerkenswerte" Ergebnisse zu interpretieren.

92 Hier soll der Redlichkeit halber darauf hingewiesen (aber nicht gerechtfertigt) werden, daß es eigentlich beinahe übliche Forschungspraxis ist, gegen Annahmen zu verstoßen oder aber sie gar nicht zu überprüfen, die Voraussetzung für die Anwendbarkeit bestimmter multivariater Verfahren sind. Auch im Rahmen dieser Untersuchung war dies nicht zu vermeiden, was mit dem Hinweis auf „Robustheit" nur ansatzweise zu legitimieren ist, jedoch schon eher durch die Notwendigkeit der Konzentration auf eine (einzige) Fragestellung, nämlich die inhaltliche.

### 4.1.2.3. Die Abbildungsgenauigkeit des NIFA-Panels

Ein Vergleich von Merkmalsverteilungen zwischen Grundgesamtheit und realisierter Stichprobe hat, darauf wurde nun ausführlich hingewiesen, nur eine begrenzte Aussagekraft. Dennoch soll auf einen solchen Vergleich für die beiden bekannten Grundgesamtheitsverteilungen von „Teilbranche“ und „Betriebsgröße“ an dieser Stelle nicht verzichtet werden. Eine Diskussion der inhaltlichen Systematik von Ausfällen im NIFA-Panel findet sich im übrigen in Hauptmanns/Seitz (1992) sowie in Hauptmanns (1995b), ein methodischer Ansatz zur Analyse von Ausfallprozessen wird in Niggemann (1993) skizziert.

Einen Überblick über die Teilbranchenzugehörigkeit in Grundgesamtheit und Stichprobe gibt die folgende Tabelle:

*Tabelle 2: Teilbranchenzugehörigkeit in Grundgesamtheit und Stichprobe (1994; Angaben in %)*

| | Neue Bundesländer | | Alte Bundesländer | |
|---|---|---|---|---|
| Teilbranche | Betriebsdatei BfA[93] | Teilnehmer | Betriebsdatei BfA | Teilnehmer |
| 260 | 19,0 | 24,3 | 26,6 | 24,8 |
| 261 | 17,1 | 14,9 | 15,1 | 14,1 |
| 262 | 7,6 | 4,9 | 3,9 | 3,7 |
| 264 | 12,6 | 13,1 | 12,8 | 13,6 |
| 265 | 3,5 | 2,6 | 3,2 | 3,4 |
| 266 | 1,2 | 1,1 | 2,1 | 2,0 |
| 267 | 1,0 | 1,5 | 2,6 | 2,5 |
| 268 | 0,5 | 0,7 | 0,9 | 0,7 |
| 270 | 2,7 | 3,0 | 4,6 | 5,3 |
| 271 | 34,8 | 34,0 | 28,2 | 30,0 |

Die gravierendsten Unterschiede zwischen Grundgesamtheit und realisierter Stichprobe zeigen sich in den neuen Bundesländern bei den Fachzweigen 260, 261 und 262. So liegt der Anteil der Betriebe, die zum Fachzweig 260 gehören, in der Stichprobe mit einem Anteil von 24,3% im Vergleich zur Grundgesamtheit deutlich höher, während der Anteil der Betriebe der Fachzweige 261 und 262 im Vergleich zur Grundgesamtheit geringer ist. Bei den westdeutschen Betrieben sind die Abweichungen insgesamt geringer, jedoch kann weder in den alten noch in den neuen Bundesländern die Abweichung zwischen Grundgesamtheit und Stichprobe - jeweils auf der Basis eines $\chi^2$-Anpassungstests - als zufällig betrachtet werden.

---

93 Dieser Vergleich bezieht sich allein auf die Betriebe, die in der Betriebsdatei der BfA enthalten waren, da für diejenigen Betriebe, die aufgrund ihrer Teilnahme an der 93er Erhebung 1994 erneut befragt wurden, entsprechende Angaben nicht zur Verfügung stehen. Zur Systematik der Teilbranchenabgrenzung vgl. Anhang B.

Aussagen hinsichtlich der Abbildungsgenauigkeit der Stichprobe in bezug auf die Betriebsgröße sind für die Neuen Bundesländer nicht möglich, da, wie bereits erläutert, die entsprechenden Informationen von der BfA noch nicht zur Verfügung gestellt wurden. Die folgende Tabelle zeigt daher allein für die westdeutschen Betriebe die Besetzung der unterschiedlichen Betriebsgrößenklassen in Grundgesamtheit und Stichprobe. Auffällig ist hier, daß insbesondere die kleineren Betriebe mit weniger als 50 Beschäftigten deutlich unterrepräsentiert sind. Ihr Anteil liegt in der Stichprobe bei lediglich 40% während er in der Grundgesamtheit knapp 47% erreicht.[94]

Die Abweichungen der Größenklassenverteilung zwischen Stichprobe und Grundgesamtheit weist ein $\chi^2$-Anpassungstest auf Gleichheit der Verteilungen dann auch als signifikant aus ($\chi^2$= 34,5, df = 5, p = .0000).

*Tabelle 3: Betriebsgrößenklassenverteilung 1994 (alte Bundesländer; Anteile der Betriebe in %)*

| Mitarbeiterzahl | Grundgesamtheit N = 5834 | Sample n = 1581 |
|---|---|---|
| 20-49 | 46,7 | 40,0 |
| 50-99 | 21,2 | 22,2 |
| 100-199 | 14,8 | 16,6 |
| 200-499 | 11,4 | 14,0 |
| 500-999 | 3,6 | 3,8 |
| 1000 und mehr | 2,4 | 3,4 |

Nachstehende Abbildung zeigt die Betriebsgrößenverteilung im Sample im Ost-West-Vergleich.[95] Dabei wurde eine andere Größenklassengliederung zugrunde gelegt, die auch im Rahmen der Auswertungen verwendet werden wird, da durch die geringe Besetzung der beiden oberen Betriebsgrößenklassen eine weitere Analyse von Subgruppen problematisch wäre. Die Abbildung verdeutlicht, daß 10% der teilnehmenden ostdeutschen Betriebe im Jahr 1994 weniger als 20 Mitarbeiter hatten. Dies waren in weit über 80% der Fälle Betriebe, die nicht in der Betriebsdatei der BfA enthalten waren,

94 Eine solche Verzerrung war bisher in allen Wellen des Panels gegeben und scheint im übrigen ein generelles Problem von Betriebsbefragungen zu sein (vgl. Hauptmanns 1995a: 21).

95 Hier wurden in Abweichung zu Tabelle 3 die *Angaben der Betriebe* zu den Mitarbeiterzahlen zugrunde gelegt (nicht die Angaben der BfA), wodurch sich erklärt, warum hier auch ca. 6% der westdeutschen Betriebe als Betriebe mit weniger als 20 Mitarbeitern ausgewiesen werden. Die Generierung der Betriebsdatei der Bundesanstalt für Arbeit erfolgt zeitpunktbezogen, wobei der Stichtag ein Kalendertag in der Jahresmitte ist, während sich die Angaben der Betriebe auf den Beginn des jeweiligen Jahres beziehen, und beide Angaben insofern durch den zeitlichen Abstand voneinander abweichen können. Zudem werden im Rahmen der Erhebung auch Teilnehmer des Vorjahres in die Erhebung einbezogen, so daß ein temporäres Absinken des Beschäftigungsstandes unter die 20-Mitarbeiter-Schwelle nicht zu einem Ausschluß aus der Erhebung führt.

jedoch an der 93er Erhebung teilgenommen hatten. Die durchschnittliche Betriebsgröße lag 1994 für die ostdeutschen Betriebe bei 120 Mitarbeitern je Betrieb; für die westdeutschen Betriebe bei 176 Mitarbeitern pro Betrieb.

*Abbildung 6: Betriebsgrößenverteilung 1994*

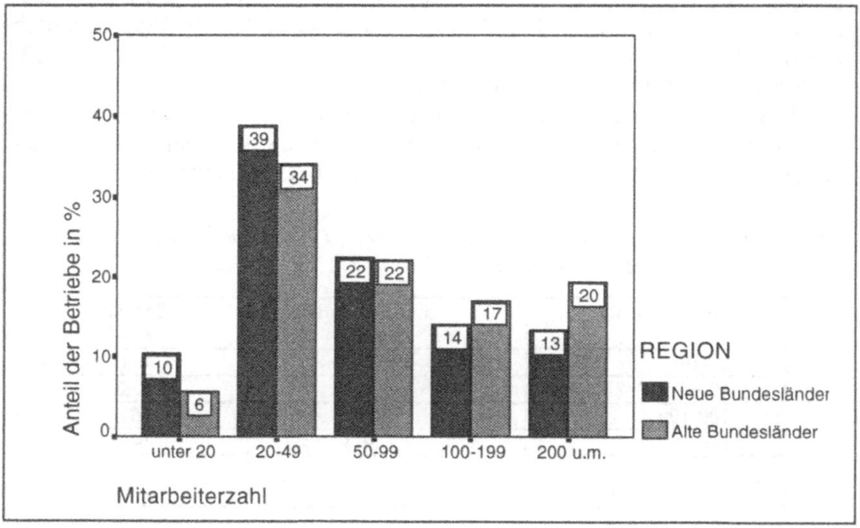


Zu Analysezwecken wurden die Betriebe mit weniger als 20 Mitarbeitern aus den weiteren Betrachtungen ausgeschlossen, was im Prinzip gleichbedeutend mit einer (nachträglichen) Einschränkung von Grundgesamtheit und Stichprobe auf ihren ursprünglichen Umfang, nämlich die Betriebsdatei der BfA, ist.

## 4.2. Auswertungsstrategie und Ergebnisinterpretation

Als Fazit des dritten Kapitels hatte sich ergeben, daß vor dem Hintergrund der vorliegenden Analysen zur technisch-arbeitsorganisatorischen Gestaltung im ostdeutschen Maschinenbau und zu bisherigen und noch andauernden (Um-) Strukturierungsprozessen zunächst ein Bedarf an quantitativen Daten ausgemacht werden kann, die Aufschluß über die derzeitige technisch-organisatorische Struktur in den ostdeutschen Betrieben geben. Diese empirische Frage ist mit Hilfe der zur Verfügung stehenden Daten zunächst deskriptiv zu beantworten, d.h. wichtige Strukturmerkmale der Branche werden darstellend beschrieben. Dies erlaubt bereits die Einordnung der in Kapitel 3.3. vorgestellten Befunde und kann zudem Anhaltspunkte dafür geben, in welchen Bereichen theoretische und empirische Vertiefungen durch andere Forschungsvorhaben notwendig und sinnvoll wären. Die Deskription bietet also an sich schon eine Fülle interessanter Informationen. Zusätzlich erscheint es sinnvoll, Strukturdaten des westdeutschen Maschinenbaus kontrastierend gegenüberzustellen, um die Dimensionalität der Befunde zu verdeutlichen, denn erst durch Verfügbarkeit eines Bezugspunktes ist eine solche Einordnung möglich.

Darüber hinaus soll überprüft werden, inwiefern sich die in Kapitel 3 genannten Einflußfaktoren technisch-arbeitsorganisatorischer Gestaltung aufgrund einer Überprüfung anhand quantitativer Daten tatsächlich als erklärungskräftig erweisen. Dies erfordert aber die Berücksichtigung und Kontrolle anderer relevanter Einflußfaktoren. Hierbei ist man, wie dargestellt, mit dem Problem konfrontiert, daß auf eine ausformulierte „Theorie betrieblicher Transformation" nicht zurückgegriffen werden kann. Die Entwicklung einer adäquaten Theorie, die sowohl wichtige Strukturvariablen als auch die Gestaltbarkeit von Organisation in angemessener Weise in den Blick nimmt, wäre, so wurde bereits argumentiert, jedoch nicht nur ein sehr aufwendiges Unterfangen, sondern auch empirisch anhand der verfügbaren Daten nicht umsetzbar, d.h. aber, eine solche Theorie wäre durch die im Rahmen dieser Arbeit durchgeführten Analysen auch gar nicht „bewährbar".[96] Dies bedeutet nicht, daß auf eine theoretische Fundierung verzichtet werden soll, wohl aber, daß bei der Ableitung relevanter Einflußfaktoren resp. Kontrollvariablen allein auf solche theoretischen Konzeptionen zurückgegriffen wird, die die Wirkung struktureller Einflußfaktoren, die in unserem Fall auch konkret operationalisiert werden können, behandeln. Dabei wird eingeräumt, daß dies heißt, einen Schritt hinter die in Kapitel 3.3.1. skizzierte Diskussion um die Gestaltung von Technik und Arbeitsorganisation unter marktwirtschaftlichen Bedingungen zurückzugehen; allerdings scheint dies - auch vor dem Hintergrund der Forderung nach einer Beschränkung auf ein sinnvolles Minimum von erklärenden Variablen - durchaus zu rechtfertigen zu sein. Wie im folgenden Abschnitt näher dargestellt werden wird, steht hier eine ganze Reihe von - empirisch bereits vielfach bewährten - Ansätzen zur Verfügung.

Die analoge Problematik ergibt sich auch für mögliche Schlußfolgerungen aus dem Ost-West-Vergleich. Wenn die technisch-arbeitsorganisatorische Gestaltung als u.a. abhängig von bestimmten strukturellen Einflußfaktoren betrachtet werden soll, und sich in diesen Variablen strukturelle Unterschiede zwischen Ost und West ergeben, dann setzt schon allein die Feststellung bzw. Qualifizierung von Unterschieden in den abhängigen Variablen die möglichst präzise Definition und Ableitung dieser Kontrollvariablen voraus. Darüber hinaus ergeben sich aus dem Fehlen einer übergreifenden Theorie betrieblicher Transformation weitere Schlußfolgerungen und Einschränkungen, die im folgenden kurz angesprochen werden sollen. Zuvor ist jedoch auf eine spezifische populäre, gleichwohl irreführende Interpretation hinzuweisen.

---

96 Zum wissenschaftstheoretischen Hintergrund der Idee der „Bewährbarkeit" von Theorien vgl. Esser et al. (1977).

Wie bereits einleitend in Kapitel 2 erläutert, wurde in der Diskussion um die Chance, die die deutsche Vereinigung der sozialwissenschaftlichen Forschung einräumt, wiederholt die Interpretation artikuliert, dieser „forschungspragmatische Glücksfall“ lasse „vor unseren Augen ein „natürliches Experiment“ von Dimensionen ablaufen [...], die unter „Laborbedingungen“ auch nicht annähernd zu reproduzieren wären.“ (Offe 1991: 77). Die Wahl dieser Formulierung stellt - beabsichtigt oder unbeabsichtigt - eine gewisse assoziative Nähe zum Begriff des „Quasi-Experimentes“ her. Eine solche Form der „Versuchsanordnung“, die es erlaubt, z.B. bestimmte gesellschaftliche Veränderungen als Manipulation einer unabhängigen Variable zu betrachten (vgl. Schnell et al. 1988: 224), ist im Unterschied zu Experimentalsituationen - die in den Sozialwissenschaften absoluten Seltenheitswert haben - dadurch gekennzeichnet, daß der Forscher keine Möglichkeit der *Kontrolle* des Stimulus hat. Abgesehen von dem Umstand, daß die Stimuli-Kontrolle außerhalb des Einflußbereiches des Forschers liegt, sollte ein solches Quasi-Experiment jedoch mit dem Experiment vergleichbar sein, was insbesondere implizieren würde, daß es außer der Experimentalgruppe überhaupt eine „Kontrollgruppe“ gibt, die dann auch noch - abgesehen von der Einwirkung einer unabhängigen Variablen - vergleichbar wäre. Unabhängige Variable wäre in dieser Lesart „Experiment Vereinigung“ dann der Wechsel des Gesellschafts- und Wirtschaftsystems, Kontrollgruppe die westdeutsche Population. Hier ist resp. war Vergleichbarkeit vor der Einwirkung des „Stimulus“ - wie in Kapitel 3.1. ausführlich dargestellt - aber gerade nicht gegeben, und insofern würde eine solche Interpretation zu irreführenden Schlußfolgerungen führen.

Ein Vergleich mit den westdeutschen Daten dient im Rahmen der vorliegenden Arbeit daher vor allem als Vergleichsmaßstab, der durch identische Instrumentation, ein vergleichbares Erhebungsverfahren und vor dem Hintergrund ähnlicher institutioneller Rahmenbedingungen betrieblichen Handelns die Einordnung der Befunde erlaubt.[97] Um feststellbare Ost-West-Unterschiede auch als solche qualifizieren zu können, ist es, wie ausgeführt, notwendig, strukturelle Faktoren zu berücksichtigen, die einen Einfluß auf die technisch-arbeitsorganisatorische Strukturierung ausüben, da diese Berücksichtigung von theoretisch ableitbaren Drittvariablen notwendige Voraussetzung für die Interpretation der Ergebnisse ist - wie stets im Rahmen typischer Ex-post-facto-Anordnungen in der Survey-Forschung.

Dennoch sind die Befunde rein gedanklich mit unterschiedlichen „Meta-Hypothesen“ vereinbar. Nach Kontrolle der als relevant identifizierten Drittvariablen ausgewiesene *Unterschiede,* beispielsweise der innerbetrieblichen Arbeitsorganisation, könnten etwa mit den beiden folgenden Annahmen vereinbar sein: es handelt sich um strukturelle Relikte von 40 Jahren plan-

97 Keinesfalls impliziert ein solcher Vergleich normatives „so soll es sein“ oder die Erwartung einer Reproduktion westdeutscher Strukturen in den neuen Bundesländern.

sozialisitischer Wirtschaft, die sich mittlerweile institutionell verfestigt haben, oder: diese Strukturen haben sich als Reaktion auf den Systemwechsel herausgebildet, die Betriebe haben eine Anpassung bereits vollzogen und waren dabei in der Lage, institutionelle Verfestigungen aufbrechen zu können.

Sollten *keine Unterschiede* nachweisbar sein, ist dies ebenfalls mit mindestens zwei Annahmen vereinbar: für die Gestaltung der innerbetrieblichen Arbeitsorganisation ist allein wichtig, was produziert wird, die Arbeitsorganisation ist durch die stoffliche Struktur des Produktionsprozesses wesentlich bestimmt, die systemunabhängig ist, die „Fertigung" ist also jenseits der Wirtschaftsordnungen ein stabiler „Kern" (Schmid/Widmaier 1995) von Betrieben, oder aber: es bestand vor der Wende möglicherweise eine Andersartigkeit der Form der innerbetrieblichen Arbeitsteilung, es wurde jedoch eine rasche Angleichung vollzogen, so daß fünf Jahre nach der „Wende" ein Unterschied nicht mehr aufweisbar ist. Da also die konkreten Befunde (aufgrund des gewählten Forschungsdesigns) nicht zur Falsifikation solcherart „konkurrierender" Annahmen herangezogen werden können, ist man im Bereich der Ursachenbenennung auf Plausibiltätsargumente verwiesen, die sich aus den in Kapitel 3 dargestellten Ausführungen ergeben.

Im folgenden Abschnitt werden nunmehr Argumentationsmuster vorgestellt, aus denen sich strukturelle Einflußfaktoren der technisch-arbeitsorganisatorischen Gestaltung ableiten lassen, die dann anhand der vorliegenden Daten operationalisiert werden. Ziel ist dabei nicht, was aus dem bisher Gesagten unmittelbar folgt, die Ausarbeitung eines (möglichst) vollständigen Erklärungsansatzes, sondern allein die systematische Ableitung spezifischer Einflußfaktoren der technisch-arbeitsorganisatorischen Gestaltung aus bewährten Theoriekonzepten unter dem Blickwinkel ihrer möglichst umfassenden empirischen Umsetzbarkeit.

## 4.3. Strukturelle Einflußfaktoren technisch-arbeitsorganisatorischer Gestaltung und ihre Operationalisierung

Mit der Entscheidung für die Analyse von durch eine standardisierte schriftliche Erhebung gewonnenen quantitativen Daten wurde der Fokus also zugleich auf die Abbildung der Wirkung struktureller Faktoren auf die technisch-arbeitsorganisatorische Gestaltung gesetzt. Damit wird die Bedeutung individueller Präferenzen betrieblicher Entscheider, aber auch die Rolle, die Aushandlungsprozesse bei der Auswahl betrieblicher Organisationsstrukturen spielen, bewußt ausgeblendet, da diese Prozesse auf der Erhebungsebene „Betrieb" nicht abbildbar sind. Die Berücksichtigung solcher Einflußfaktoren würde die Durchführung einer komplexen Entscheidungsprozeßanalyse voraussetzen, die die Handlungen der betrieblichen Akteure und Motive unterschiedlicher Koalitionen von Akteuren einer verstehenden Deutung zugänglich machen könnte (Schreyögg 1978: 331). Vor dem Hintergrund der bisher vorliegenden Erkenntnisse muß dieser empirische Zugriff jedoch nicht als Defizit, sondern als Vorteil gewertet werden, da, wie aufgezeigt, vielfach der Einfluß struktureller Rahmenbedingungen nur in unzureichender Weise berücksichtigt wird, und insofern Generalisierungen, die beispielsweise Ansatzpunkte für eine industriepolitische Stützung des Transformationsprozesses aufweisen könnten, nicht vorgenommen werden können.

Auf theoretischer Ebene bedeutet dies den Rückgriff auf Argumentationsmuster wie sie im Rahmen älterer Konzepte in der Organisationsforschung, hier insbesondere durch Vertreter des kontingenztheoretischen Ansatzes, und der Industriesoziologie ausgearbeitet wurden. Diese stellten vor allem die interne Strukturierung von Organisationen und ihre Bestimmungsgründe in den Mittelpunkt ihrer Betrachtungen. Die berechtigte Kritik an diesen Ansätzen (vgl. zusammenfassend Türk 1989), die zu den in Kapitel 3.3.1. kurz umrissenen theoretischen Weiterungen und Modifikationen geführt hat, soll durch den Rückgriff auf diese Konzepte, dies sei an dieser Stelle noch einmal betont, also in keiner Weise in Abrede gestellt werden. Da jedoch „die Existenz innerbetrieblicher Entscheidungs- und Aushandlungsprozesse zwar zu einer Vielfalt, aber nicht zur Beliebigkeit der materiellen Ergebnisse führt" (Freriks/Schmid 1992: 221) und insofern die Wahl- und Entscheidungsfreiheit der Akteure begrenzt ist,[98] scheint die Konzentration auf die Berücksichtigung struktureller Faktoren berechtigt. Dies bedeutet - wissenschaftstheoretisch gesprochen - nichts anderes als den Wechsel von einer deterministischen zu einer probabilistischen Interpretation der postulierten Zusammenhänge (vgl. Opp 1976: 80 ff).[99]

Abbildung 7 stellt somit den analytischen Bezugsrahmen der vorliegenden Arbeit dar. Technikeinsatz und Arbeitsorganisation sind, wie ersichtlich, die zentralen abhängigen Variablen. Sie werden von einer Reihe von Faktoren beeinflußt. Zum einen sind dies solche Faktoren, die vermittelt über Umfang und Struktur der Arbeitsaufgaben maßgeblich für die Gestaltung der Arbeitsorganisation und den Technikeinsatz sind. Dies sind die im Rahmen der drei klassischen kontingenztheoretischen Schulen behandelten Faktoren Umwelt, oder vielmehr: objektive Umweltunsicherheit, Technologie und Organisationsgröße. Die drei Perspektiven werden dabei nicht als konkurrierende, sondern als sich ergänzende Erklärungsmuster betrachtet.[100]

98 Zur Begrenzung der Wahlfreiheit organisatorischer Strukturen vgl. auch Aldrich (1979: 136ff).

99 - oder, in der Sprache der Kritiker, eine „korrelationsstatistische Kontingenzforschung" -

100 Eine solche Interpretation scheint auch von den Autoren geteilt zu werden, wie sich beispielsweise aus den Ausführungen von Woodward (1971) und Blau (1970) entnehmen läßt.

*Abbildung 7: Strukturelle Einflußfaktoren der technisch-arbeitsorganisatorischen Gestaltung*

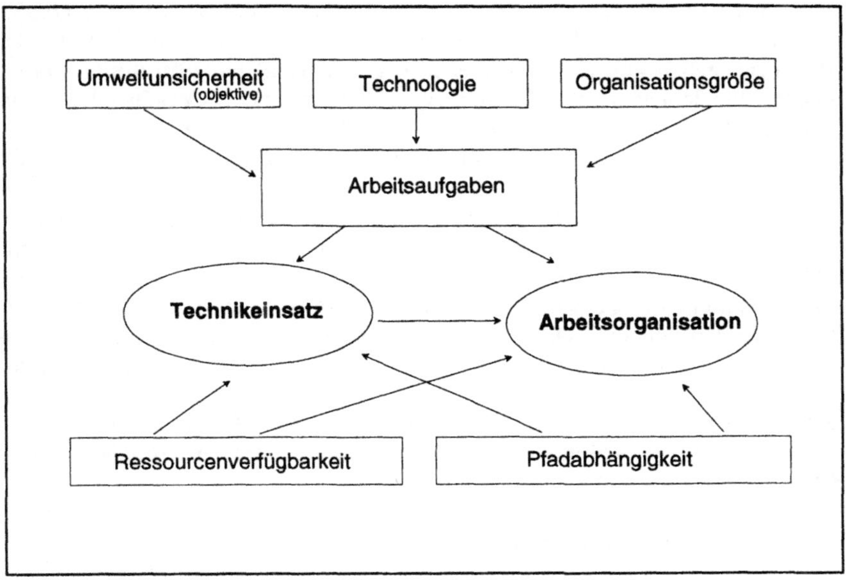


Neben diesen sollen jedoch noch zwei weitere Aspekte behandelt werden. Eine Weiterung der Umweltperspektive stellt der Ressourcenabhängigkeitsansatz dar. Der letzte zu behandelnde Aspekt ist der der Pfadabhängigkeit. Diese beiden Perspektiven erlauben zudem eine theoretische Einbettung der im dritten Kapitel herausgearbeiteten Einflußfaktoren betrieblicher Transformation.

Dem aufmerksamen Leser wird nicht entgangen sein, daß Abbildung 7 eine strukturelle Asymmetrie beinhaltet. Zwar besitzen alle bisher genannten Einflußfaktoren Relevanz für Technikeinsatz *und* Arbeitsorganisation. Zusätzlich ist hier jedoch ein Abhängigkeitsverhältnis von Technikeinsatz und Arbeitsorganisation angedeutet. Dies scheint, wie in Kapitel 4.3.3. erläutert wird, auch nach dem allseits postulierten „Ende des Technikdeterminismus" zu rechtfertigen zu sein. Die Variable „Technikeinsatz" besitzt demnach einen doppelten Status, was im folgenden insofern zum Tragen kommt, als die Rolle und die Operationalisierung des Technikeinsatzes bereits im vorliegenden Kapitel behandelt, die Operationalisierung von „Arbeitsorganisation", die sich noch einmal in die Bereiche inner- und zwischenbetriebliche Arbeitsorganisation aufteilen läßt, jedoch erst in Kapitel 5 vorgenommen wird (vgl. Kapitel 5.3).

Schließlich ist darauf hinzuweisen, daß die nunmehr vorzustellenden Faktoren vor allem als Einflußfaktoren *inner*organisatorischer Strukturierung zu betrachten sind, was für die Argumentation der drei klassischen kontingenztheoretischen Schulen in besonderer Weise gilt. Umfang und Struktur der Arbeitsaufgaben sind jedoch von ebenso großer Bedeutung für die *Inter*organisationsbeziehungen, also Formen zwischenbetrieblicher Arbeitsteilung. Zur Analyse dieser Interaktionsformen hat sich das begriffliche Instrumentarium des neuen ökonomischen Institutionalismus, insbesondere der Transaktionskostentheorie, durchgesetzt, auf das an entsprechender Stelle auch zurückgegriffen wird (vgl. dazu Kapitel 5.3.3). Bereits an dieser Stelle soll aber dem Eindruck vorgebeugt werden, daß dies ein mehr oder weniger willkürlicher Wechsel der theoretischen Perspektive ist, da, wie Freriks (1996b) zeigt, die analytischen Dimensionen dieser beiden Strömungen ineinander transformiert werden können: „Die Aussagen der Theorie der formalen Differenzierung lassen sich in eine transaktionskostentheoretische Betrachtung integrieren. Ihre Kernaussagen betrachten zwei Dimensionen, die auch für die Transaktionskostentheorie zentral sind, wenn auch ihre Kategorisierung unterschiedlich ist: Das Volumen von Aufgaben und die Art der Aufgaben.“ (ebd: 41).

### 4.3.1. Klassische kontingenztheoretische Ansätze

#### 4.3.1.1. Organisation und Umwelt: Stabilität und Heterogenität

Organisationen müssen, um überleben zu können, ihre organisatorische Struktur der Umwelt anpassen - so könnte man in Kürze die gemeinsame Grundannahme derjenigen organisationstheoretischen Ansätze zusammenfassen, die sich mit dem Verhältnis Umwelt-Organisation beschäftigen. Dabei sind jedoch die zugrunde liegenden Umweltbegriffe und die unterstellten Wirkungsmechanismen höchst unterschiedlicher Natur.[101] Das Verhältnis von Organisation und Umwelt wurde von zahlreichen Autoren vor allem unter dem Blickwinkel der Wirkung von Umweltunsicherheit bearbeitet. Dabei dominieren in älteren Arbeiten Betrachtungen zu Konsequenzen *objektiver* Umweltunsicherheit, so z.B. in den mittlerweile schon klassischen Analysen von Burns/Stalker (1961) und Lawrence & Lorsch (1967), während andere Autoren in verstärktem Maße auf die Perzeption von Unsicherheit durch die betrieblichen Akteure (*subjektive* Umweltunsicherheit) abstellten. Da diese, ebenso wie die Ressourcenperspektive (Aldrich/Mindlin 1978), die die Umwelt als Quelle von Ressourcen konzeptualisiert, auf die Organisationen zur Erfüllung von Aufgaben angewiesen sind, über den Rahmen „klassischer“

---

101 Ein Überblick über verschiedene Ansätze findet sich in Kieser (1975).

Argumentationen hinausgehen, wird auf sie in Abschnitt 4.3.2 näher eingegangen.

Stellvertretend für Konzeptionen, die sich mit der Wirkung objektiver Umweltbedingungen auf die organisatorische Strukturierung beschäftigt haben, soll hier eine Auseinandersetzung mit den Arbeiten von Lawrence & Lorsch (1967) erfolgen. Sie argumentieren und weisen anhand ihres empirischen Materials nach, daß die organisationsinterne Struktur einer Organisation von den objektiven Umweltbedingungen, mit denen sie konfrontiert ist, abhängt. Lawrence & Lorsch unterscheiden dabei drei organisatorische Subsysteme, mit jeweils eigener Systemumwelt. Dies sind die Bereiche Produktion, Marketing und Forschung & Entwicklung. Relevante Umweltmerkmale sind dabei Stabilität und Heterogenität. In Abhängigkeit von diesen Merkmalen ist die Umwelt der organisatorischen Subsysteme entweder als turbulent oder aber als relativ stabil zu charakterisieren. Turbulenz bzw. Stabilität der Umweltsituation ist ausschlaggebend für den Grad der Umweltunsicherheit. Je turbulenter die Umweltsituation eines Subsystems, desto größer der Grad der organisationsintern zu bewältigenden Unsicherheit und vice versa. Je höher aber der Grad der Unsicherheit, desto geringer die (Aus-) Differenzierung des jeweiligen Subsystems oder, im Umkehrschluß, je eindeutiger und somit sicherer die Umweltsituation, desto eher besteht die Möglichkeit, regelbasierte Organisationsstrukturen zu etablieren, also zu formalisieren.[102] Die Gesamtheit der Umweltbedingungen ist bei Lawrence & Lorsch dann Gegenstand einer eigenen Systematisierung; ähnliche Unsicherheitsbedingungen in den drei Teilbereichen konstituieren eine homogene Gesamtumwelt der Organisation, eine hohe Unterschiedlichkeit der Bedingungen für die verschiedenen Subsyteme bedeutet eine heterogene Gesamtumwelt und bedingt somit eine hohe Unterschiedlichkeit der Organisation der verschiedenen Subsysteme. Die Operationalisierung bzw. Messung der Umweltunsicherheit erfolgt bei Lawrence & Lorsch durch eine Art Expertenrating, d.h. auf der Basis einer Batterie von Einschätzungsfragen, die vom Management die Bewertung der Unsicherheitssituation für die verschiedenen Subsysteme erfordert. Ungeachtet dieser Art der Messung der Unsicherheit bei Lawrence & Lorsch ist festzuhalten, daß es ihnen um den Einfluß der *objektiven* Umweltbedingungen auf die organisatorische Struktur ging.[103] Die Weiterentwicklung dieser Perspektive, die die verstärkte

---

102 Der Zusammenhang von Stabilität der Umweltstruktur und Form der organisatorischen Strukturierung wird von Burns/Stalker (1961) in ähnlicher Weise aufgefaßt; stabile Umweltsituationen lassen demnach „mechanistische" Formen des Managements zu; Situationen, die durch raschen Wandel und nicht-vorhersehbare Umweltsituationen gekennzeichnet sind, erfordern „organische" Formen des Managements.

103 Zu diesem Operationalisierungsvorschlag merkt Schreyögg (1978: 111 f.) an: „Wenn ein Meßinstrument, wie etwa im Falle Lawrence & Lorschs, eine Einschätzung der Umwelt durch die Entscheidungsträger vorsieht, so kann dies einmal konsequenter Ausfluß einer perzeptionsorientierten Umweltkonzeption sein; es kann dies aber auch ein

Konzentration auf die Perzeption der Umweltbedingungen durch die betrieblichen Entscheider mit sich brachte, wird noch zu diskutieren sein. Zunächst soll jedoch dargestellt werden, welche Relevanz diese Argumentationsstruktur für die betriebliche Arbeitsorganisation auf der Ebene der Produktion/Fertigung hat, da nur dieser Teilbereich im Rahmen der vorliegenden Arbeit von näherem Interesse ist.

*Indikator*

Für die Produktion ist eine hohe Umweltunsicherheit dann gegeben, wenn der Arbeitsanfall unvorhersehbar und diskontinuierlich ist. Die Arbeitsaufgaben werden jedoch in erster Linie durch Kundenorder bestimmt. Zur Messung der tatsächlichen Unsicherheit über anfallende Aufgaben ist im Bereich der Produktion daher insbesondere zu betrachten, inwieweit die Kunden die Möglichkeit haben, auf das Produkt Einfluß zu nehmen. Eine Einflußnahme ist beispielsweise dann möglich, wenn für die Kunden die Möglichkeit besteht, (kurzfristige) Spezifikationen des Produktes vorzunehmen. Ist dies nicht der Fall, werden also nur Standardprodukte gefertigt, so reduziert sich der Grad der Unsicherheit bezüglich anfallender Produktionsaufgaben auf die Menge. Bei lediglich mengenabhängigen Variationen der Arbeitsaufgaben sind diese jedoch vorplanbar, und es besteht die Möglichkeit, Arbeitsabläufe zu formalisieren. Je größer allerdings der Einfluß, den Kunden auf die Gestaltung des Produktes nehmen können, desto höher ist für das Subsystem Produktion die Unsicherheit über zu bewältigende Aufgaben, das heißt in desto geringerem Maße ist es möglich, eine Vorplanung von Arbeitsabläufen vorzunehmen. Das heißt aber wiederum, daß eine geringe Ausdifferenzierung des Subsystems zu erwarten ist, mit anderen Worten es ist unwahrscheinlich, daß sich eigenständige Einheiten herausbilden, die z.B. den Planungsprozeß übernehmen.

A priori ist übrigens anzunehmen, daß die Umweltunsicherheit für die ostdeutschen Betriebe - auch im Bereich der Produktion - höher ist als für die westdeutschen Betriebe, da eine Neupositionierung resp. Etablierung am Markt sich über einen Zeitraum von mehreren Jahren erstreckt, und insofern Erfahrungswerte fehlen oder obsolet geworden sind. Diese Frage ist jedoch in Kapitel 5.1. zunächst empirisch zu beantworten.

---

Operationalisierungsvorschlag sein, objektive Umweltzustände über die Perzeptionen der Entscheidungsträger zu erheben, in der Annahme, diese würden den Umweltzustand zuverlässig widerspiegeln.“ (Hervorhebungen im Original).

*Operationalisierung*

Im NIFA-Panel wird das Ausmaß, in dem die Kunden die Möglichkeit haben, auf die Gestaltung des Produktes, also auf die zu erbringende Leistung Einfluß zu nehmen, erfaßt, indem drei Gruppen von Produkten unterschieden werden: Produkte, die nach Kundenspezifikation gefertigt werden, Produkte, die nach standardisiertem Grundprogramm in vom Kunden vorgegebenen Varianten gefertigt werden und schließlich reine Standardprodukte. Diese Frage scheint geeignet, als Indikator der Unsicherheit des Subsystems Produktion zu dienen.

### 4.3.1.2. Die Rolle der Technologie

Mit dem Einfluß der Technologie auf die innerorganisatorische Strukturierung hat sich vor allem Woodward (1971) beschäftigt. Ansatzpunkt ihrer Arbeiten war zunächst die Beziehung zwischen der Anwendung bestimmter Managementtechniken und dem Erfolg von Unternehmen. Dabei stieß sie auf die interessante Beobachtung, daß es augenscheinlich keinen Zusammenhang zwischen der organisatorischen Strukturierung - als Indikator für die Realisierung bestimmter Managementtechniken - und dem Erfolg industrieller Organisationen gab. Erfolgreiche Unternehmen wiesen ein großes Spektrum unterschiedlicher Gestaltungsformen auf. Ein Zusammenhang ergab sich jedoch, wenn die Fertigungstechnologie berücksichtigt wurde. Unter Fertigungstechnologie versteht Woodward die Form der Organisation des Fertigungsprozesses, wobei sie Einzelfertigung, Großserien- und Massenfertigung und Prozeßfertigung unterscheidet. Demnach ist es die Fertigungstechnologie, die Restriktionen für eine effiziente Organisation des Produktionsprozesses, also für die organisatorische Strukturierung der Organisation setzt. Daß für jede Form der dominanten Technologie effiziente Organisationsformen existieren, schließt Woodward aus der Übereinstimmung wesentlicher Organisationsmerkmale der erfolgreichen Betriebe in den jeweiligen Kategorien. Für Betriebe, die als Großserien- bzw. Massenfertiger zu charakterisieren sind, führte demnach die konsequente Umsetzung mechanistischer Managementsysteme bzw. Organisationsformen zu überdurchschnittlichem Erfolg, außerhalb dieses Bereiches waren es eher die von Burns/Stalker als organisch charakterisierten Formen (Woodward 1971: 156).

Der Marktmechanismus in seiner Eigenschaft als Sanktionsinstrument, so die Annahme, wird langfristig für das Überleben der erfolgreicheren Betriebe sorgen, und der Zusammenhang von Technolgie und Organisationsstruktur ist insofern durch die Wirksamkeit dieses Selektionsmechanismus zu begründen. Auch für den Einsatz bestimmter Technikformen lassen sich aus dem Einflußfaktor „Technologie" Wirkungen ableiten. Während die Vorteile von computergestützten Produktionstechniken gegenüber konventionellen Techniken im Bereich der Unikat- bzw. Einzelfertigung als nicht so gravierend betrachtet werden können, verhält sich dies insbesondere im Bereich der mittleren Seriengrößen anders. Zudem steigt mit der Seriengröße auch die Möglichkeit der Vorplanung des Produktionsprozesses und somit die Einsetzbarkeit computergestützter Planungs- und Steuerungstechniken.

Die von Woodward entwickelte Unterscheidung hat sich in zahlreichen empirischen Untersuchungen als relevanter Einflußfaktor erwiesen. Die entwickelte Typologie wurde von ihr jedoch im Rahmen weiterführender Arbeiten verfeinert, da zwischen den beiden Extremtypen Einzel- und Prozeßfertigung die Konsistenz von organisatorischer Strukturierung und Fertigungstechnologie nicht so hoch war.[104] Hierzu wurden die Anforderungen an den Produktionsprozeß durch die Erfassung der Varietät der Produktionsaufgabe bestimmt. Im Rahmen der Einzelfertigung ist der Varietätsgrad der Produktionsaufgabe am höchsten, die Prozeßfertigung wäre demnach durch den geringsten Grad der Varietät des Produktionsprogrammes gekennzeichnet.

*Indikator/Operationalisierung*

Die Operationalisierung von Technologie soll im Anschluß an die von Woodward ursprünglich vorgeschlagene Systematisierung vorgenommen werden. Zum einen weist ihre spätere Definition der „Varietät des Produktionsprogrammes" einen wesentlich engeren Bezug zur Messung der Dimension objektive Unsicherheit der Umweltbedingungen auf, als dies für die Seriengröße zutrifft. Die Möglichkeit der Abnehmer, bestimmte Eigenschaften der Produkte nach eigenen Anforderungen zu modifizieren, bedingt eine hohe Varietät des Produktionsprogrammes, die nur im Rahmen der Einzel- und Kleinserienfertigung bewältigt werden kann. Der Zusammenhang zwischen Seriengröße und Produktkomplexität ist dagegen, vor allem vor dem Hintergrund aktueller Bemühungen um die Modularisierung von Produkten, als weniger eng zu betrachten. In unserem Kontext ist zu berücksichtigen, daß Prozeßfertigung im Maschinenbau nicht vorkommt, so daß Einzel- und Massenfertigung die Extrempunkte des Kontinuums darstellen.

---

104 Was eben als Indiz betrieblicher Gestaltungsspielräume gewertet werden kann.

### 4.3.1.3. Organisationsgröße als Einflußfaktor der technisch-organisatorischen Gestaltung

Auch wenn die Existenz einer organisationstheoretischen Größenschule mit Recht bezweifelt werden kann (Freriks 1992), so wird Größe doch in zahlreichen Untersuchungen zum eigenständigen Untersuchungsgegenstand gemacht. Auf die empirischen Befunde zum Einfluß der Größe einer Organisation soll an dieser Stelle nicht eingegangen werden (vgl. hierzu Kimberly 1976 sowie Ostendorf/Schmid 1992), geht es doch vielmehr um die theoretische Diskussion der Dimension Organisationsgröße. Dazu ist insbesondere auf die älteren Arbeiten von Blau einzugehen, der in engem Bezug zu Webers Bürokratietheorie den Versuch unternahm, eine Theorie formaler Differenzierung zu entwickeln (Blau 1970).

Die Größe einer Organisation führt demnach zu struktureller Differenzierung. Auslöser dieser Differenzierungsprozesse ist der steigende Umfang von Aufgaben, die zu bewältigen sind. Mit der Größe nimmt dabei sowohl der Umfang an gleichartigen Aufgaben als auch der Umfang der ungleichartigen Aufgaben zu. Ein wachsender Umfang von gleichartigen Aufgaben ermöglicht insbesondere eine höhere Arbeitsteilung, da einzelne Stellen, sofern eine spezifische Aufgabe häufig genug anfällt, mit dieser ausgelastet werden können, und diese Aufgabe dann effizienter erledigt werden kann. Ein höherer Anteil gleichartiger Aufgaben ermöglicht in technischer Hinsicht eine stärkere Automatisierung, da infolge der Unteilbarkeit bestimmter technischer Investitionen die Wahrscheinlichkeit steigt, daß diese Produktionsmittel ausgelastet werden können. Blau hat sich allerdings insbesondere mit den Konsequenzen der Zunahme ungleichartiger Aufgaben beschäftigt.

Nach seiner Argumentation führt eine wachsende Zahl ungleichartiger Aufgaben zu struktureller Differenzierung, wobei es sich dabei nicht um einen linearen Zusammenhang handelt; je größer eine Organisation, desto wahrscheinlicher ist es, daß eine bestimmte Aufgabe bereits vorhanden ist, und es insofern nicht zu einer weiteren Differenzierung kommen muß. Eine wachsende Zahl ungleichartiger Aufgaben führt zudem zu einer größeren Notwendigkeit der Delegation von Kompetenzen, da ansonsten die Überlastung zentraler Instanzen die Folge wäre. Blau geht davon aus, daß es sich bei den beschriebenen Wirkungen der Organisationsgröße um einen eigenständigen Wirkungsfaktor handelt, der unabhängig von den bereits diskutierten (Umwelt, Technologie) wirksam ist. „Thus, the theory pays no attention to the influences of the technology employed, nor to those of the organization's environment. The assumption here is that such other influences may complement but do not suppress those of the factors incorporated in the theory, because these factors are of great general importance, and the empirical data available support this assumption." (Blau 1970: 203).

Bei der Betrachtung der Auswirkung von Größe auf die technisch-arbeitsorganisatorische Strukturierung ist nun insbesondere die Annahme Blaus relevant, daß die Strukturierung der Subeinheiten einer Organisation sich im Prinzip auf die gleiche Art und Weise erklären läßt: „...the subunits into which an organization is differentiated become internally differentiated in a parallel manner." (Blau 1970: 204).

Als ein solches organisatorisches Subsystem läßt sich die Produktion eines Betriebes betrachten. Mit steigender Größe, d.h. mit einer wachsenden Anzahl von Produktionsaufgaben wächst die Wahrscheinlichkeit der Ausdifferenzierung dieses Bereiches, d.h. der Herausbildung eigenständiger organisatorischer Einheiten, wie etwa Arbeitsvorbereitung oder Instandhaltung. Zugleich ist mit wachsender Größe von einer verstärkten Dezentralisierung von Kompetenzen auszugehen, d.h. die Steuerung des Produktionsprozesses erfolgt nicht mehr allein durch den Produktionsleiter, sondern wird von den ausdifferenzierten Abteilungen vorgenommen.[105] Insofern sinkt mit steigender Größe die Wahrscheinlichkeit, daß Planungs- und Steuerungskompetenzen in der Werkstatt verbleiben, m.a.W. Größe führt zur Stärkung der funktionalen Arbeitsteilung. Zugleich steigt auf personaler Ebene innerhalb der Werkstatt die Wahrscheinlichkeit für eine arbeitsteilige Gestaltung des Organisationsprozesses (fachliche Arbeitsteilung). In bezug auf den Einsatz bestimmter Produktionstechniken hat sich die Größe empirisch ebenfalls als zentrale Einflußvariable erwiesen (Hauptmanns et al. 1992), was insbesondere in Zusammenhang mit der besseren Auslastbarkeit der einzelnen technischen Einheiten und mit der Unteilbarkeit bestimmter Investitionen zu setzen ist.

*Indikator/Operationalisierung*

Die Operationalisierung des Einflußfaktors Größe soll im Anschluß an Blau über die Mitarbeiterzahl des Betriebes erfolgen. Grundsätzlich könnte argumentiert werden, daß die Mitarbeiterzahl in der Produktion einen geeigneteren Indikator darstellen würde, da dies im Rahmen der interessierenden Fragestellung die unmittelbare Bezugsgröße darstellen müßte. Da jedoch beide Variablen - die Mitarbeiterzahl des Betriebes und die Mitarbeiterzahl in

105 Aus der Sicht eines zunächst als homogen gedachten Sub-Systems Produktion mit zentralisierten Kompetenzen, die beim Produktionsleiter liegen, erscheinen die Ausdifferenzierung und die parallel verlaufende Delegation von Kompetenzen an andere Abteilungen als Dezentralisierung. In der aktuellen Diskussion um die Dezentralisierung von Kompetenzen im Rahmen von „neuen Produktionskonzepten" verbindet sich mit diesem Begriff dagegen die Rückverlagerung von Kompetenzen in die Werkstatt, was im Kontext der Theorie formaler Differenzierung jedoch als Schritt in Richtung auf die Zentralisierung von Befugnissen zu bewerten wäre. Zentralisierung und Dezentralisierung sind insofern relationale Begriffe, die der expliziten Definition eines Bezugssystems bedürfen.

der Produktion - in der vorliegenden Untersuchung fast perfekt miteinander korrelieren ($r = 0{,}98$, $p = 0{,}0000$), kann hierauf verzichtet werden.[106]

### 4.3.2. Theoretische Weiterungen

#### 4.3.2.1. Abhängigkeit: Die Umwelt als Quelle knapper Ressourcen

Eine Reihe von Autoren hat nicht die Unsicherheit der Umwelt in den Vordergrund ihrer Betrachtungen gestellt, sondern die Bedeutung der Umwelt für die organisatorische Strukturierung aus einem anderen Blickwinkel diskutiert. Die Umwelt einer Organisation wird von ihnen als Quelle knapper Ressourcen betrachtet, um die Unternehmen resp. Betriebe konkurrieren. Dies sind beispielsweise Personal, Informationen, Produkte und Kapital. Organisationen sind demnach bestrebt, eine möglichst große Unabhängigkeit von ihrer Umwelt zu erreichen, was ihnen gelingt, wenn sie über wichtige strategische Ressourcen verfügen, sie diese kontrollieren können, oder aber alternative Möglichkeiten der Beschaffung dieser Ressourcen bestehen (Blau 1964). Ist eine Organisation nur in geringem Maße abhängig von ihrer Umwelt, bedeutet dies, daß die Chance zur innerorganisatorischen Strukturierung wächst und die Möglichkeit besteht, Abläufe in stärkerem Maß zu formalisieren sowie zentrale Entscheidungsmechanismen zu implementieren. Strategien, Abhängigkeit von der Umwelt zu reduzieren, sind beispielsweise organisatorisches Wachstum, aber auch die Stabilisierung der Beziehungen zur Umwelt, d.h. vor allem zu anderen Organisationen. Wachstum ermöglicht insofern eine Reduktion der Umweltabhängigkeit, als mit zunehmender Größe einer Organisation die Chance wächst, direkt auf die Umwelt einzuwirken, d.h. Macht auszuüben. Dies soll an dieser Stelle nicht weiter vertieft werden, da hier von besonderem Interesse die Betrachtungen und Schlußfolgerungen des Ressourcenabhängigkeitsansatzes zur Reduktion der Umweltabhängigkeit durch kooperative Strategien, die auf die Stabilisierung des Verhältnisses zu anderen Organisationen zielen, sind.

In diesem Zusammenhang unterscheiden etwa Pfeffer/Salancik (1978) die Formen Joint Ventures, Netzwerke auf personaler Ebene, aber auch die Bildung von Kartellen. Als Bestimmungsfaktor der Kooperationsbereitschaft wird dabei die Wettbewerbs- bzw. Konkurrenzsituation betrachtet. Ein mittleres Maß der Wettbewerbsintensität führt mit höchster Wahrscheinlichkeit zur „Kooperation als Strategie" (Domeyer/Funder 1991), während unter den Bedingungen atomistischer oder monopolistischer Marktsituationen die

---

106 Zur Problematik der Operationalisierung von Größe auf der Basis rein quantitativer Indikatoren vgl. Kayser/Schwarting (1981). Alternative quantitative Operationalisierungen von Größe finden sich in Ostendorf/Schmid (1992).

Etablierung kooperativer Beziehungen zu anderen Organisationen als weniger wahrscheinlich anzunehmen ist. Zwischen der Kooperationswahrscheinlichkeit und der Wettbewerbsintensität besteht also ein umgekehrt U-förmiger Verlauf (vgl. Belzer 1993: 105). Die Verfolgung kooperativer Strategien bleibt jedoch nicht konsequenzenlos für die innerbetriebliche Organisation, da sie in der Tendenz zu einem erhöhten Bedarf interner Koordination und Kontrolle führt: „...organizations with more joint programs, and thus with a higher degree of dependence on their environment, are more complex organizations (have a more professionalized and diversified occupational structure); [...] these organizations have slightly less centralized decision-making structures; are more innovative; have more active internal communication channels, and tend to be slightly less formalized than organizations with few joint programs." (Aldrich/Mindlin 1978: 158). Folge einer größeren Umweltabhängigkeit ist also ein geringeres Maß organisatorischer Formalisierung und Zentralisierung bei stärkerer Außenorientierung.

Bei der Analyse der Situation der Betriebe in den neuen Bundesländern ist der Ressourcenabhängigkeitsansatz insofern fruchtbar, als die Fähigkeit zur Bewältigung des Transformationsprozesses implizit von zahlreichen Autoren mit der Verfügbarkeit von Ressourcen in Verbindung gebracht wurde. Dies heißt jedoch, in der Betrachtung noch einmal einen Schritt zurückzugehen, und den Versuch zu unternehmen, eine Differenzierung der Betriebe hinsichtlich der realen Verfügbarkeit von Ressourcen vorzunehmen, ein Versuch, der von der Idee her offenbar auch den in Kapitel 3.3.3. vorgestellten Typisierungsversuchen zugrunde liegt.

Die an West-Investoren privatisierten Betriebe verfügen demnach eher über die notwendigen Mittel, die für ein Überleben der Organisation geeigneten Restrukturierungsmaßnahmen durchzuführen. Es wird angenommen, daß in ausreichendem Maße Kapital für die Modernisierung des Produktionsapparates vorhanden ist, ebenso Kenntnisse über Märkte, Technik, Organisation, und schließlich könne auch auf andere Ressourcen des Investors zurückgegriffen werden, beispielsweise auf funktionierende Vertriebswege, auf F&E-Kapazitäten u.ä. West-Übernahmen sind also weniger abhängig von ihrer Umwelt. Für Betriebe, die sich in ostdeutschem Eigentum befinden, ist dagegen anzunehmen, daß sie a priori über weniger Ressourcen verfügen. Hier handelt es sich entweder um reprivatisierte Betriebe, um Betriebe, die durch MBO/MBI privatisiert wurden, oder aber um originäre Neugründungen.[107] Insgesamt werden diesen Betrieben deutlich schlechtere Entwicklungschancen attestiert.[108]. Die Ausstattung mit finanziellen Ressourcen wird hier in der Regel deutlich schlechter sein, ebenso die Kenntnisse

107 Eine Übersicht über unterschiedliche Formen des Management-Buy-Out geben Hoffmann/Ramke (1990).

108 Zu einer abweichenden Einschätzung vgl. Hogrebe/Krüger (1993).

über die Marktsituation und das allgemeine Umfeld. Zudem wurde eine Vielzahl von MBO mit dem Motiv der Erhaltung des Unternehmensbestandes und somit der Arbeitsplätze in einer relativ kritischen wirtschaftlichen Situation (aus-) gegründet, in der die Betriebe weder ausreichende Erträge aus der bestehenden Produktpalette hatten noch in ihrer Marktposition stabilisiert waren (Dreher/Michler o.J.: 41). Solche Betriebe sind in erhöhtem Maß dazu gezwungen, sich die verfügbaren Ressourcen zu beschaffen, indem sie beispielsweise Kooperationen mit anderen Betrieben eingehen.[109]

Zusammenfassend lassen sich die Annahmen des Ressourcenabhängigkeitsansatzes somit wie folgt formulieren: in je geringerem Maße ein Betrieb über notwendige Ressourcen verfügt, desto eher wird er versuchen, sich diese anderweitig, etwa durch zwischenbetriebliche Kooperationen, zu beschaffen. Betriebe mit vergleichsweise knappen Ressourcen sollten also eine höhere Kooperationsbereitschaft aufweisen. Zugleich sollten Betriebe mit höherer Kooperationsintensität innovativer und weniger arbeitsteilig organisiert sein. In bezug auf die technische Ausstattung könnte die Ressourcenknappheit (Kapitalmangel) zu einer tendenziell geringeren Ausstattung mit modernen (computergestützten) Produktionstechniken führen. Es wäre demnach zu erwarten, daß c.p. ostdeutsche Betriebe häufiger kooperieren als westdeutsche; unter den ostdeutschen Betrieben sollten diejenigen eine größere Kooperationsbereitschaft aufweisen, die nicht auf die Unterstützung westdeutscher Investoren zurückgreifen können. Damit verbunden wären dann jeweils die oben beschriebenen Konsequenzen.

*Indikator/Operationalisierung*

Als Indikatoren der Ressourcenverfügbarkeit können die regionale Zuordnung der Betriebe sowie die Eigentumsverhältnisse herangezogen werden. Als zusätzliches Kriterium kann die Einbindung in Unternehmens- bzw. Konzernstrukturen - als funktionales Äquivalent von Größe (und somit betrieblichen Ressourcen) - betrachtet werden. Betriebe, die zu einem Unternehmen bzw. Konzern gehören, sind eher in der Lage, auf strategische Ressourcen anderer Betriebe zurückzugreifen, die zum selben Unternehmen gehören: es besteht für sie also in geringerem Maße die Notwendigkeit, sich Ressourcen durch Kooperation mit anderen Betrieben bzw. Unternehmen zu beschaffen.

---

109 Den Erfolg einer solchen Strategie dokumentiert beispielsweise die vergleichsweise positivere Entwicklung derjenigen MBO-Betriebe, denen es gelang, sich diese Ressourcen z.B. durch Kooperation mit westlichen Betrieben zu erschließen (Dreher/Michler o.J.).

#### 4.3.2.2. Pfadabhängigkeit

Unter dem Stichwort der Pfadabhängigkeit wird der Einfluß zurückliegender Rationalisierungsentscheidungen auf die künftige Entwicklung thematisiert. Entscheidungen für eine bestimmte technisch-organisatorische Gestaltung, so die Annahme, reduzieren dabei systematisch zukünftige Gestaltungsspielräume, da technische Investitionen kurzfristig irreversibel sind, und die Etablierung neuer organisatorischer Gestaltungsformen in der Regel sowohl hohe reale Kosten, z.B. bei der Einrichtung neuer Abteilungen oder für die Schulung von Mitarbeitern, als auch hohe Koordinations- und Kontrollkosten nach sich zieht. Betriebe tendieren daher zur Beibehaltung eines einmal eingeschlagenen Rationalisierungspfades, sofern nicht sehr sichere Prognosen über die wirtschaftliche Vorteilhaftigkeit alternativer Gestaltungsformen vorliegen.[110] Vor dem Hintergrund dieses tendenziellen betrieblichen Strukturkonservatismus wäre zu überprüfen, ob sich die ostdeutschen Altbetriebe unter sonst gleichen Bedingungen von den neugegründeten unterscheiden. In technischer Hinsicht haben diese Betriebe, wie in Abschnitt 3.3.2.2. beschrieben, offenbar noch erhebliche „Altlasten" zu bewältigen, während die neugegründeten Betriebe durch den kompletten Neuaufbau ihres Produktionsapparates demgegenüber modernere Ausstattung anschaffen konnten, andererseits aber, vor allem wenn sie nicht auf die finanzielle Stützung durch Investoren zurückgreifen können, in besonderer Weise mit dem Problem eines Mangels an notwendigem Kapital konfrontiert waren. In bezug auf die arbeitsorganisatorische Strukturierung sind die neugegründeten Betriebe außerdem nicht mit dem Problem der Rigidität bestehender Organisationsstrukuturen konfrontiert.[111] Allerdings wurde in verschiedenen Analysen anschaulich herausgearbeitet, daß insbesondere die erste Phase des Transformationsprozesses in den Altbetrieben durch eine umfassende „Logik ökonomischer Sachzwänge" gekennzeichnet war, und eine eigenständige Interessenartikulation der Beschäftigten auch in ihrer Selbstsicht als nicht legitim betrachtet wurde (Lakemann et al. 1994). Zudem mußten sich handlungsfähige Interessenvertretungen in den Betrieben erst neu entwickeln (vgl. Wiesenthal 1993). Falls jedoch die eingespielten organisatorischen Strukturen in den Betrieben weitgehend persistent gegenüber dem umfassenden Wandel betrieblicher Handlungsbedingungen sein sollten, wäre zu erwarten, daß die

---

110 Zu Beharrungstendenzen arbeitsorganisatorischer Gestaltungsformen auch bei sich wandelnden Umweltanforderungen vgl. Ostendorf/Saurwein (1996).

111 Dies veranschaulichen Beispiele aus anderen Branchen; so setzte etwa Opel beim Neuaufbau der Produktion in Eisenach konsequent auf die Realisierung eines „schlanken" Organisationskonzeptes, während in den Zweigbetrieben des Konzerns in den alten Bundesländern jede organisatorische Neuerung mit den Arbeitnehmervertretern ausgehandelt werden muß.

Altbetriebe im Vergleich zu den neugegründeten arbeitsteiliger organisiert sein und tendenziell zentralistischere Steuerungskonzepte verfolgen müßten.

*Indikator/Operationalisierung*

Im NIFA-Panel wurde speziell für die ostdeutschen Betriebe erfaßt, in welchem Jahr sie gegründet resp. privatisiert wurden. Für die (wenigen) noch nicht privatisierten Treuhandbetriebe ist davon auszugehen, daß es sich um Betriebe handelt, die bereits zu DDR Zeiten - wenngleich möglicherweise in unterschiedlicher Form - bestanden. Für die übrigen Betriebe wird entsprechend ihrer Angaben eine neue Variable „Betriebsstatus" gebildet, die die Ausprägungen „Altbetrieb" und „Neugründung" haben kann.

### 4.3.3. Technikeinsatz als Einflußfaktor arbeitsorganisatorischer Gestaltung

Im Rahmen der bisherigen Überlegungen wurden Einflußfaktoren arbeitsorganisatorischer und/oder technischer Gestaltung diskutiert. Im folgenden soll demgegenüber dargestellt werden, inwieweit der Einsatz computergestützter Techniken einen eigenständigen Einfluß auf die organisatorische Gestaltung des Produktionsprozesses ausübt. Auch wenn, wie die Arbeiten zur Entkoppelung von Produktions- und Arbeitsprozeß (Springer 1987) zeigen, der Einsatz computergestützter Techniken prinzipiell große Gestaltungsspielräume für die arbeitsorganisatorische Gestaltung eröffnet, Technik Arbeitsorganisation also nicht determiniert, so gibt es doch eine Reihe von Indizien dafür, daß mit der Computerunterstützung bestimmter Aufgaben im Vergleich zum Einsatz konventioneller Maschinen und Systeme tendenziell eine Veränderung der Aufgabenbereiche einhergeht. Hier ist prinzipiell zu unterscheiden zwischen den Auswirkungen des Einsatzes computergestützter Produktionstechniken einerseits und den Auswirkungen des Einsatzes computergestützter Planungs-, Steuerungs- und Kontrolltechniken andererseits.

Diese Unterscheidung bietet sich an, da unterschiedliche Dimensionen der Arbeitsteilung berührt werden. Der Einsatz computergestützter Produktions- resp. Fertigungstechniken tangiert eher die Arbeitsgestaltung innerhalb der Werkstatt, während der Einsatz computergestützer Planungs- und Steuerungstechniken die Arbeitsteilung zwischen der Werkstatt/Produktion und Bürobereichen berührt.

**Der Einsatz computergestützter Fertigungstechniken**

Im Hinblick auf die Wirkungen des Einsatzes computergestützter Produktions-/Fertigungstechniken auf die arbeitsorganisatorische Gestaltung - und zwar sowohl hinsichtlich des Einsatzes einfacher CNC-Maschinen als auch in bezug auf komplexere Mehr-Maschinensysteme - ist davon auszugehen, daß die derzeitig am Markt verfügbare Technikgeneration für die innerbetriebliche Arbeitsgestaltung ungleich mehr arbeitsorganisatorische Wahlfreiheiten beläßt als frühere Technikgenerationen.[112] Anders als bei der NC-Technik und den ersten Generationen von CNC-Maschinen ist beispielsweise die Programmierung in der Werkstatt oder sogar durch den Maschinenbediener, die in bezug auf die qualifikatorischen Konsequenzen der C-Techniken als neuralgischer Punkt betrachtet wurde, durch neuere Entwicklungen im Bereich der Softwaretechnik kein Problem mehr, wodurch der Rückgriff auf das „Erfahrungswissen“ der Beschäftigten, das für den effizienten Einsatz computergestützter Fertigungs- und Produktionstechniken offenbar notwendig ist (Böhle/Rose 1992), möglich wurde. Es kommt also nicht notwendigerweise zu einer Reduktion des Aufgabenspektrums der Beschäftigten, indem hochqualifizierte Tätigkeiten ihrem Zuständigkeitsbereich entzogen werden (müssen) und sie in der Folge nur noch zur Verrichtung einfacher, unmittelbar maschinenbezogener Aufgaben herangezogen werden.

Der vielfach befürchtete negative Einfluß des Einsatzes computergestützter Techniken auf das Qualifikationsprofil der Arbeitsplätze der Maschinenbediener - und somit langfristig auch auf die Qualifikationsstruktur der Beschäftigten - ist also nicht eingetreten. So konstatieren etwa Kern/Schumann (1990: 207): „Die Maschinenfacharbeiter bringen die Konfrontation mit der [...] CNC-Technologie durchaus in einen sehr grundsätzlichen Zusammenhang mit dem Zuschnitt ihrer Arbeit und ihres Berufs. Der Wandel bedeutet für sie den ersten Schritt vom Nur-Empiriker zum Auch-Theoretiker.“ Insofern ist nicht davon auszugehen, daß sich das Aufgabenspektrum der Maschinenbediener durch den Einsatz von CNC-Technologie per se verringert; allerdings kann die höhere technische Komplexität der Maschinen dazu führen, daß ein Teil der Aufgaben, die im Bereich der konventionellen Produktion von den Maschinenbedienern in größerem Umfang selbst wahrgenommen werden, beim Einsatz computergestützter Techniken eher von betriebsin- oder -externen Spezialisten übernommen werden, was insbesondere für den Bereich der Wartung und Instandsetzung zu erwarten ist, da die Entwicklung von Hilfsmitteln in diesem Bereich noch in den Anfängen steckt (vgl. Konradt et al. 1996; Gude et al. 1996).

---

112 Zur Entwicklung der NC-/CNC-Technik vgl. etwa Hirsch-Kreinsen (1989).

Dies gilt - in verschärfter Form - auch für komplexere Mehr-Maschinen-Systeme[113], wobei allerdings darauf hinzuweisen ist, daß aufgrund des Produktionsprogrammes der Branche insgesamt nur wenig Einsatzmöglichkeiten für diese komplexen Systeme bestehen, da sie vor allem im Bereich der Produktion weitgehend standardisierter Produkte effizient einsetzbar sind.

*Indikator/Operationalisierung*

Ein Indikator für den Einsatz computergestützter Techniken in der Fertigung ist die generelle Charakterisierung des Technikeinsatzniveaus, das zudem einen guten Anhaltspunkt für das Ausmaß der innerbetrieblichen Diffusion des Technikeinsatzes bietet.[114]

**Der Einsatz von Planungs-, Steuerungs- und Kontrolltechniken**

Insbesondere die ersten Generationen computergestützter Produktions- und Steuerungstechniken waren wenig auf die bestehenden organisatorischen Strukturen in den Betrieben zugeschnitten und vor allem auch nur mit hohem Aufwand anpassungsfähig.[115] Die in den 80er Jahren konstatierte Existenz einer Vielzahl von CIM- resp. PPS-„Ruinen" in den Maschinenbaubetrieben war beredtes Beispiel (Hildebrandt/Seltz 1989) des Auseinanderklaffens von technischer und organisatorischer Dimension: „Weil man kaum einmal die organisatorischen Strukturen zugunsten des PPS-Einsatzes überdachte, waren entweder dessen Effektivität fraglich oder aber hohe Folgekosten für diese 'ewige Baustelle' zu tragen." (Schmidt-Dilcher/Minssen 1996: 111). Mit fortschreitender technischer Entwicklung, zunehmender Leistungsfähigkeit der eingesetzten Systeme, die z.B. den Einsatz eher dezentralerer Systeme wie Personalcomputer erlaubt, wo vorher die Rechenkapazität einer Workstation oder eines Großrechners gefordert war, und vor allem durch die erhöhte Anpassungsfähigkeit der Systeme ist prinzipiell immer weniger die Notwendigkeit gegeben, organisatorische Konsequenzen aus dem Einsatz rechnergestützter Systeme zu ziehen. Die Anfang der 90er Jahre zu beob-

113 So kommen Fix-Sterz et al. (1986: 379) bei ihrer Analyse der Arbeitsorganisation an Flexiblen Fertigungsystemen zu der Schlußfolgerung: „Die Wahl der Arbeitsorganisation, insbesondere der Grad der Arbeitsteiligkeit am System, wird weniger von fertigungstechnischen Sachzwängen als von traditionellen Strukturen in den Unternehmen beeinflußt". Für diese Interpretation spricht auch ein systematischer Vergleich des Aufgabenspektrums von Maschinenbedienern an einfunktionalen NC-/CNC-Maschinen und des Bedienpersonals komplexer Mehrmaschinensysteme (vgl. Ostendorf/Seitz 1992).

114 Ein Überblick über den Einsatz spezifischer computergestützter Fertigungstechniken erfolgt auf der Basis der 1993 in den neuen Bundesländern durchgeführten Erhebung, vgl. hierzu Kapitel 5.2.

115 Eine Systematisierung unterschiedlicher Anbietertypen von PPS-Systemen im Hinblick auf verfolgte Systemarchitekturen nehmen Bergstermann/Manz (1992) vor.

achtende Modernisierungswelle im Bereich PPS zeigt jedoch, daß hier für viele Betriebe nach wie vor ungelöste Probleme bestehen (Schmidt-Dilcher/ Minssen: a.a.O.), die sie durch die Anschaffung eines neuen oder die Modernisierung des alten PPS-Systems nicht beseitigen können. Daher soll hier kurz skizziert werden, welcher Problematik sich die Betriebe im Bereich der Produktionsplanung und -steuerung gegenübersehen, und welche Zielsetzung sich mit dem Einsatz von PPS-Systemen verbindet.

Die dezentrale Verortung von Planungs- und Steuerungskompetenzen, wie sie im Falle einer stark auf Kundenwünsche ausgerichteten Einzel- und Kleinserienfertigung nahezu unvermeidlich ist, birgt aus Sicht der Gesamtorganisation generell ein nicht unerhebliches Risiko, da Entscheidungen, die dezentral getroffen werden, sich auf viele Betriebsbereiche auswirken, ohne daß der oder die Entscheider „vor Ort“ die Folgen der getroffenen Entscheidung auf andere Bereiche in ausreichendem Ausmaß abschätzen könnten. Der Einsatz computergestützter Produktionsplanungs- und -steuerungstechniken versprach dagegen, vor allem in Verbindung mit der Implementation von BDE/MDE-Techniken eine bessere Planbarkeit von Abläufen durch ihre informationstechnische Abbildung. Der Einsatz solcher Techniken dient also vor allem der Risikominimierung. „Auf der Rationalisierungsebene „Gesamtprozeß“ kommt gerade im Maschinenbau mit seinen vormals oft „chaotischen“ Verhältnissen der „Meisterwirtschaft“ dem Einsatz von PPS-Systemen besondere Bedeutung zu. Sie steigern deutlich die Planungs- und Steuerungspotentiale für das betriebliche Management und können in ihren Auswirkungen in gewisser Hinsicht als Substitut für tayloristische Rationalisierungsstrategien betrachtet werden, indem sie nicht, wie diese, die einzelnen Arbeitsprozesse en détail, dafür aber um so wirksamer die übergreifenden Prozeßabläufe zunehmend kontrollierbar machen.“ (Hirsch-Kreinsen/ Wolf 1987: 183).

Auch bei prinzipieller Gestaltungsfreiheit und Anpaßbarkeit des technischen Systems an organisatorische Abläufe ist daher im Prinzip zu unterstellen, daß eine solche Risikominimierung ein generelles Ziel des Einsatzes von Produktionsplanungs- und Steuerungstechniken ist. Hinzu kommt die „normative Kraft des Faktischen“: allein dadurch, daß bestimmte Funktionen angeboten werden, besteht ein Anreiz zu ihrer Nutzung. Da der Zugang zu den betrieblichen EDV-Systemen in vielen Betrieben nach wie vor für die Bürobeschäftigten leichter ist als für das Werkstattpersonal, führt der Einsatz computergestützter PPS-Systeme zu einer tendenziellen Zentralisierung von Kompetenzen in diesen Bereichen, in der Regel in der Arbeitsvorbereitung (oder bei der Betriebsleitung). Dabei ist davon auszugehen, daß dies umso wahrscheinlicher wird, desto weniger benutzerfreundlich die eingesetzten technischen Systeme sind. Dies ist für Großrechnertechnologie eher zu unterstellen als im Falle von Personalcomputern, die in verstärktem Maße zur Unterstützung betrieblicher Planungsfunktionen eingesetzt werden.

*Indikator/Operationalisierung*

Für insgesamt neun betriebliche (Rahmen-) Planungsfunktionen wurde erfaßt, ob sie informationstechnisch unterstützt wurden, und wenn ja, durch welche Rechnertechnik (Großrechner/Workstation/Personalcomputer). Diese Informationen sind in geeigneter Weise zu aggregieren (vgl. Abschnitt 5.2.2.3.), um zu überprüfen, ob der Einsatz bestimmter Rechnersysteme sich auf die Verortung dieser Planungskompetenzen auswirkt.

**Informationstechnische Integration**

Auch wenn die allgemeine Diskussion um die Realisierung computerintegrierter Fertigungsstrukturen (CIM) seit Beginn der neunziger Jahre weitgehend zum Erliegen gekommen ist[116] und eine Konzentration auf die organisatorische Restrukturierung erfolgte, so ist doch von der Realisierung einer informationstechnischen Vernetzung unterschiedlicher betrieblicher Funktionsbereiche ein nachhaltiger Einfluß auf die innerbetriebliche Arbeitsorganisation zu erwarten. Als wesentliche Integrationslinien sind hier, neben der Verknüpfung der bereits diskutierten Bereiche CAM und CAP/PPS, die informationstechnische Verbindung mit den produktionsvor- und nachgelagerten Bereichen, insbesondere Konstruktion (CAD) und Qualitätssicherung (CAQ), zu nennen. Ähnlich wie im Falle von PPS-Systemen ist mit der Realisierung solcher informationstechnischen Vernetzungen nicht a priori eine bestimmte Form der arbeitsorganisatorischen Gestaltung verbunden, im Gegenteil „...zeigt sich, daß mit ein und derselben technischen Entwicklungslinie sehr unterschiedliche Bedingungen und Spielräume korrelieren können“ (Hirsch-Kreinsen 1987: 62). Dabei ergeben sich die unterschiedlichen Gestaltungsspielräume zwar nicht allein aus den unterschiedlichen technischen Spezifikationen der eingesetzten Systeme, aber dennoch werden mit bestimmten Technikkomponenten zugleich „arbeitsorganisatorische Grundstukturen“ transportiert (ebd.). Hirsch-Kreinsen entwirft daher (mit Ausnahme des CAM-Bereiches, dessen Gestaltung er für arbeitsorganisatorisch offen hält) für jede der genannten Entwicklungslinien rechnerintegrierter Produktion alternative Entwicklungspfade, wobei er jeweils eher zentralistische Gestaltungsvarianten, die z.B. im Bereich der CAD/CAM-Koppelung die Ansiedlung wesentlicher Programmierkompetenzen im Büro vorsehen, von eher dezentralen Konzepten unterscheidet, die lediglich auf die Generierung von Rahmendaten zielen und eher werkstattorientiert sind.

116 So konstatiert etwa Wittke (1995: 724): „Insgesamt erleben wir eine Wiederentdeckung des Faktors Mensch in betrieblichen Reorganisationskonzepten, was schon allein durch den Themenwechsel deutlich wird: Heute stehen nicht mehr die Indstrieroboter im Mittelpunkt.“.

*Indikator/Operationalisierung*

Zur Erfassung der innerbetrieblich insgesamt realisierten computertechnischen Unterstützung betrieblicher Funktionen wird ein Gesamtindikator gebildet, der eine Klassifikation der Betriebe dahingehend erlaubt, ob sie ein geringes, mittleres oder hohes Technisierungsniveau erreicht haben.[117]

117 Dies erfolgt auf der Basis von insgesamt 22 betrieblichen Funktionen, für die erfaßt wird, ob sie konkret im Betrieb durch computergestützte Techniken unterstützt werden. Dieses Vorgehen hat zudem den Vorteil, daß die Klassifizierung der Betriebe aufgrund der tatsächlichen Nutzung computergestützter Techniken und Systeme erfolgt, und nicht aufgrund des Vorhandenseins im Betrieb.

# 5. Konturen eines ostdeutschen Produktionsmodells: Technik und Arbeit im Ost-West-Vergleich

Bevor es um die Darstellung und Analyse technisch-arbeitsorganisatorischer Strukturen im Ost-West-Vergleich und die Herausarbeitung der Konturen eines ostdeutschen Produktionsmodells geht, soll die empirische Verteilung der im vorangegangenen Kapitel diskutierten Einflußfaktoren beschrieben werden. Die ausführliche Deskription der verschiedenen Merkmale trägt dabei auch dem Umstand Rechnung, daß bisher kaum valide quantitative Informationen zu diesen Bereichen vorliegen. Im Anschluß daran werden Formen des betrieblichen Technikeinsatzes (Kapitel 5.2.) und Gestaltungsmerkmale der inner- und zwischenbetrieblichen Arbeitsorganisation (Kapitel 5.3.) analysiert.

## 5.1. Betriebs- und produktionsstrukturelle Merkmale

### 5.1.1. Betriebsgröße

Die Betriebsgröße ist, wie ausgeführt, aus theoretischer Sicht eine der zentralen Einflußvariablen der technisch-arbeitsorganisatorischen Gestaltung des Produktionsprozesses, was auch empirisch als umfassend bestätigt betrachtet werden kann. Daher soll an dieser Stelle die Betriebsgrößenstruktur in Ost und West noch einmal kurz dargestellt werden. Wie in Kapitel 4.1. erläutert, bestanden in Folge der Definition der Grundgesamtheit im Rahmen der 94er Erhebung des NIFA-Panels hinsichtlich der Berücksichtigung der kleinen Betriebe (mit weniger als 20 Beschäftigten) strukturelle Unterschiede zwischen dem Vorgehen in Ost und West. Um diese Unterschiede aufzufangen und zugleich Probleme bei der Ergebnisinterpretation für diese Gruppe von Betrieben zu umgehen,[118] werden im folgenden lediglich Betriebe mit mehr als 20 Beschäftigten in die Auswertungen einbezogen.[119] Folgende Ta-

118 Vgl. Abschnitt 4.1.1.

119 Dies entspricht im Prinzip einer Eingrenzung der Grundgesamtheit auf die in der Adreßdatei der BfA enthaltenen Betriebe.

belle zeigt die Verteilung der Betriebe auf die unterschiedlichen Betriebsgrößenklassen.[120]

*Tabelle 4: Betriebsgrößenklassenverteilung im Ost-West-Vergleich (1994)*

| | Region | | | |
|---|---|---|---|---|
| | NBL | | ABL | |
| | Col % | Count | Col % | Count |
| Mitarbeiterzahl | | | | |
| 20-49 | 44,2 % | 115 | 36,6 % | 531 |
| 50-99 | 24,6 % | 64 | 23,9 % | 347 |
| 100-199 | 15,8 % | 41 | 18,3 % | 266 |
| 200 u.m. | 15,4 % | 40 | 21,2 % | 307 |

Es wird deutlich, daß nach Abschluß des Entflechtungs- und Privatisierungsprozesses in den neuen Bundesländern der Anteil kleiner Betriebe (20-49 Beschäftigte) mit fast 45% deutlich über dem Anteil dieser Betriebsgrößenklasse in den alten Bundesländern liegt (36,6%). Die durchschnittliche Mitarbeiterzahl pro Betrieb liegt in der Stichprobe somit bei den ostdeutschen Maschinenbaubetrieben bei lediglich 134, während die westdeutschen Betriebe durchschnittlich 187 Mitarbeiter beschäftigen.

### 5.1.2. Produktspektrum

Wesentliche Restriktionen für die Gestaltung des Produktionsprozesses ergeben sich für die Betriebe aus dem Produktspektrum und der Fertigungstechnologie. Im folgenden wird zunächst die Struktur des Produktionsprogrammes als Indikator der innerbetrieblich zu bewältigenden Umweltunsicherheit dargestellt.

Während der DDR-Maschinenbau überwiegend Standarderzeugnisse in Groß- und Massenserien produzierte, stellt sich die Situation im Jahr 1994 deutlich anders dar. Im Durchschnitt der Betriebe werden in den neuen Bundesländern knapp 70% der Produkte nach Kundenspezifikation und -bestellung gefertigt (Westdeutschland 52%), 20,6% der in Ostdeutschland gefertigten Produkte sind Erzeugnisse nach standardisiertem Grundprogramm mit vom Kunden vorgebbaren Varianten und lediglich 10% der Erzeugnisse sind im Durchschnitt der ostdeutschen Betriebe Standardprodukte. In den westdeutschen Betrieben liegt der Anteil der Variantenfertigung dagegen im Durchschnitt bei gut 30%, der Anteil der Standarderzeugnisse bei 20%.

Verdichtet man diese Informationen zu einem Indikator des Standardisierungsgrades der Erzeugnisse, so ist bei über 70% der befragten ostdeutschen Betriebe von einer nur geringen Standardisierung des Produktspek-

120 Die Größenklassenabgrenzung wurde dabei, wie bereits erläutert, primär unter dem Gesichtspunkt der Konstituierung auswertbarer Gruppengrößen gewählt.

trums auszugehen (Abbildung 8),[121] diese Betriebe fertigen also den überwiegenden Teil ihrer Produkte nach speziellen Kundenwünschen.

*Abbildung 8: Standardisierungsgrad des Produktspektrums im Ost-West-Vergleich (1994)*

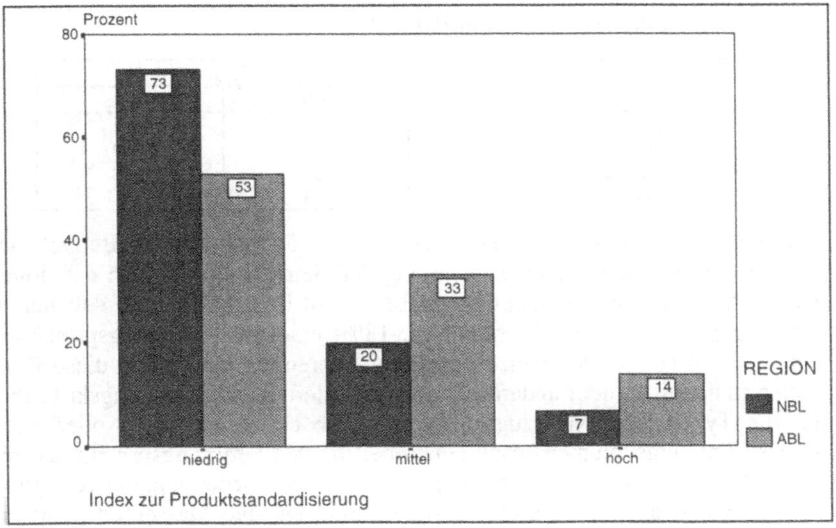


Dies bedeutet, daß die Mehrzahl der ostdeutschen Betriebe mit einer hohen Unsicherheit hinsichlich der Art der anfallenden Produktionsaufgaben konfrontiert ist, was wiederum eine geringe Planungssicherheit hinsichtlich der Produktionsabläufe zur Folge hat.

Von der Annahme ausgehend, daß ein Mindestmaß von Umweltsicherheit Voraussetzung für die Ausdifferenzierung des Subsystems Produktion, d.h. die Herausbildung einer Funktionsspezialisierung, ist, wäre insofern zu erwarten, daß in den ostdeutschen Betrieben eine Vielzahl von Kompetenzen in der Werkstatt angesiedelt ist und auf der Ebene der Arbeitsplätze ein relativ umfassendes Aufgabenspektrum realisiert wird.

### 5.1.3. Fertigungstechnologie/Seriengröße

Der Anteil der Unikatproduktion liegt bei den ostdeutschen Betrieben bei durchschnittlich 42,5%, während er im Durchschnitt der westdeutschen Betriebe lediglich ein gutes Drittel ausmacht (Tabelle 5). Dementsprechend liegt der durchschnittliche Anteil der Kleinserienfertigung, aber auch der

121 Zur Operationalisierung vgl. Ostendorf/Schmid (1992).

Mittel- und Großserienfertigung in den alten Bundesländern über dem in den neuen Bundesländern durchschnittlich realisierten Anteil. Die Massenfertigung ist in den ost- und westdeutschen Betrieben mit einem Anteil von jeweils ca. 2% gleichermaßen bedeutungslos.

*Tabelle 5: Fertigungsarten im Ost-West-Vergleich (1994; Durchschnittlicher Anteil in %)*

| | Region | |
|---|---|---|
| | NBL | ABL |
| Unikatfertigung | 42,5 | 34,1 |
| Einzel- / Kleinserienfertigung | 42,1 | 47,4 |
| Mittel- / Großserienfertigung | 13,0 | 16,8 |
| Massenfertigung | 2,3 | 1,8 |

Für die weitere Analyse erscheint es sinnvoll, ähnlich wie im Bereich der Kundenanforderungen, eine Typisierung der Betriebe hinsichtlich der dominanten Seriengröße vorzunehmen. Dabei ist zu berücksichtigen, daß nur in einem geringen Teil der Betriebe (ca. 18%) eines der Fertigungsprinzipien einen Anteil von 100% erreicht. In allen anderen Betrieben sind diese Prinzipien in der einen oder anderen Form kombiniert. Als Abgrenzungskriterium für die Typisierung wird zugrunde gelegt, ob ein Betrieb 50% oder mehr seines Fertigungsvolumens nach einem bestimmten Fertigungsprinzip organisiert. Dabei kann vor dem Hintergrund der geringen Bedeutung der Kategorie 'Massenfertigung' diese vorab mit der Großserien- und Massenfertigung zusammengefaßt werden (vgl. Kapitel 5.2.2.).

### 5.1.4. Einbindung in Unternehmensstrukturen

Zur Beurteilung der Handlungsautonomie von Betrieben und zur Einschätzung ihres Ressourcenpotentials kann als zusätzlicher Indikator die Information herangezogen werden, ob der Betrieb in einen umfassenderen Unternehmensverbund integriert ist. Differenziert nach ost- und westdeutschen Betrieben zeigt sich, daß die Betriebe in den neuen Bundesländern, mit Ausnahme der Kleinbetriebe mit weniger als 50 Beschäftigten, in geringerem Umfang in Unternehmensverbünde integriert sind. Dies gilt insbesondere für die größeren Betriebe mit 100 bzw. 200 und mehr Mitarbeitern. Von ihnen sind jeweils nur gut 30 bzw. 50% der ostdeutschen Betriebe in einen Unternehmensverbund integriert, während die entsprechenden Anteile für Betriebe in den alten Bundesländern um ca. 10 Prozentpunkte höher liegen (Abbildung 9).

*Abbildung 9: Anteil von Mehrbetriebsunternehmen im Ost-West-Vergleich (1994)*

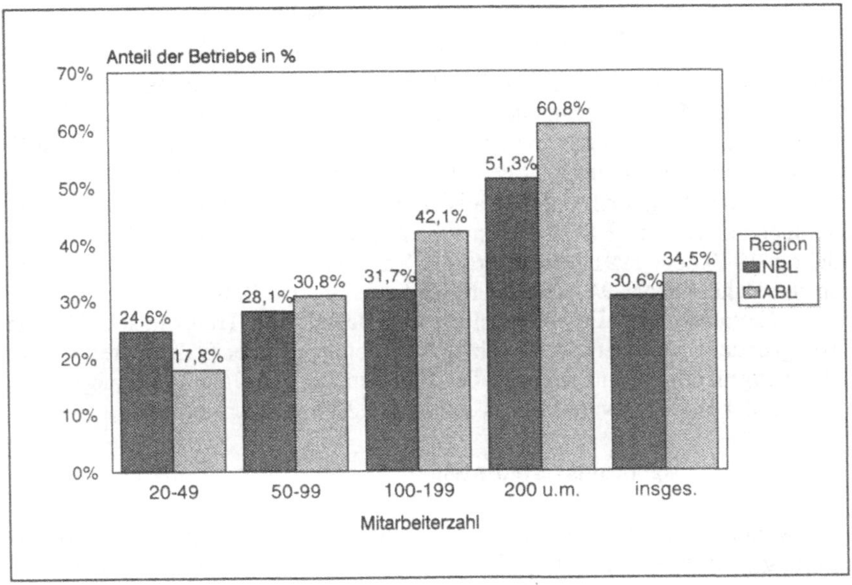


Betriebe, die sich im Eigentum von Privatpersonen oder Unternehmen aus den neuen Bundesländern befinden, gehören lediglich in 9% der Fälle zu einem Unternehmen, während dieser Anteil bei den Betrieben, die im Besitz von Privatpersonen oder Unternehmen aus den alten Bundesländern sind, mit 47,9% überdurchschnittlich hoch ist.

### 5.1.5. Betriebsstatus

Als Einflußfaktoren der technisch-arbeitsorganisatorischen Gestaltung, die möglicherweise eine Binnendifferenzierung der ostdeutschen Betriebe erlauben, waren der Betriebsstatus und die Eigentumsverhältnisse benannt worden. Hier ist zunächst der Betriebsstatus zu betrachten, das heißt man muß unterscheiden, ob es sich um Altbetriebe oder um Neugründungen handelt. Von den befragten ostdeutschen Betrieben gaben ca. drei Viertel an, daß es sich um einen fortgeführten Betrieb handele, der auch vor der Wende schon bestand, nur ca. ein Viertel der Betriebe ist nach der Wende neugegründet worden (Tabelle 6).[122]

122 Hier ist darauf hinzuweisen, daß es infolge unterschiedlicher Interpretationsmöglichkeiten für die Befragten möglicherweise nicht immer ganz unproblematisch ist zu entscheiden,

*Tabelle 6: Betriebsstatus (1994; Anteil der Betriebe in %)*

| Status | |
|---|---|
| „Alt"-Betrieb | 74,1 % |
| Neugründung | 25,9 % |

Bei diesen handelt es sich in der Regel um kleinere Betriebe, die durchschnittliche Mitarbeiterzahl liegt hier bei 106 Mitarbeitern pro Betrieb, die durchschnittliche Mitarbeiterzahl der Altbetriebe dagegen bei 145 Mitarbeitern. Betrachtet man den Privatisierungs- bzw. Gründungszeitpunkt, so wird deutlich, daß der Privatisierungsprozeß im Maschinenbau relativ schleppend verlief.[123] So gaben nur 36% der Altbetriebe an, daß sie in den Jahren 1990 oder 1991 privatisiert wurden, etwa 60% dieser Betriebe wurden in den Jahren 1992-94 privatisiert, und ca. 3% der Betriebe befanden sich zum Zeitpunkt der Erhebung noch im Besitz der Treuhandanstalt. Die Neugründung von Betrieben vollzog sich demgegenüber früher; drei Viertel der Neugründungen entfielen auf den Zeitraum bis zum Jahr 1991 und nur ein Viertel der Betriebe wurde in den Jahren 1992-94 neugegründet.

### 5.1.6. Eigentumsverhältnisse

Als weiterer relevanter Einflußfaktor der technisch-organisatorischen Strukturierung sind, wie in Kapitel 4.3.2.1. begründet, die Eigentumsverhältnisse[124] zu berücksichtigen. Wie Tabelle 7 zeigt, war der überwiegende Teil der Betriebe im Eigentum von Unternehmen oder Privatpersonen aus den alten Bundesländern (48,4%). Vier von zehn Betrieben gaben an, sich im Eigentum von Privatpersonen oder Unternehmen aus den neuen Bundesländern zu befinden, während zum Erhebungszeitpunkt nur noch ca. 3% der Betriebe nach eigenen Angaben zum Treuhandbestand gehörten.[125] Dabei ist allerdings zu berücksichtigen, daß sich auch die Betriebe, die Angaben unter „Sonstiges" machten, zum ganz überwiegenden Teil in staatlichem Besitz befanden, und zwar unter Leitung von Management KG's.[126] Die Gruppe der

---

ob der Betrieb im avisierten Verständnis „neu" ist; zumindest kann nicht ausgeschlossen werden, daß beispielsweise auch ausgegründete Betriebe als Neugründungen betrachtet werden. Das bedeutet, daß die Zahl der neugegründeten Betriebe unter Umständen sogar noch überschätzt wird.

123 „Im Vergleich zu anderen Branchen hat sich die Treuhand sehr spät um die Privatisierung des Maschinenbaus gekümmert", so etwa Jürgen Alt, Geschäftsführer der VDMA-Landesgruppe Sachsen-Thüringen (VDI-Nachrichten vom 26.06.92).

124 Die Begriffe „Besitz" und „Eigentum" werden hier synonym verwendet und nicht im juristischen Sinn.

125 Diese Betriebe sind mit Auflösung der Treuhandanstalt Ende 1994 in die Verantwortlichkeit der Bundesanstalt für vereinigungsbedingte Sonderaufgaben (BVS) übergegangen.

126 - dies ergab die Auswertung der offenen Angaben zu den Eigentumsverhältnissen -

Betriebe, die sich im Besitz ausländischer Investoren befanden, ist mit ca. 5% ebenfalls verhältnismäßig klein.

*Tabelle 7: Eigentumsverhältnisse im ostdeutschen Maschinenbau (1994)*

| | % d. Betriebe | Beschäftigte | Beschäft.-Anteil |
|---|---|---|---|
| **Eigentümer** | | | |
| aus den NBL | 40,6 % | 7916 | 23,2 % |
| aus den ABL | 48,4 % | 18662 | 54,8 % |
| aus dem Ausland | 5,1 % | 1606 | 4,7 % |
| Treuhandanstalt | 3,1 % | 2245 | 6,6 % |
| SONSTIGE | 2,8 % | 3651 | 10,7 % |
| Group Total | 100,0 % | 34080 | 100,0 % |

Im Rahmen der weiteren Auswertungen werden daher, wenn der Einfluß der Eigentumsverhältnisse auf die technisch-organisatorische Strukturierung betrachtet werden soll, lediglich diejenigen Betriebe in die Analyse einbezogen, die sich entweder im Besitz von Unternehmen aus den alten oder den neuen Bundesländern befinden. Die analytische Scheidelinie, die, wie beschrieben, zahlreichen anderen Studien zugrundelag, nämlich die Dichotomie „Treuhandbetrieb" versus „Privatisierter Betrieb", wird im Rahmen der vorliegenden Arbeit nicht mehr nachvollzogen. Sie scheint jedoch in Folge der nurmehr geringen Zahl von noch nicht privatisierten Betrieben auch weniger interessant.

Die Entwicklung in diesem Bereich ist noch nicht als abgeschlossen zu betrachten - so wurde mit der Rücknahme der Privatisierung von SKET Magdeburg beispielsweise der Ruf nach einer längerfristigen staatlichen Stützung dieser „industriellen Kerne" wieder zunehmend lauter. Jedoch ist die Bedeutung des staatlichen Sektors gemessen an der *Zahl der Betriebe* vernachlässigbar. Anders sieht es aus, wenn man die Bedeutung der Betriebe auf der Basis der *Zahl der Beschäftigten* betrachtet. Gemessen an der Zahl der Beschäftigten lag der Anteil der noch nicht privatisierten Betriebe zum Erhebungszeitpunkt (Ende 1994) bei knapp 7%, der Anteil der „Sonstigen" bei gut 10%, was verdeutlicht, daß es sich bei den zu diesem Zeitpunkt weder privatisierten noch liquidierten Betrieben in der Regel um größere industrielle Kerne handelt.

Die Bedeutung der Betriebe, die sich im Besitz von Privatpersonen oder Unternehmen aus den alten Bundesländern befinden, ist gemessen an ihrem Beschäftigungsvolumen im übrigen auch höher als ihr Anteil an den Betrieben. Ihr Beschäftigungsanteil an den in der Untersuchung erfaßten Beschäftigten[127] liegt bei fast 55%. Demgegenüber ist, gemessen an dem

127 Tabelle 7 weist lediglich die Beschäftigtenzahl für die im Rahmen der Auswertung berücksichtigten ostdeutschen Betriebe aus. In den übrigen Betrieben waren zu Beginn des Jahres weitere 1488 Personen beschäftigt, so daß sich eine Gesamtzahl von 35568 Personen ergibt, die im Rahmen der Untersuchung erfaßt wurden. Dies sind ca. 41% der

repräsentierten Beschäftigtenanteil, die Bedeutung der origininär ostdeutschen Betriebe mit einem knappen Viertel eher gering. Diese Unterschiede reflektieren dabei die unterschiedliche Struktur der Betriebe im Hinblick auf den Betriebsstatus. Bei den Betrieben, die sich im Besitz von Privatpersonen oder Unternehmen aus den alten Bundesländern befanden, war der Anteil der Altbetriebe mit 76,5% etwas höher als im Durchschnitt (vgl. Tabelle 6), d.h. es wurde bevorzugt in schon bestehende Betriebe investiert, während nur 68,6% der „ostdeutschen“ Betriebe Fortführungen bereits bestehender Betriebe sind.

### 5.1.7. Zwischenfazit und weitergehende Implikationen

Die betriebs- und produktionsstrukturellen Merkmale ost- und westdeutscher Maschinenbaubetriebe weisen deutliche Unterschiede auf; so sind die ostdeutschen Betriebe im Durchschnitt deutlich kleiner, sie produzieren in stärkerem Maße nach Kundenvorgaben als die westdeutschen Betriebe und zudem in kleineren Serien. Darüber hinaus ist ein geringerer Anteil der Maschinenbaubetriebe in den neuen Bundesländern Teil eines Unternehmens, oder, anders ausgedrückt, bei den ostdeutschen Betrieben fallen die Betriebsgrenzen häufiger mit den Unternehmensgrenzen zusammen.

Im Hinblick auf die interessierenden Untersuchungsmerkmale wäre daher zu erwarten, daß

- die ostdeutschen Betriebe in geringerem Maße mit moderner, computergestützter Fertigungstechnik ausgestattet sind, da aufgrund ihrer Größe und ihres Produktspektrums (überwiegend Einmal-/Einzelfertigung) ein geringeres Einsatzpotential für diese Techniken besteht;
- die Maschinenbaubetriebe in den neuen Bundesländern organisatorisch weniger ausdifferenziert sind, da eine hohe Unsicherheit bezüglich anfallender Arbeitsaufgaben besteht. Dies heißt auch, daß eine geringere funktionale und fachliche Arbeitsteilung zu erwarten wäre. Im Hinblick auf die Realisierung anderer Formen des Arbeitskräfteeinsatzes, etwa Gruppenarbeit, läßt sich dieses Argument dahingehend fortführen, daß ein solches betriebliches Aufgabenspektrum sie nur unter bestimmten Umständen zuläßt, nämlich insbesondere dann, wenn es im Zuge der Umstrukturierung bzw. des Neuaufbaus des Produktionsprogrammes gelungen ist, die Voraussetzung für eine objektorientierte Organisation der Fertigung zu schaffen, indem gezielt eine Modularisierung der Produkte und eine Teilefamilienbildung vorgenommen wurde. Inwieweit dies der Fall ist, wird bei der Analyse der Fertigungsorganisationsformen näher zu untersuchen sein (vgl. Kapitel 5.3.1);

---

87.000 im ostdeutschen Maschinenbau beschäftigten Erwerbstätigen (Quelle: Statistisches Jahrbuch der Bundesrepublik Deutschland 1995, S. 205).

- die ostdeutschen Maschinenbauer - aufgrund des unterstellten Ressourcenmangels - eine höhere Kooperationsintensität aufweisen als die Betriebe in den alten Bundesländern. Damit verbunden wäre dann c.p. ebenfalls ein geringeres Ausmaß organisatorischer Zentralisierung und Formalisierung (vgl. Kapitel 4.3.2.1.).

Bei der Analyse ist daher für die genannten Faktoren zu kontrollieren. Erst nach Kontrolle dieser Einflußfaktoren können Aussagen darüber getroffen werden, ob sich die Produktionsstrukturen des ostdeutschen Maschinenbaus nicht nur im Hinblick auf die skizzierten betriebs- und produktionsstrukturellen Merkmale, sondern substantiell in bezug auf die technisch-organisatorische Gestaltung des Produktionsprozesses von den westdeutschen unterscheiden und die Betriebe bei ähnlichen strukturellen Anforderungen andere arbeitsorganisatorische Muster etabliert haben.

Dabei ist eine Binnendifferenzierung der ostdeutschen Betriebe nach Eigentumsverhältnissen und Betriebsstatus vorzunehmen, wobei die genannten Einflußfaktoren in gleicher Weise zu berücksichtigen sind, da die derart konstituierten Gruppen sich diesbezüglich systematisch unterscheiden. So sind die neugegründeten Betriebe im Durchschnitt kleiner, produzieren in kleineren Serien und sind seltener in Unternehmen integriert; ähnliches gilt für die Betriebe, die sich im Eigentum ostdeutscher Besitzer befinden.

Insofern kann als erkenntnisleitende Hypothese formuliert werden: ostdeutsche Betriebe mit westdeutschen Besitzern werden aufgrund dieser strukturellen Unterschiede und infolge eines besseren Zugangs zu notwendigen Ressourcen den westdeutschen Betrieben möglicherweise ähnlicher sein als die ostdeutschen Betriebe, die sich in ostdeutschem Besitz befinden.

## 5.2. Die technische Gestaltung des Produktionsprozesses

Im folgenden werden Umfang und Formen des Einsatzes computergestützter Techniken im ostdeutschen Maschinenbau sowie im Ost-West-Vergleich im Hinblick auf Einsatzquoten und Einsatzpotentiale dargestellt und bewertet. Dabei wird das Hauptaugenmerk auf dem Einsatz computergestützter Techniken in der Produktion liegen. Tabelle 8 zeigt zunächst im Überblick, differenziert nach der Betriebsgröße, die Einsatzquoten computergestützter Techniken in Produktion und Verwaltung im ost- und westdeutschen Maschinenbau.

Etwa 4% der ostdeutschen Betriebe gaben im Jahr 1994 an, weder in der Produktion noch in der Verwaltung computergestützte Techniken einzusetzen. Dies traf auf 2% der westdeutschen Betriebe zu. In der Produktion besteht jedoch ein deutlicher Nutzungsunterschied beim Einsatz computergestützter Techniken zwischen den ost- und westdeutschen Betrieben; in diesem Betriebsbereich setzen nur gut 82% der ostdeutschen Betriebe computergestützte Techniken ein, während der Diffusionsgrad computergestützter

Techniken in der Produktion in Westdeutschland bei ca. 90% liegt. Tabelle 8 verdeutlicht jedoch auch, daß diese Unterschiede im wesentlichen auf die geringe Verbreitung computergestützter Techniken in den kleinen Betrieben mit 20-49 Beschäftigen zurückzuführen sind, wo der Ost-West-Unterschied in bezug auf den Technikeinsatz in der Produktion gut 10 Prozentpunkte ausmacht, während diese Differenz bei den größeren Betrieben deutlich geringer ist.

*Tabelle 8: Der Einsatz computergestützter Techniken im Ost-West-Vergleich (1994; Anteil der Betriebe in %)*

| NBL | Mitarbeiterzahl | | | | Group Total |
|---|---|---|---|---|---|
| | 20-49 | 50-99 | 100-199 | 200 u.m. | |
| Technikeinsatz | | | | | |
| nein | 7,0 % | 1,6 % | | 2,5 % | 3,9 % |
| Produktion u. Verwaltung | 67,5 % | 83,6 % | 92,7 % | 97,5 % | 80,1 % |
| nur Produktion | 1,8 % | 3,3 % | 2,4 % | | 2,0 % |
| nur Verwaltung | 23,7 % | 11,5 % | 4,9 % | | 14,1 % |
| Group Total | 100,0 % | 100,0 % | 100,0 % | 100,0 % | 100,0 % |
| **ABL** | Mitarbeiterzahl | | | | Group Total |
| | 20-49 | 50-99 | 100-199 | 200 u.m. | |
| Technikeinsatz | | | | | |
| nein | 2,8 % | 2,0 % | 0,8 % | | 1,7 % |
| Produktion u. Verwaltung | 77,7 % | 87,5 % | 94,3 % | 99,0 % | 87,6 % |
| nur Produktion | 3,6 % | 1,7 % | 0,8 % | | 1,9 % |
| nur Verwaltung | 15,8 % | 8,7 % | 4,2 % | 1,0 % | 8,9 % |
| Group Total | 100,0 % | 100,0 % | 100,0 % | 100,0 % | 100,0 % |

Hier sind insofern differenziertere Analysen hinsichtlich der *Art* der eingesetzten Techniken sowie über *Umfang* und vor allem *Formen* betrieblicher Techniknutzung notwendig. Die beiden letztgenannten Aspekte werden in Kapitel 5.2.2. ausführlich behandelt und in Zusammenhang mit den zentralen betriebs- und produktionsstrukturellen Merkmalen gesetzt. Nachfolgend wird jedoch zunächst ein Überblick über die Diffusion bestimmter C-Techniken und Systeme gegeben. Da diese Befunde sich auf die 1993 durchgeführte Erhebung stützen[128] und sie auch nicht in Beziehung zu organisationsstrukturellen Variablen gesetzt werden sollen, sondern eher den Charakter ergänzender Hintergrundinformationen haben, kann in Kapitel

128 - im Rahmen der 4. Panelwelle (1994) wurden die Einsatzquoten einzelner technischer Systeme nicht erfaßt -

5.2.1. unter Verweis auf Kapitel 5.2.2. auf eine systematische Diskussion von Einsatzgründen und -potentialen verzichtet werden.

## 5.2.1. Exkurs: C-Technikeinsatz und informationstechnische Vernetzung

Bei der Darstellung des innerbetrieblichen Einsatzes computergestützter Techniken in der Produktion kann grundsätzlich unterschieden werden zwischen Techniken, die zur direkten Unterstützung des Produktions- resp. Fertigungsprozesses eingesetzt werden, und solchen CIM-Komponenten, die auf die Computerunterstützung der produktionsvor- und -nachgelagerten Funktionen und Aufgaben abzielen. Hierzu zählen insbesondere die computergestützte Konstruktion, die computergestützte Arbeitsplanung sowie die computergestützte Qualitätskontrolle, wobei auch auf ihre Vernetzung mit dem CAM-Bereich einzugehen ist.

### 5.2.1.1. Die Computerunterstützung des Produktionsprozesses

#### 5.2.1.1.1. Fertigungstechniken

Zu den computergestützten Fertigungstechniken zählen sowohl einfunktionale CNC-Maschinen und Bearbeitungszentren als auch Flexible Fertigungszellen (FFZ) und Flexible Fertigungssysteme (FFS). Die Vorteile des Einsatzes dieser Techniken ergeben sich insbesondere aus den im Vergleich zu konventionellen Techniken erzielbaren Produktivitätsfortschritten. Beim Einsatz von CNC-Maschinen spielen hier beispielsweise die höhere Bearbeitungsgeschwindigkeit sowie eine konstante und z.T. verbesserte Bearbeitungsqualität eine Rolle, die etwa nachträgliche Qualitätskontrollen vom Umfang her deutlich reduziert, da lediglich das erste Stück eines produzierten Loses einer genauen Kontrolle unterzogen werden muß und im übrigen eine stichprobenartige Kontrolle ausreicht. (Bergmann et al. 1986: 14). Die Mehrfachverwendbarkeit einmal erstellter Progamme führt potentiell ebenfalls zu einer Arbeitsersparnis, wobei diese u.a. von der Losgröße abhängt. Werden ausschließlich Unikate gefertigt, so reduziert sich der Vorteil des Einsatzes von CNC-Maschinen auf eine möglicherweise höhere Bearbeitungsqualität, da die Programme zur Maschinensteuerung jeweils neu erstellt werden müssen. Bearbeitungszentren stellen die logische Folgerung von CNC-Maschinen dar; sie erlauben, da mehrere Bearbeitungsverfahren in einer Maschine integriert sind, die vollständige, teilautomatisierte Bearbeitung von Teilen mit komplexer Geometrie, wodurch Zeiten für die Zwischenlagerung von Werkstücken sowie Zeiten für Umrüstung und Maschineneinrichtung reduziert werden können.

*Tabelle 9: Der Einsatz computergestützter Fertigungstechniken (1993; Anteil der Betriebe in %)*

| | Region | |
|---|---|---|
| | NBL | ABL |
| **NC-/CNC-Maschinen** | | |
| Nicht eingesetzt | 30,6 % | 18,3 % |
| Eingesetzt | 69,4 % | 81,7 % |
| **Bearbeitungszentren** | | |
| Nicht eingesetzt | 58,9 % | 50,7 % |
| Eingesetzt | 41,1 % | 49,3 % |
| **Flexible Fertigungszellen** | | |
| Nicht eingesetzt | 93,5 % | 92,3 % |
| Eingesetzt | 6,5 % | 7,7 % |
| **Flexible Fertigungssysteme** | | |
| Nicht eingesetzt | 94,4 % | 95,0 % |
| Eingesetzt | 5,6 % | 5,0 % |
| **Flexible Transferstraßen** | | |
| Nicht eingesetzt | 99,1 % | 97,4 % |
| Eingesetzt | 0,9 % | 2,6 % |

Wie Tabelle 9 zeigt, gehören beide Fertigungstechniken in den alten Bundesländern mit Diffusionsquoten von gut 80% bei NC-/CNC-Maschinen[129] und 50% bei Bearbeitungszentren zu den Standardtechniken. In den neuen Bundesländern sind sie in deutlich geringerem Maß verbreitet; die Einsatzquote für einfunktionale NC-/ CNC-Maschinen lag im Jahr 1993 bei knapp 70%,[130] Bearbeitungszentren wurden von gut 40% der ostdeutschen Betriebe eingesetzt.

Durch die Verkettung von CNC-Maschinen und/oder Bearbeitungszentren mittels automatischer Transport- und Handhabungssysteme, aber auch Robotertechnik, werden sogenannte Flexible Fertigungszellen und Flexible Fertigungssysteme gebildet. Hierdurch wird eine vollständig automatisierte Komplettbearbeitung von Werkstücken möglich, wodurch wiederum der notwendige Arbeitseinsatz deutlich gesenkt werden kann. Ein wirtschaftlicher Einsatz solch komplexer Techniken ist vor allem dann möglich, wenn infolge des Produktspektrums viele gleiche oder ähnliche Teile gefertigt werden, d.h. in mittleren oder großen Serien produziert wird, oder durch die Modularisierung des Produktspektrums und Teilefamilienbildung eine Standardisierung des Teilespektrums erreicht werden konnte. Bei diesen komplexeren Systemen also Flexiblen Fertigungszellen (FFZ), Flexiblen Fertigungssyste-

129 - bezogen auf Fertigungsbetriebe mit mehr als 20 Beschäftigten -

130 Trotz der Abhängigkeit des Technikeinsatzes von der Betriebsgröße soll an dieser Stelle auf eine betriebsgrößenspezifische Betrachtung verzichtet werden, da sie keinen substantiellen Erkenntniszuwachs bringen würde.

men (FFS) und Flexiblen Transferstraßen (FTS), besteht in Anbetracht des aktuell nur geringeren Einsatzpotentials dieser Techniken, die ökonomisch sinnvoll vor allem in der Großserien- und Massenfertigung einzusetzen sind, überraschenderweise praktisch kein Unterschied in der Verbreitung.

Es liegt jedoch die Vermutung nahe, ohne dies anhand der Daten des NIFA-Panels überprüfen zu können, daß es sich hier vor allem um solche Techniken handelt, die bereits vor der Wende in den Betrieben existierten. So bringen etwa Wengel/Harnischfeger (1995: 82) die erstaunlich hohen Einsatzquoten dieser Systeme, trotz der von ihnen nachgewiesenen geringen Einsteigerzahlen nach der Wende, mit den Bestrebungen zur Automatisierung der Produktion in der DDR in der zweiten Hälfte der 80er Jahre in Zusammenhang. Für diese Annahme spricht, daß, mit einer Ausnahme, alle Mehr-Maschinen-Systeme in den Altbetrieben des Samples eingesetzt wurden, d.h. in Betrieben, die bereits vor der Wende bestanden. Dies ist zwar kein sicheres Indiz für diese Vermutung, legt jedoch die Interpretation nahe, daß es sich hier möglicherweise um relativ alte Maschinen mit unflexiblen Steuerungen handelt, die nicht mehr wirtschaftlich einsetzbar sind.

Dies gilt im übrigen mit einiger Sicherheit auch nach wie vor für einen Teil des CNC-Maschinenbestandes,[131] da aus Kostengründen ein vollständiger Austausch des Maschinenbestandes für viele Betriebe nicht in Frage kam und auch die Nachrüstung der Maschinen, beispielsweise durch den Austausch der störanfälligen Steuerungstechnik unter den gegebenen (finanziellen und technischen) Restriktionen nicht in jedem Fall möglich war.

Insgesamt ist daher festzuhalten, daß die Einsatzquoten computergestützter Fertigungstechniken im ostdeutschen Maschinenbau auf Branchenebene hinter dem westdeutschen Niveau zurückbleiben. Inbesondere Basistechnologien, wie einfunktionale CNC-Maschinen und Bearbeitungszentren, die gegenüber konventionellen Maschinen zwei- bis viermal so produktiv sind (Bergmann et al. 1986: 17), sind im ostdeutschen Maschinenbau noch geringer verbreitet. Diese Unterschiede sind jedoch in Zusammenhang mit den betrieblichen Einsatzpotentialen zu setzen. Darüber hinaus ist zu überprüfen, ob die Maschinen „flächendeckend" eingesetzt werden, wie es also um die innerbetriebliche Diffusion dieser Techniken bestellt ist.[132]

#### 5.2.1.1.2. Transport-, Handhabungs- und Montagetechniken

Im Gegensatz zum Bereich der Fertigungstechniken sind hinsichtlich des Einsatzes automatischer Transport-, Handhabungs- und Montagesysteme zwischen den Betrieben in den neuen und alten Bundesländern fast identische

131 So stellen Wagner et al. (1994) fest: „Obwohl die Anzahl der CNC-Maschinen die Ausrichtung auf moderne Technologien suggeriert, war ein großer Teil der ostdeutschen Maschinen technologisch veraltet."

132 Mallok (1995: 11) stellt beispielsweise fest: „Dabei setzen Betriebe mit relativ niedrigem CNC-Anteil diese Maschinen in erster Linie auf Schlüsselpositionen ein."

Einsatzquoten festzustellen (Tabelle 10). So werden automatische Handhabungssysteme/ Industrieroboter in jeweils ca. 13% der Betriebe eingesetzt. Automatische Transport- bzw. Materialflußsysteme sind demgegenüber mit einer Einsatzquote von unter 10% geringer verbreitet, automatische Montagesysteme von der Bedeutung her praktisch vernachlässigbar. Hier ist jedoch auch ein allenfalls geringes Einsatzpotential zu unterstellen, da diese Systeme beim derzeitigen Stand der Technik insbesondere für den Einsatz in der Großserien- und Massenfertigung bei weitgehend standardisierten Produkten geeignet sind, und ein Einsatz dieser Techniken unter den Bedingungen dominanter Einzel- und Kleinserienfertigung wirtschaftlich wenig sinnvoll erscheint (Wengel/ Harnischfeger 1995: 89).

*Tabelle 10: Der Einsatz von Transport-, Handhabungs- und Montagetechniken im Ost-West-Vergleich (1993; Anteil der Betriebe in %)*

| | Region | |
|---|---|---|
| | NBL | ABL |
| **Handhabungssysteme / Roboter** | | |
| Nicht eingesetzt | 87,0 % | 86,4 % |
| Eingesetzt | 13,0 % | 13,6 % |
| **Transport-/ Materialflußsysteme** | | |
| Nicht eingesetzt | 92,6 % | 91,2 % |
| Eingesetzt | 7,4 % | 8,8 % |
| **Automatische Montagesysteme** | | |
| Nicht eingesetzt | 97,2 % | 95,7 % |
| Eingesetzt | 2,8 % | 4,3 % |

Wie in bezug auf den Einsatz komplexer Fertigungstechniken liegt wiederum die Annahme nahe, daß diese Systeme noch aus Vor-Wende-Zeiten stammen. Diese Hypothese ist zwar letztlich nicht überprüfbar, jedoch handelt es sich bei den Betrieben, die eines der drei Systeme einsetzen, ausnahmslos um Betriebe, die auch vor der Wende schon bestanden. Zudem ist aus der Literatur bekannt, daß infolge der massiven Förderung der Industrierobotertechnik in der DDR diese von den Betrieben häufig auch dann eingesetzt wurden, wenn funktional besser geeignete (CNC-) Maschinen nicht beschafft werden konnten (vgl. Ostendorf 1993).

Auch hier sind daher berechtigte Zweifel angebracht, ob der Einsatz dieser Automatisierungstechniken auf ein fortgeschrittenes Niveau des Technikeinsatzes schließen läßt, und inwiefern diese Techniken im Rahmen einer stark auf Kundenwünsche zugeschnittenen Produktion sinnvoll einsetzbar sind.

### 5.2.1.2. Einsatz von CIM-Komponenten und informationstechnische Vernetzung

Über den Einsatz computergestützter Fertigungstechniken hinaus ist von besonderem Interesse, ob die vor- und nachgelagerten Funktionen edv-technisch unterstützt werden, und inwiefern die unterschiedlichen Bereiche innerbetrieblich vernetzt sind. Abbildung 10 gibt einen Überblick über den Einsatz von CIM-Komponenten und ihre informationstechnische Vernetzung mit anderen Systemen.[133]

Es zeigt sich, daß die Situation sowohl hinsichtlich des Einsatzes als auch hinsichtlich der Vernetzung von CIM-Komponenten differenziert zu bewerten ist. Während im CAM-Bereich[134] - ebenso wie im Bereich der computergestützten Qualitätskontrolle (CAQ) - von einem nur geringen Nutzungsunterschied zwischen ost- und westdeutschen Betrieben auszugehen ist, besteht ein auffälliger Unterschied beispielsweise im Bereich des Einsatzes computergestützter Systeme für die Konstruktion (CAD). Wengel/Harnischfeger (1995: 89) bringen die geringere Diffusion von CAD-Systemen in Zusammenhang mit der Struktur des Produktionsprogrammes der Betriebe: „Bei der geringeren Verbreitung von CAD liegt die Vermutung nahe, daß gerade in der Fertigung von mittleren und großen Serien im ostdeutschen Maschinenbau Strategien der verlängerten Werkbank bzw. des (bewußten) Verzichts auf eigenständige Konstruktions- und Entwicklungskapazität zum Tragen kommen."

Ins Auge fallen die Angaben der ostdeutschen Betriebe zur Computerunterstützung von Planungs- und Steuerungsfunktionen. Sowohl CAP- als auch PPS-Systeme werden danach fast ebenso häufig eingesetzt wie in den westdeutschen Maschinenbaubetrieben, und auch der Anteil der Betriebe, die diese CIM-Komponente mit mindestens einer weiteren vernetzt haben, erreicht mit 18,3% (CAP) und 20,2% (PPS) ein erstaunlich hohes Niveau.[135]

Zu überprüfen wäre daher, inwiefern die eingesetzten CIM-Komponenten auch tatsächlich zur informationstechnischen Unterstützung bestimmter betrieblicher Funktionen genutzt werden. Insbesondere die geringeren

---

133 Die Kategorien „Eingesetzt" und „Vernetzt" sind dabei im Sinne von „Nur Eingesetzt" und „Eingesetzt *und* vernetzt" zu interpretieren, so daß sich die im Text genannten Einsatzquoten aus der Addition dieser beiden Kategorien ergeben.

134 Von einem Einsatz von CAM wird gesprochen, sofern eine der unter 5.2.1.1.1. genannten Fertigungstechniken (CNC-Maschinen, BAZ, FFZ, FFS, FTS) eingesetzt wird. Insofern fallen die geringeren Einsatzquoten der ostdeutschen Maschinenbaubetriebe bei den einfacheren Technologien in der Aggregation weniger stark ins Gewicht.

135 Im Unterschied hierzu haben in der 94er Erhebung des NIFA-Panels nur 38,3% der ostdeutschen Maschinenbaubetriebe angegeben, ein PPS-System einzusetzen. Dieser Unterschied von 7,6 Prozentpunkten im Vergleich zu der auf der Basis der 93er Daten errechneten Einsatzquote von 45,9% dürfte jedoch zum Teil auf die Unterschiede des Erhebungsinstrumentes zurückzuführen sein.

Unterschiede hinsichtlich des Einsatzes von CAM legen in Verbindung mit den doch deutlichen Differenzen beim Einsatz von Standardfertigungstechnologien nahe, daß eine tiefergehende Analyse, die auf strukturelle Einflußfaktoren des Technikeinsatzes abstellt, hier notwendig ist.

*Abbildung 10: Einsatz und Vernetzung von CIM-Komponenten im Ost-West-Vergleich (1993; Anteil der Betriebe in %)*

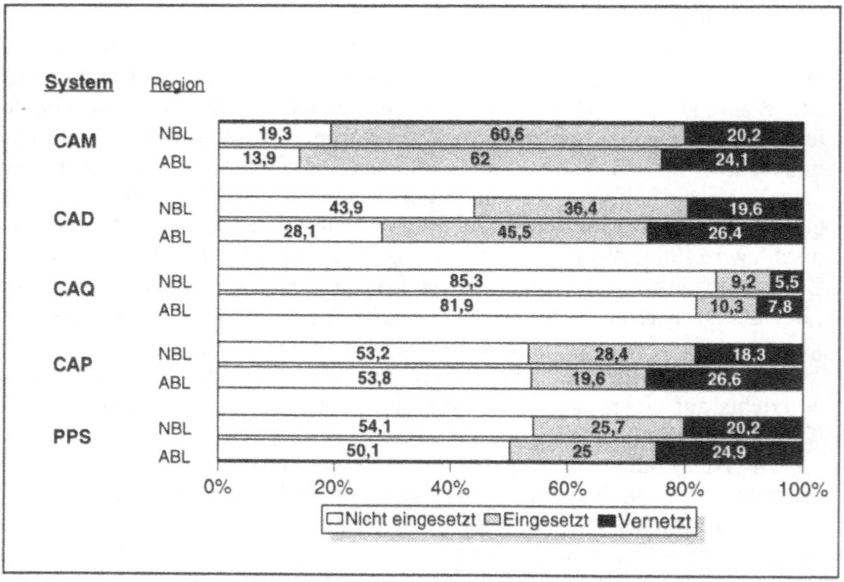


## 5.2.2. Innerbetriebliche Diffusion computergestützter Techniken und informationstechnisches Konzept

Die bisherigen Ausführungen legen den Schluß nahe, daß die technische Ausstattung der ostdeutschen Maschinenbaubetriebe hinsichtlich des Einsatzes computergestützter Techniken den westdeutschen „Standard" noch nicht erreicht hat, allerdings ist die Aussagekraft der Technikeinsatzquoten hinsichtlich der innerbetrieblichen Diffusion, also Umfang und Art der Nutzung computergestützter Techniken in den Betrieben, nur begrenzt. Daher wird im folgenden die quantitative Bedeutung des Einsatzes von C-Techniken in der Produktion vor dem Hintergrund ihres prinzipiellen Einsatzpotentiales näher betrachtet.

#### 5.2.2.1. Umfang betrieblicher Techniknutzung in der Fertigung

Der Eindruck, daß die Technikausstattung in den ostdeutschen Betrieben in stärkerem Maße durch den Einsatz konventioneller Techniken gekennzeichnet ist, bestätigt sich durch die betriebliche Charakterisierung der Technikausstattung des Fertigungsbereiches. Ausschließlich mit computergestützten Techniken arbeiten nur 0,4% der ostdeutschen Betriebe, gut ein Viertel gibt an, die Technikausstattung der Fertigung des Betriebes bestehe überwiegend aus computergestützten Maschinen (vgl. Tabelle 11). Deutlich über 70% der Betriebe aus den neuen Bundesländern fertigen demnach überwiegend oder ausschließlich mit konventionellen Maschinen. Diese Situation stellt sich in den alten Bundesländern anders dar. Die größte Gruppe von Betrieben (45,5%) gibt hier an, überwiegend mit computergestützten Maschinen zu fertigen.

*Tabelle 11: Technikausstattung in der Fertigung (1994; Anteil der Betriebe in %)*

| | Region | |
|---|---|---|
| | NBL | ABL |
| **Technikausstattung** | | |
| nur computergestützt | 0,4 % | 1,2 % |
| überwiegend computergestützt | 26,3 % | 45,5 % |
| überwiegend konventionell | 51,4 % | 41,3 % |
| nur konventionell | 21,9 % | 12,0 % |

Es ist daher zu überprüfen, ob die geringere Bedeutung computergestützter Fertigungstechniken in den Betrieben in den neuen Bundesländern durch die geringeren Einsatzmöglichkeiten für diese Techniken erklärbar ist, die sich aus einem größeren Anteil kleiner Betriebe, und einer hohen Bedeutung kundenspezifischer Unikat- bzw. Einmalfertigung ergeben, da in diesen Bereichen auch konventionelle Maschinen in sinnvoller Weise eingesetzt werden können (Mallok 1995: 11). Dazu wurde die Variable Technikausstattung dichotomisiert, indem die Gruppen „nur" und „überwiegend" computergestützt sowie „nur" und „überwiegend" konventionell jeweils zusammengefaßt wurden.

Die Differenzierung nach der dominanten Fertigungstechnologie, also der schwerpunktmäßigen Seriengröße (Abbildung 11), zeigt jedoch, daß die geringere innerbetriebliche Diffusion computergestützter Fertigungstechniken in den ostdeutschen Betrieben nicht allein aus der Unterschiedlichkeit des Produktionprogrammes, die aufgrund der hohen Bedeutung kleiner Serien eine starke Heterogenität der Arbeitsaufgaben bedingt, resultiert. Zwar bestehen im Bereich der Unikat- bzw. Einmalfertigung insgesamt offenbar die geringsten Einsatzmöglichkeiten für computergestützte Techniken, was durch den in der Gruppe der Unikatfertiger in Ost- und West geringsten Anteil von Betrieben zum Ausdruck kommt, die angaben, ausschließlich bzw. überwiegend computergestützte Fertigungstechniken einzusetzen; jedoch weisen die ostdeutschen Betriebe im Vergleich mit den westdeutschen in jeder Gruppe einen geringeren Anteil von Betrieben auf, die C-Techniken in der Fertigung in erheblichem Umfang nutzen.[136]

*Abbildung 11:* *Technikausstattung in der Fertigung im Ost-West-Vergleich 1994 (Anteil der Betriebe, die ausschließlich oder überwiegend mit computergestützten Maschinen fertigen nach dominanter Seriengröße)*

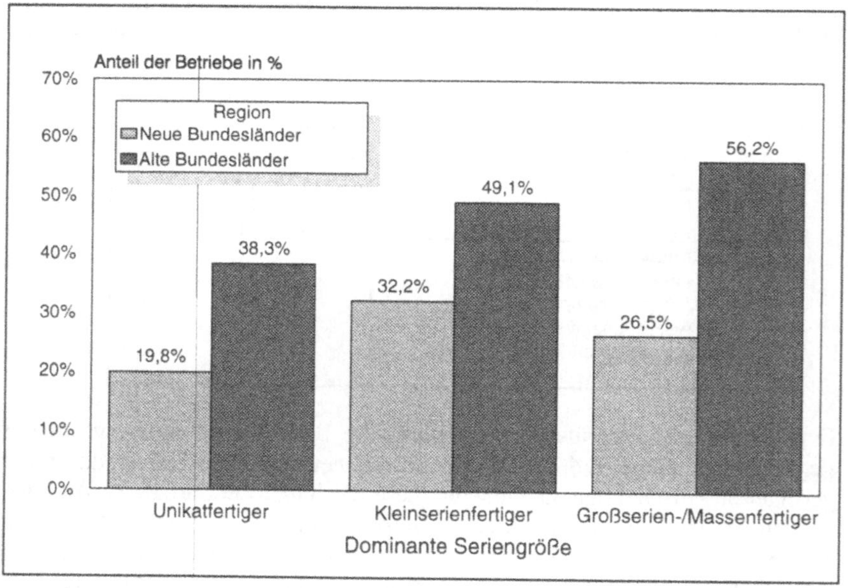


Ein analoges Bild ergibt sich, wenn die unterschiedliche Betriebsgrößenstruktur in Ost und West und der unterschiedliche Grad der Produktstandardisierung berücksichtigt werden. Der Anteil der Betriebe, die vor allem computergestützte Maschinen in der Fertigung einsetzen, steigt mit der Größe der Betriebe sowie mit dem Grad der Produktstandardisierung an, und dies in Ost und West gleichermaßen. Jedoch können strukturelle Unterschiede in diesen Variablen das unterschiedliche Niveau des Technik-

136 Diese Unterschiede werden - wie zu erwarten - von entsprechenden $\chi^2$-Tests auf Unabhänigigkeit der Merkmale als signifikant ausgewiesen. Dies gilt auch für die folgenden Ergebnisse, weshalb darauf verzichtet werden soll, die jeweiligen $\chi^2$- und p-Werte anzugeben.

einsatzes nicht erklären. Es ist vielmehr davon auszugehen, daß in den ostdeutschen Maschinenbaubetrieben noch erhebliche Einsatzpotentiale für computergestützte Fertigungstechniken bestehen.

Als möglicher Einflußfaktor des Technikeinsatzes sind nunmehr die Eigentumsverhältnisse zu betrachten. Wie Abbildung 12 zeigt, läßt sich die Annahme bestätigen, daß die Betriebe, die sich im Besitz von Privatpersonen oder Unternehmen aus den neuen Bundesländern befinden, eine insgesamt geringere innerbetriebliche C-Technikdiffusion aufweisen; während von diesen Betrieben lediglich gut 14% angaben, ausschließlich oder überwiegend mit computergestützten Maschinen zu fertigen, traf dies für ein knappes Drittel derjenigen ostdeutschen Betriebe zu, die im Besitz westdeutscher Eigentümer waren. Dies gilt auch, wenn die unterschiedliche Betriebsgrößenstruktur in beiden Gruppen von Betrieben berücksichtigt wird, da in jeder Betriebsgrößenklasse der Anteil vorwiegend computergestützt fertigender Betriebe bei denjenigen mit West-Eigentümern über dem entsprechenden Anteil der Betriebe liegt, die sich in ostdeutschem Besitz befinden.[137] Wird nicht für die Variable Betriebsgröße, sondern für den Grad der Produktstandardisierung oder die Seriengröße kontrolliert, ergeben sich entsprechende Ergebnisse.

Im Hinblick auf den Zusammenhang von Betriebsstatus und der Technikausstattung in der Fertigung ergibt sich ein von der Tendenz her - vor dem Hintergrund der in Kapitel 3.3.2.2. dargestellten Befunde - unerwartetes Ergebnis. Zwar gaben 27,4% der Altbetriebe und lediglich 23,3% der neugegründeten Betriebe an, vorwiegend computergestützt zu fertigen; jedoch ist diese Differenz über die unterschiedliche Betriebsgrößenstruktur zu erklären. Die Richtung des Zusammenhangs kehrt sich für die kleinen und mittleren Betriebe sogar um, das heißt, in den unteren drei Betriebsgrößenklassen ist für die neugegründeten Betriebe von einer stärkeren innerbetrieblichen C-Techniknutzung in der Fertigung auszugehen als bei den fortgeführten Betrieben.

137 Dieser Zusammenhang wird, mit Ausnahme der Betriebsgrößenklasse 20-49 Mitarbeiter, nicht als signifikant ausgewiesen, was auf die geringe Zahl der Betriebe in den anderen Betriebsgrößenklassen zurückzuführen ist.

*Abbildung 12: Technikausstattung in der Fertigung in privatisierten Betrieben (1994; Anteil der Betriebe, die ausschließlich oder überwiegend mit computergestützten Maschinen fertigen nach Eigentumsverhältnissen)*

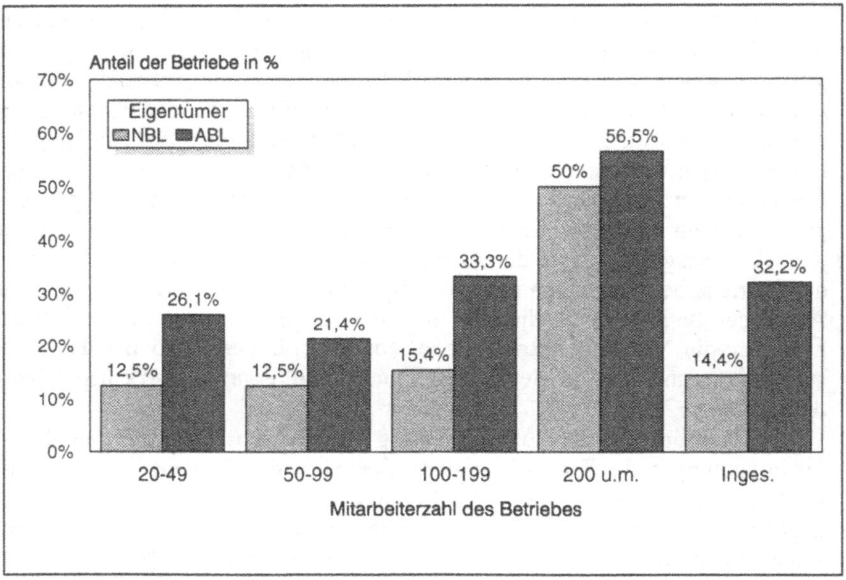


## 5.2.2.2. Informationstechnische Unterstützung des Produktionsprozesses

Um zu beurteilen, in welchem Umfang der Produktionsprozeß insgesamt edv-technisch unterstützt wird, wurde für 22 betriebliche Funktionen erhoben, ob sie computerunterstützt werden oder nicht.[138] Dabei handelt es sich um Funktionen aus dem Bereich computergestützter Konstruktion, um Fein- und Rahmenplanungsfunktionen sowie um die Computerunterstützung der Qualitätssicherung und bestimmter Fertigungsfunktionen. Tabelle 12 gibt einen Überlick über die durchschnittliche Zahl der Funktionen, die edv-technisch unterstützt werden.

138 Hierdurch wäre es im Prinzip möglich festzustellen, inwiefern beispielsweise das Automatisierungspotential bestimmter CIM-Komponenten von den Betrieben genutzt wird. Da im Rahmen der 94er Erhebung jedoch der Einsatz einzelner CIM-Komponenten nicht erfaßt wurde (mit Ausnahme von PPS-Systemen, vgl. Fußnote 135), ist dies hier nicht ohne weiteres möglich. Die Darstellung bezieht sich daher auf *alle* Betriebe, wodurch die geringeren Verbreitungsquoten in den ostdeutschen Betrieben auch die Zahl der computerunterstützten Funktionen reduzieren.

*Tabelle 12: Anzahl computerunterstützter Funktionen im Ost-West-Vergleich nach Betriebsgröße (1994; Durchschnittswerte)*[139]

| | Region | | Group Total |
|---|---|---|---|
| | NBL | ABL | |
| Mitarbeiterzahl | | | |
| 20-49 | 4,55 | 5,97 | 5,74 |
| 50-99 | 6,91 | 8,18 | 7,99 |
| 100-199 | 10,15 | 10,98 | 10,86 |
| 200 u.m. | 13,83 | 14,21 | 14,17 |
| Group Total | 7,64 | 9,19 | 8,97 |

Auch auf der Ebene des gesamten Prouktionsprozesses zeigt sich also, wie zu erwarten, daß der Umfang der Nutzung computergestützter Techniken in den ostdeutschen Betrieben unter dem Nutzungsumfang der westdeutschen Betriebe liegt. Für Ost und West gleichermaßen besteht eine deutliche Betriebsgrößenabhängigkeit; der Pearson'sche Korrelationskoeffizient zwischen der Zahl computerunterstützter Funktionen und der Mitarbeiterzahl des Betriebes hat für das Gesamtsample den Wert r = 0.386 (p = 0.0000). Im Rahmen einer einfaktoriellen Kovarianzanalyse mit der Betriebsgröße (Mitarbeiterzahl) als kontinuierlicher Kovariate erweisen sich beide Variablen, also sowohl die Mitarbeiterzahl als auch die regionale Zuordnung, als hochsignifikante Einflußfaktoren der Zahl computerunterstützter Funktionen ($F^1{}_{1616}$.= 11,34; p (F) = 0.001). Die Unterschiede in der Unterstützung betrieblicher Funktionen zwischen ost- und westdeutschen Betrieben bestehen dabei, wie schon beim Vergleich des Technikeinsatzes in der Produktion i.A. angedeutet, vor allem in den kleinen Betrieben mit weniger als 100 Beschäftigten.

Das Gesamtniveau der Techniknutzung hängt des weiteren vom betrieblichen Produktionsprogramm ab. So korreliert die Anzahl computerunterstützter Funktionen im Betrieb negativ mit dem Anteil von nach Kundenspezifikation gefertigten Produkten[140] (r = -0,0995, p = 0,000) und ebenfalls negativ mit dem Anteil der Unikatfertigung (r = -0,2266; p = 0,000). Überprüft man im Rahmen einer einfaktoriellen Kovarianzanalyse den Einfluß der drei Variablen auf die Anzahl computerunterstützter Funktionen im Betrieb, so übt die Variable Region dennoch einen signifikanten Einfluß auf die unabhängige Variable aus, wobei die Regressionskoeffizienten für die

139 Die Ausprägungen liegen im Bereich von 0 (keine der Funktionen wird durch computergestützte Technik(en) und Verfahren unterstützt) bis 22 (alle Funktionen werden durch computergestützte Technik(en) und Verfahren unterstützt).

140 Die kontinuierlichen Variablen „Anteil von nach Kundenspezifikation gefertigten Produkten" und „Anteil Unikatfertigung" können alternativ zu den in Kapitel 5.1. vorgeschlagenen kategorialen Typisierungen als Indikator der Variabilität der Aufgaben herangezogen werden, was sich im vorliegenden Falle anbietet, da die abhängige Variable ebenfalls metrisches Niveau hat.

kontinuierlichen Variablen das erwartete Vorzeichen haben, allerdings die Kovariate „Anteil Kundenspezifikation“ im Unterschied zur Betriebsgröße und zum Anteil von Unikatfertigung nicht als signifikant ausgewiesen wird.[141]

Differenziert man nach der Art der unterstützten Funktionen, so zeigt sich, daß sich die größten Unterschiede zwischen ost- und westdeutschen Betrieben im Bereich der edv-technischen Unterstützung betrieblicher Planungsfunktionen ergeben. Von den fünf Funktionen aus dem Bereich der Grobplanung[142] wird in 35,2% der ostdeutschen Betriebe keine durch C-Techniken unterstützt, während dies nur für 26,6% der westdeutschen Betriebe zutrifft. Ein ähnliches Bild ergibt sich im Bereich der Feinplanungsfunktionen.[143] Insgesamt 43,6% der Betriebe aus den neuen Bundesländern haben für keine dieser Funktionen eine informationstechnische Unterstützung realisiert, wohingegen dies nur auf ein gutes Drittel (33,5%) der westdeutschen Betriebe zutrifft. Geringe Unterschiede ergeben sich dagegen im Bereich der Unterstützung der Erfassung von Maschinen- und Auftragsfortschrittsdaten (72,0% der ostdeutschen Betriebe im Vergleich zu 68,2% der westdeutschen realisierten keine Unterstützung), im Bereich der Computerunterstützung der Materiallagerung (53,0% vs. 45,5%) und im Bereich der computerunterstützten Qualitätskontrolle (70,3% vs. 65,6%).

Zum Zwecke weitergehender Analysen (vgl. Kapitel 5.3.) bietet es sich an, die Betriebe anhand des Umfanges betrieblicher Techniknutzung in Gruppen zu unterteilen, um dies bei der Analyse der arbeitsorganisatorischen Gestaltung berücksichtigen zu können. Hier werden Betriebe mit geringem Umfang der Computerunterstützung betrieblicher Funktionen, Betriebe mit mittlerem Umfang der Computerunterstützung und Betriebe mit extensiver Nutzung von Informationstechnologie unterschieden.[144] Die folgende Abbildung zeigt die Verteilung der Gruppen im Ost-West-Vergleich.

---

141 Hier wurde ein sogenanntes experimentelles Design gewählt, wobei die Wirkung der Kovariaten auf die unabhängige Variable vor dem Haupteffekt des Faktors Region berücksichitgt wurde. Um Verzerrungen auszuschließen, die aus der unterschiedlichen Gruppengröße (Ost-West) resultieren könnten (wenngleich das Verfahren in dieser Hinsicht als relativ robust zu charakterisieren ist), wurde das Ergebnis der Analyse überprüft, indem aus der Gruppe der westdeutschen Betriebe eine Zufallsstichprobe im selben Umfang gezogen wurde. Die Ergebnisse blieben im Rahmen von Wiederholungen dieser Technik stabil.

142 - dies sind die Festlegung der Arbeitsvorgangsfolge, die Fertigungsmittelzuordnung, die Material- und Mengenplanung, die Durchlaufterminierung und die Kapazitätsbedarfsrechnung -

143 Hier werden vier Funktionen betrachtet: der Kapazitätsabgleich, die Feinterminplanung, die Arbeitsverteilung und die Auftragsüberwachung.

144 Die Gruppenbildung erfolgte im Rahmen einer Clusteranalyse mit einer vorgegebenen Anzahl von Clustern. Die Clustermittelpunkte lagen bei 2,7 (Betriebe mit geringer Unterstützung), 9,81 (Betriebe mit durchschnittlicher Unterstützung) und 16,86 (Betriebe mit ausgeprägter Unterstützung).

Die Wahrscheinlichkeit, daß es sinnvoll ist, bestimmte betriebliche Funktionen edv-technisch zu unterstützten, steigt mit der Betriebsgröße, was bereits Tabelle 12 zeigte. Auch die Gruppenbildung ist daher nicht unabhängig von der Betriebsgröße. So liegt der Anteil der Betriebe, die nur einen geringen Teil der betrieblichen Funktionen mit C-Techniken unterstützen, unter den kleinen ostdeutschen Betrieben (20-49 Mitarbeiter) bei über 70%, während von den großen Betrieben mit mehr als 200 Beschäftigten nur 12,5% dieser Gruppe zugeordnet werden.

Abschließend soll überprüft werden, ob sich die Faktoren „Eigentumsverhältnisse" und „Betriebsstatus" wiederum als relevant für die Erklärung des Umfangs des betrieblichen Technikeinsatzniveaus erweisen. Überprüft man diese Hypothese zunächst anhand der Zuordnung zu den verschiedenen Techniknutzergruppen, so ergibt sich, daß die Betriebe, die sich im Eigentum von Privatpersonen oder Unternehmen aus den neuen Bundesländern befinden, ihre betrieblichen Funktionen in geringerem Ausmaß informationstechnisch unterstützen.

*Abbildung 13: Umfang der edv-technischen Unterstützung betrieblicher Funktionen im Ost-West-Vergleich (1994; Anteil der Betriebe in %)*

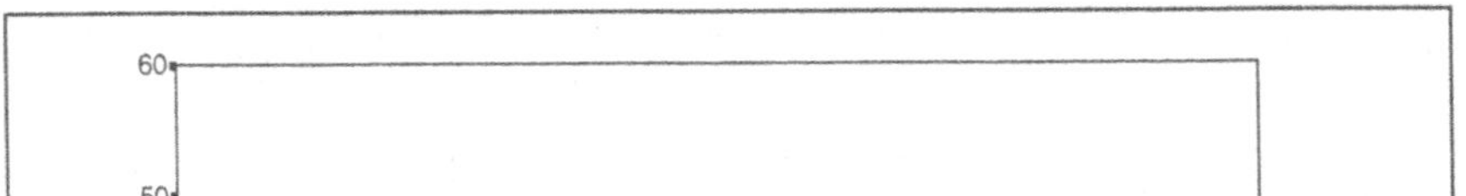


So sind 66,7% dieser Betriebe dem Cluster mit geringer Techniknutzung zuzuordnen, während es von den Betrieben, die sich im Eigentum von

Privatpersonen oder Unternehmen aus den alten Bundesländern befinden, nur 43,0% sind. Hier ist allerdings der Einfluß der Betriebsgröße zu kontrollieren, da sich unter den Betrieben mit Eigentümern aus den neuen Bundesländern ein höherer Anteil kleiner Betriebe befindet (58,3% der Betriebe haben 20-49 Beschäftigte vs. 39,0%); der Zusammenhang gilt jedoch betriebsgrößenunabhängig.

Zum anderen ergibt sich ein Einfluß des Betriebsstatus. Unter den Altbetrieben ist der Anteil der gering technisierten erheblich geringer als unter den neugegründeten Betrieben (47,5% vs. 57,4%). Auch dieser Zusammenhang ist gegenüber der Kontrolle für den Faktor Betriebsgröße invariant. Zudem scheinen beide Faktoren unabhängig voneinander einen Einfluß auszuüben, d.h. der Anteil der gering technisierten Betriebe ist mit 74,2% am höchsten, wenn es sich um Neugründungen handelt und sie im Besitz von Personen aus den neuen Bundesländern sind (vgl. Tabelle 13), und am niedrigsten bei den Altbetrieben, die von Westinvestoren übernommen wurden.

*Tabelle 13: C-Techniknutzung in privatisierten Betrieben nach Betriebsstatus und Eigentumsverhältnissen (1994; Anteil der Betriebe in %)*

| | Status | | | |
|---|---|---|---|---|
| | „Alt"-Betrieb | | Neugründung | |
| | Eigentum | | Eigentum | |
| | NBL | ABL | NBL | ABL |
| C-Techniknutzung | | | | |
| Gering | 63,9 % | 41,2 % | 74,2 % | 48,0 % |
| Mittel | 29,5 % | 28,2 % | 19,4 % | 36,0 % |
| Hoch | 6,6 % | 30,6 % | 6,5 % | 16,0 % |

Allerdings muß dieser Eindruck als Ergebnis einer zweifaktoriellen Kovarianzanalyse der Anzahl computergestützter Funktionen, in die wiederum die Betriebsgröße, der Anteil der nach Kundenspezifikation gefertigten Produkte und der Anteil der Unikatfertigung als Kovariaten einbezogen wurden, modifiziert werden. Es erweisen sich wiederum die Betriebsgröße und der Anteil der Unikatfertigung als erklärungskräftige Variablen, im übrigen wird jedoch nur der Einfluß der Eigentumsverhältnisse und nicht der des Faktors Betriebsstatus als signifikant ausgewiesen. Auch der Interaktionseffekt zwischen Eigentumsverhältnissen und Betriebsstatus ist nicht signifikant.

### 5.2.2.3. Form der informationstechnischen Unterstützung betrieblicher Rahmenplanungsfunktionen

Zum Abschluß des Überblicks über Umfang und Art der Computerunterstützung des Produktionsprozesses soll dargestellt werden, in welcher Form insbesondere betriebliche Rahmenplanungsfunktionen informationstechnisch unterstützt werden. Tabelle 14 stellt die Art der informationstechnischen Unterstützung verschiedener Rahmenplanungsfunktionen im Ost-West-Vergleich dar. Sie verdeutlicht zum einen noch einmal, daß die Betriebe in den neuen Bundesländern, wie aufgrund der vorstehenden Ausführungen zu erwarten war, die genannten betrieblichen Rahmenplanungsfunktionen in geringerem Umfang überhaupt informationstechnisch unterstützen, und somit der Anteil der Betriebe, die die Produktionsplanung und -steuerung eher mit konventionellen Mitteln durchführen, höher ist als dies in den westdeutschen Betrieben der Fall ist. Dabei bestehen allerdings deutliche Unterschiede im Hinblick auf die Art der Funktionen.

*Tabelle 14: Rechnerunterstützung von PPS-Funktionen im Ost-West-Vergleich (1994; Anteil der Betriebe in %; Zeilenprozente)*[145]

| | Neue Bundesländer | | | |
|---|---|---|---|---|
| | GR | WS | PC | Konv. |
| Betriebsmittelplanung | 6,5 | 8,0 | 23,9 | 61,7 |
| Material-/Mengenplanung | 17,4 | 18,3 | 29,8 | 34,5 |
| Durchlaufterminierung | 10,9 | 11,8 | 18,0 | 59,2 |
| Kapazitätsabgleich | 8,5 | 12,1 | 17,6 | 61,8 |
| Werkstattauftragsfreigabe | 12,3 | 14,8 | 15,3 | 57,6 |
| Betriebsdatenerfassung | 11,2 | 15,6 | 36,6 | 36,6 |
| Betriebsdatenauswertung | 11,2 | 17,0 | 35,9 | 35,9 |
| Transport-, Lager-, Materialflußsteuerung | 6,8 | 8,9 | 16,2 | 68,1 |
| Instandhaltungsplanung | | 1,1 | 8,8 | 90,1 |
| | **Alte Bundesländer** | | | |
| | GR | WS | PC | Konv. |
| Betriebsmittelplanung | 14,2 | 8,9 | 18,8 | 58,1 |
| Material-/Mengenplanung | 37,8 | 14,7 | 18,8 | 28,7 |
| Durchlaufterminierung | 28,0 | 11,7 | 17,2 | 43,1 |
| Kapazitätsabgleich | 22,2 | 10,4 | 13,7 | 53,7 |
| Werkstattauftragsfreigabe | 26,8 | 11,0 | 14,8 | 47,4 |
| Betriebsdatenerfassung | 23,0 | 14,0 | 26,1 | 36,8 |
| Betriebsdatenauswertung | 24,0 | 12,9 | 28,2 | 34,9 |
| Transport-, Lager-, Materialflußsteuerung | 21,6 | 8,7 | 9,8 | 59,9 |
| Instandhaltungsplanung | 2,1 | 1,1 | 13,3 | 83,5 |

145 Die Darstellung bezieht sich auf die Betriebe, die angaben, daß die jeweilige Funktion im Betrieb anfalle; die Abkürzungen bedeuten dabei: GR: Unterstützung durch Großrechner/mittlere Datentechnik; WS: Unterstützung durch Workstations; PC: Unterstützung durch Personalcomputer; Konv.: Funktion wird nicht edv-technisch unterstützt.

Während etwa die Betriebsdatenerfassung[146] und die Betriebsdatenauswertung in jeweils gut einem Drittel der ost- bzw. westdeutschen Betriebe konventionell durchgeführt werden, bestehen beispielsweise im Bereich der Durchlaufterminierung erhebliche Unterschiede; sie wird in etwa 60% der ostdeutschen Betriebe konventionell durchgeführt, während eine ebenso große Gruppe der westdeutschen Betriebe diese Funktion bereits in irgendeiner Form informationstechnisch unterstützt.

Zum anderen zeigt sich, daß in den ostdeutschen Betrieben, in denen prinzipiell eine informationstechnische Unterstützung dieser Funktionen realisiert wird, der Support durch Großrechner eine deutlich geringere Bedeutung hat als in den westdeutschen Betrieben, wohingegen beim Einsatz von Workstations geringere Differenzen zwischen Ost und West bestehen. Vergleichsweise häufiger wird in den Betrieben in den neuen Bundesländern der Personalcomputer zur informationstechnischen Unterstützung herangezogen. So gibt etwa ein gutes Drittel der ostdeutschen Betriebe an, die Betriebsdatenerfassung werde durch Personalcomputer unterstützt, während dies lediglich für gut 25% der westdeutschen Betriebe zutrifft.

Die Aggregation der Informationen führt zu folgendem Bild (Abbildung 14): sowohl der Anteil der Betriebe, die die Mehrzahl der Planungsfunktionen informationstechnisch unterstützen, als auch die Art der informationstechnischen Unterstützung variieren zwischen den Betrieben in den neuen und alten Bundesländern. Während annähernd die Hälfte der ostdeutschen Betriebe noch eine überwiegend „konventionelle" Planung betreibt, liegt der entsprechende Anteil in den westdeutschen Betrieben nur bei 36,4%. Unter den Betrieben, die eine edv-gestützte Planung betreiben, liegt der Anteil der Betriebe, die dies vornehmlich mit Hilfe von Großrechnern tun, in den alten Bundesländern mehr als doppelt so hoch.

146 Beim Vergleich mit dem vorangegangenen Kapitel fällt auf, daß ca. 70% der Betriebe angaben, die Erfassung von Maschinen- und Auftragsfortschrittsdaten, einer typischen BDE-Funktion, werde nicht durch computergestützte Technik(en) und Verfahren unterstützt, während bei der gezielten Nachfrage lediglich ein gutes Drittel der Betriebe BDE-Funktionen generell nicht durch Computertechnik unterstützt (Tabelle 14). Diese Diskrepanz dürfte dadurch zu erklären sein, daß andere Betriebsdaten automatisch erfaßt werden.

*Abbildung 14: Überwiegende Durchführung betrieblicher Planungsfunktionen im Ost-West-Vergleich (1994; Anteil der Betriebe in %)*

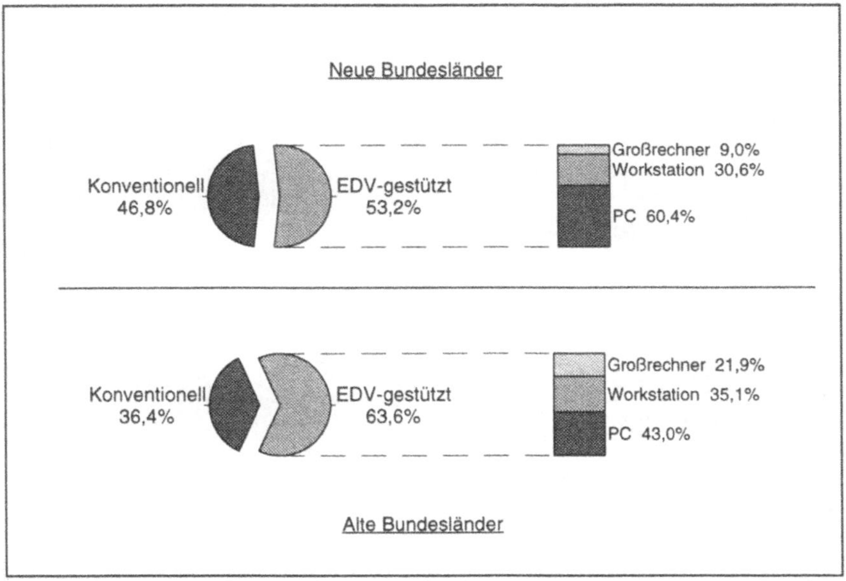


Die geringere Bedeutung des Großrechnereinsatzes in den neuen Bundesländern ist dabei durch den insgesamt geringeren Automatisierungsgrad nicht erklärbar. Von den hochtechnisierten Betrieben in den neuen Bundesländern setzen beispielsweise nur gut 15% (15,2%) vorwiegend Großrechner zur Unterstützung betrieblicher Planungsfunktionen ein, wohingegen dies fast 35% (34,6%) der westdeutschen Betriebe tun.

Die fortschreitende Leistungsfähigkeit der Informationstechnik führt der Tendenz nach offenbar dazu, daß kleinere Rechnersysteme auch in solchen Betriebsbereichen einsetzbar sind, die aufgrund der notwendigen Rechenkapazitäten bisher Großrechnern vorbehalten waren. Die ostdeutschen Betriebe, die hinsichtlich der Ausstattung mit Rechnertechnologie einen noch nicht vollkommen gestillten Nachholbedarf haben, profitieren von dieser Entwicklung insofern, als für sie die Anschaffung starrer Großrechnertechnologie obsolet geworden ist.

*Abbildung 15: Gründe für den vollzogenen oder geplanten Wechsel eines eingesetzten PPS-Systems im Ost-West-Vergleich (1994; Durchschnittswerte)*

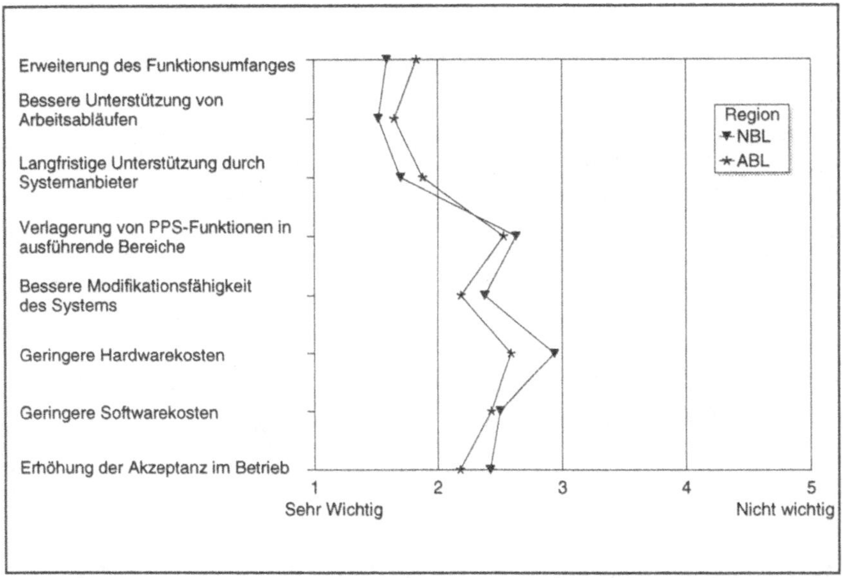


Ein möglicher Anhaltspunkt für diese Vermutung ergibt sich, wenn man betrachtet, welche Systeme von den Betrieben eingesetzt werden, die angaben, in den letzten zwei Jahren einen Wechsel des eingesetzten PPS-Systems vorgenommen zu haben; von diesen unterstützten zum Befragungszeitpunkt 50% der ostdeutschen Betriebe die Mehrzahl der (anfallenden) Rahmenplanungsfunktionen durch Workstations, unter den westdeutschen Betrieben traf dies für 43,7% zu, was für eine in Zukunft wesentlich höhere Bedeutung dieser Systeme spricht.

Die Gründe für den kürzlich vollzogenen oder in Kürze geplanten Wechsel des PPS-Systems veranschaulicht Abbildung 15.[147] Prinzipielle Verbesserungen des PPS-Systems waren offenbar der zentrale Grund für einen Wechsel; so sind die Erweiterung des Funktionsumfanges des Systems für weitere bzw. andere betriebliche Funktionen, die bessere Unterstützung bestehender betrieblicher Arbeitsabläufe und die Sicherung des langfristigen Supports durch den Systemanbieter die mit Abstand wichtigsten Gründe für

147 Bei der Interpretation dieser Daten sollte berücksichtigt werden, daß, da nur ca. 10% der Betriebe angaben, einen Wechsel des PPS-Systems vollzogen zu haben bzw. in Kürze zu planen (kein Unterschied zwischen Ost und West), die Zahl der ostdeutschen Betriebe bei lediglich n = 22 liegt. Die Ergebnisse sind daher mit Vorsicht zu bewerten. Die ausgewiesenen Unterschiede werden durch t-Tests als nicht signifikant ausgewiesen.

einen Wechsel des PPS-Systems. Dabei sind alle drei genannten Gründe für die ostdeutschen Betriebe tendenziell von leicht höherer Bedeutung als für die westdeutschen Betriebe. Eher strategische Gründe für einen Wechsel des PPS-Systems, wie die Verlagerung von PPS-Funktionen in ausführende Bereiche, eine generell bessere Modifikationsfähigkeit des Systems oder aber die Erhöhung der innerbetrieblichen Akzeptanz des PPS-Systems werden von den ostdeutschen Betrieben im Vergleich zu den westdeutschen Maschinenbauern als etwas weniger wichtig betrachtet.

Hinsichtlich der möglichen Konsequenzen sind die skizzierten Strukturunterschiede als ambivalent zu betrachten. Einerseits ist eine großrechnerbasierte Produktionsplanung relativ starr und bietet wenig dezentrale Eingriffsmöglichkeiten. Dafür spricht, daß bei einer im wesentlichen großrechnerbasierten Unterstützung betrieblicher Planungsfunktionen die Gründe „Bessere Unterstützung bestehender Arbeitsabläufe", „Bessere Modifikationsfähigkeit des PPS-Systems" und „Verlagerung von PPS-Funktionen in ausführende Bereiche"[148] von den Betrieben, die einen Wechsel ihres PPS-Systems in den nächsten zwei Jahren planen, als wichtiger bewertet werden als von denjenigen Betrieben, die eine andere Form der informationstechnischen Unterstützung ihrer Planungsfunktionen realisiert haben. Andererseits kann ein verstärkter Einsatz insbesondere von Personalcomputern wesentliche Vorteile einer informationstechnischen Unterstützung von Planungsprozessen, die sich aus der Integration und Vereinheitlichung der betrieblichen Datenbasen ergeben, deutlich reduzieren.

In bezug auf den Einfluß der wesentlichen strukturellen Variablen kann das wiederholt werden, was auch schon für den Einsatz computergestützter Techniken in der Fertigung und den Umfang des innerbetrieblichen Technikeinsatzes insgesamt konstatiert wurde. Eine hohe Umweltunsicherheit, d.h. ein hoher Anteil von nach Kundenspezifikation gefertigten Produkten und ein durch kleine Serien dominiertes Produktionsprogramm führen tendenziell zu einem höheren Anteil konventioneller Lösungen. Auch unter Berücksichtigung dieser Einflußfaktoren besteht jedoch in regionaler Hinsicht ein deutlicher struktureller Unterschied im Niveau und der Struktur der informationstechnischen Unterstützung betrieblicher Planungsfunktionen.

Auch innerhalb der Gruppe der ostdeutschen Betriebe ist dem bisher Gesagten nichts Neues hinzuzufügen. Betriebe, die sich im Eigentum ostdeutscher Besitzer befinden, führen, auch nach Berücksichtigung struktureller Einflußvariablen, die Mehrzahl der betrieblichen Planungsaufgaben konventionell durch und setzen, sofern sie überhaupt auf Informationstechnik zurückgreifen, weniger auf große komplexe Systeme als vielmehr auf punktuelle Unterstützung durch den Einsatz von Personalcomputern. Betriebe, die sich im Eigentum westdeutscher Besitzer befinden, unter-

148 - diese Daten beziehen sich allein auf die Betriebe in den alten Bundesländern -

scheiden sich hinsichtlich des prinzipiellen Einsatzes computergestützter Techniken zur Durchführung betrieblicher Planungsfunktionen in geringerem Maße von den westdeutschen Betrieben; auch hier ist jedoch im Vergleich zu den westdeutschen Betrieben ein verstärkter Einsatz insbesondere von Personalcomputern festzustellen.

*Abbildung 16: EDV-Unterstützung betrieblicher Planungsfunktionen (Anteil der Betriebe in %)*

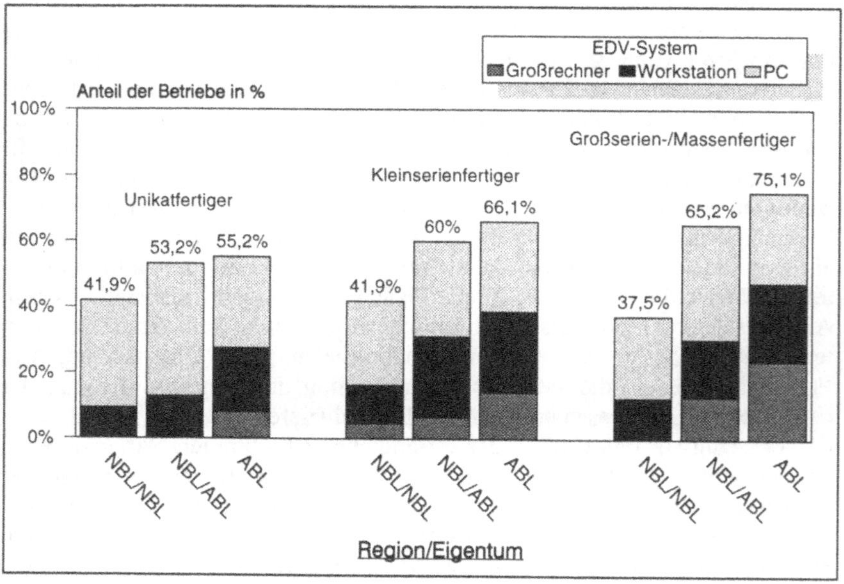


Einen Vergleich von westdeutschen Betrieben und ostdeutschen Betrieben - differenziert nach der Eigentümerstruktur - bietet Abbildung 16. In bezug auf den Einfluß des Betriebsstatus ist abschließend festzuhalten, daß die neugegründeten Betriebe c.p. in höherem Maße konventionell planen.

### 5.2.3. Fazit: Technikzentrierte Rationalisierung im ostdeutschen Maschinenbau?

Die Beschreibung und Analyse des Diffusionsgrades computergestützter Techniken in ost- und westdeutschen Maschinenbaubetrieben läßt deutliche Differenzierungen sowohl hinsichtlich des Einsatzes bestimmter Techniksysteme als auch im Hinblick auf den innerbetrieblichen Diffusionsgrad computergestützter Techniken erkennen.

Insgesamt sind in den neuen Bundesländern Technologien, die im Westen als Standardtechniken zu betrachten sind, in deutlich geringerem Maße verbreitet. Wenig Unterschiede bestehen bei komplexeren Techniksystemen, wie FFZ, FFS und FTS, wobei allerdings nicht auszuschließen ist bzw. die begründete Vermutung besteht, daß es sich in der Hauptsache um Maschinen aus der Vorwendezeit handelt, die zum einen nicht unbedingt aktuellen technischen Standards entsprechen, und zum anderen vor dem Hintergrund der gewandelten Produktstruktur der Branche nicht immer sinnvoll einsetzbar sind.

Im Hinblick auf die innerbetriebliche Diffusion computergestützter Techniken ist festzuhalten, daß, auch vor dem Hintergrund eines derzeit stark auf eine kundenindividuelle Produktion in kleinen Serien zugeschnittenen Produktprogrammes, noch hohe, bisher unausgeschöpfte Einsatzpotentiale für computergestützte Techniken bestehen, wobei dies sowohl für den direkten Fertigungsbereich als auch für den Einsatz in den produktionsvor-, -neben- und nachgelagerten Bereichen gilt. Besonders problematisch erscheinen die geringen Diffusionsquoten von Systemen zur computergestützten Konstruktion in den ostdeutschen Betrieben und deren mangelnde Vernetzung mit anderen betrieblichen Bereichen, insbesondere mit dem Fertigungssystem, da die CAD-CAM-Koppelung die Realisierung beträchtlicher Produktivitätspotentiale erlaubt, und der Einsatz von CAD-Systemen zumindest für jene Betriebe, die sich nicht auf die Übernahme von Fertigungsaufträgen beschränken, sondern selbst neue Produkte entwickeln wollen, unerläßlich ist.

Deutlich sind bei den ostdeutschen Maschinenbauern Unterschiede im Technikeinsatz zwischen Betrieben, die sich im Eigentum von ost- bzw. westdeutschen Besitzern befinden. Die durchgängig bessere technische Ausstattung der Betriebe, die sich in Westeigentum befinden, ist dabei allem Anschein nach nicht dadurch bedingt, daß die westlichen Investoren vor allem dort investierten, wo aufgrund der technischen Ausstattung der Betriebe relativ gute Startbedingungen bestanden. Dafür spricht, neben den bereits angeführten Argumenten, daß sich die Technikausstattung in den früh (bis 1991) und den spät (ab 1992) an Westbesitzer privatisierten Betrieben nicht unterscheidet, und insgesamt als besser zu charakterisieren ist als in den an ostdeutsche Besitzer privatisierten Betrieben. Auch in den neugegründeten Betrieben wirkt sich die Variable „Eigentumsverhältnisse" in der beschriebenen Weise aus, wohingegen eine systematisch bessere Technikausstattung der Altbetriebe nicht nachgewiesen werden kann. Insofern spricht zumindest im Hinblick auf die technische Ausstattung der Betriebe mehr für die These der Ressourcen- als für die der Pfadabhängigkeit.

In der Literatur war ein Überwiegen „technikzentrierter Rationalisierungsmaßnahmen" konstatiert worden. Dieser Befund ist mit den vorgestellten Analysen durchaus vereinbar. Allerdings ist die Konzentration auf technische Aspekte der betrieblichen (Re-) Strukturierung vor dem Hintergrund der nach wie vor erheblichen Einsatzpotentiale für C-Techniken im ostdeutschen Maschinenbau offenbar immer noch eine vielversprechende Rationalisierungsarena. Insofern kann der von Wengel/Harnischfeger (1995: 99) für die ostdeutsche Investitionsgüterindustrie im allgemeinen formulierten Einschätzung: „Ein technologischer Rückstand ist kaum mehr zu konstatieren. Bei fast allen Techniken sind Verbreitungsquoten und eine Ausschöpfung der betriebsspezifischen Einsatzpotentiale erreicht, die bereits heute nahezu dem westdeutschen Niveau entsprechen, es teilweise sogar übertreffen" für den ostdeutschen Maschinenbau, insbesondere unter Berücksichtigung des innerbetrieblichen Diffusionsgrades computergestützter Techniken nicht zugestimmt werden.

Hinsichtlich der Konsequenzen dieses Rückstandes in der Techniknutzung sind in bezug auf die organisatorischen Implikationen vor allem drei Fragen von Interesse:

- Wie wirkt sich die Technikausstattung in der Fertigung auf den Aufgabenzuschnitt der Beschäftigten aus?
- Wie verhält es sich mit der Verortung innerbetrieblicher Planungskompetenzen? Zu vermuten wäre ein anderer Zuschnitt der funktionalen Arbeitsteilung zwischen Werkstatt und zentralen Abteilungen.
- Gibt es organisatorische Strategien, die mit dem Niveau des innerbetrieblichen Technikeinsatzes korrespondieren?

## 5.3. Die organisatorische Gestaltung des Produktionsprozesses

Die organisatorische Gestaltung des Produktionsprozesses wird im folgenden in drei Schritten dargestellt und analysiert. Zunächst erfolgt eine nähere Betrachtung der Betriebsorganisation, und dies anhand der Dimensionen organisatorische Strukturierung, Leistungstiefe und Formen der Fertigungsorganisation. Im Anschluß daran werden Strukturen der inner- und zwischenbetrieblichen Arbeitsteilung ausführlich behandelt.

### 5.3.1. Die Betriebsorganisation

#### 5.3.1.1. Organisatorische Strukturierung

Wesentliche Merkmale der organisatorischen Strukturierung von Betrieben sind die Ausdifferenzierung betrieblicher Funktionsbereiche und die Formalisierung der der Ablauforganisation zugrunde liegenden Regelungen, die, nach der Theorie der formalen Differenzierung, im wesentlichen durch die Organisationsgröße beeinflußt werden (vgl. Kapitel 4.3.1.3.). Mit der Betriebsgröße steigt demnach durch die Zunahme des Volumens gleichartiger

Aufgaben die Wahrscheinlichkeit, daß sich organisatorische Subsysteme entwickeln, die die Abwicklung spezifischer Tätigkeiten übernehmen. Gleichzeitig wächst mit zunehmender Ausdifferenzierung der Gesamtorganisation die Notwendigkeit, Regeln festzulegen, die den Ablauf der Abwicklung der betrieblichen Aufgaben festlegen. Beide Dimensionen werden im NIFA-Panel erfaßt. Die organisatorische Differenzierung des Betriebes wird dabei gemessen, indem erfragt wird, ob die festgelegte Abgrenzung von Funktionsbereichen (Abteilungsgliederung) sehr stark oder aber sehr schwach ausgeprägt ist. In analoger Form wird der Grad der Formalisierung erfaßt, indem ermittelt wird, in welchem Maße innerbetriebliche Vorschriften schriftlich fixiert sind. Beide Variablen wurden zu einem Indikator zusammengefaßt, der auf einer Skala von 1 bis 10 die organisatorische Strukturierung der Betriebe mißt. Der Wert 1 bedeutet dabei eine sehr starke, der Wert 10 indiziert eine sehr schwache Ausprägung der organisatorischen Strukturierung. Abbildung 17 stellt die organisatorische Strukturierung in ost- und westdeutschen Maschinenbaubetrieben anhand dieses Indikators unter Berücksichtigung des Merkmals Betriebsgröße dar.

*Abbildung 17: Die Organisatorische Strukturierung im Ost-West-Vergleich (1994; Durchschnittswerte)*

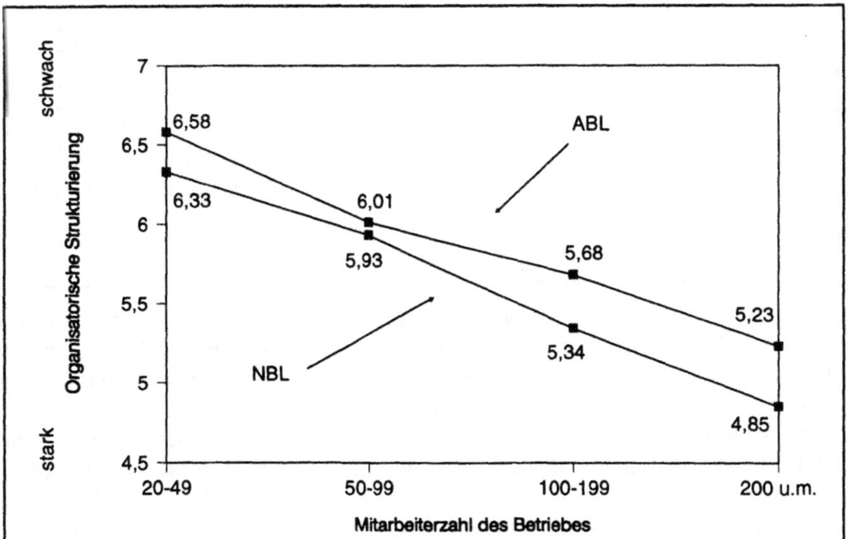


Sie verdeutlicht einen Zusammenhang, der sich auch rechnerisch durch eine zweifaktorielle Varianzanalyse bestätigen läßt; zum einen ist der angenommene Einfluß der Betriebsgröße auf die organisatorische Strukturierung anhand der vorliegenden Daten empirisch zu bestätigen. Zum anderen sind - auch nach Kontrolle der Betriebsgrößenstruktur - die ostdeutschen Betriebe im Vergleich zu den westdeutschen durch eine durchweg stärker ausgeprägte organisatorische Strukturierung gekennzeichnet. Beide Variablen beeinflussen die organisatorische Strukturierung signifikant ($p_{region}$= 0.031; $p_{größe}$ = 0,000).

*Abbildung 18: Organisatorische Strukturierung und Betriebsstatus (1994; Durchschnittswerte)*

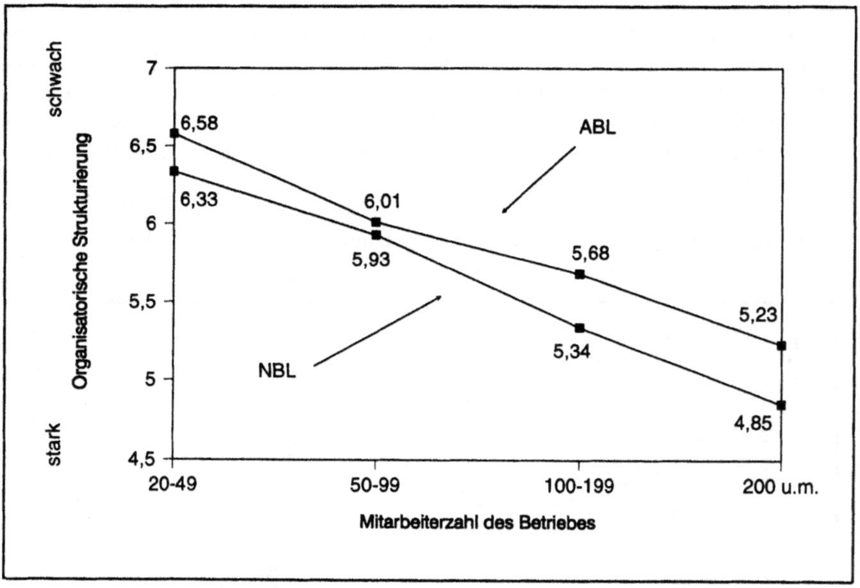


Daß dieser Unterschied jedoch nicht für die generelle Dominanz von auf Arbeitsteilung und Hierarchisierung zielenden Reorganisationsstrategien spricht, verdeutlicht Abbildung 18, in der die organisatorische Strukturierung der Altbetriebe mit den neugegründeten Betrieben verglichen wird. Ergänzend sind in dieser Abbildung noch einmal die entsprechenden Daten für die Betriebe der alten Bundesländer eingetragen. Die nach der Vereinigung neugegründeten Betriebe zeichnen sich durchweg durch eine schwächere organisatorische Strukturierung aus, was u.a. in Zusammenhang mit dem geringeren Alter der Organisationen stehen dürfte. Die bereits zu DDR-Zeiten existierenden und nach der Wende fortgeführten Betriebe sind demgegenüber deutlich stärker organisatorisch strukturiert, und dies nicht nur im Vergleich zu den neugegründeten ostdeutschen Betrieben, sondern auch im Vergleich zu den westdeutschen Betrieben. Dieser Befund spricht demnach für die Pfadabhängigkeit der organisatorischen Strukturierung.[149] Ein Einfluß der Eigentumsverhältnisse auf die organisatorische Strukturierung der ostdeutschen Maschinenbaubetriebe ist nicht nachzuweisen.

#### 5.3.1.2. Leistungstiefe

In den letzten Jahren wurde, vor allem im Kontext der Diskussion um die „Verschlankung" von Produktionsstrukturen, die Optimierung der Leistungstiefe eines der zentralen Handlungsfelder betrieblicher Rationalisierung (Wildemann 1992). Die Konzentration auf betriebliche Kernkompetenzen und die Auslagerung nicht-substantieller Produktionsschritte auf Zulieferer versprachen die Realisierung wesentlicher Kostenvorteile, da die benötigten Leistungen, z.B. infolge von Spezialisierungsvorteilen, aber auch durch ein geringeres Lohnniveau bei den Zulieferbetrieben, von diesen zum Teil kostengünstiger erbracht werden können. Kritiker weisen allerdings darauf hin, daß die potentiellen Risiken, die aus einer Reduktion der Leistungstiefe resultieren können, wie etwa ein Verlust betrieblichen Know-hows und eine hohe Abhängigkeit von den Zulieferern, die den Verlust von betrieblicher Flexibilität mit sich bringen können, nicht immer in ausreichendem Maße beachtet werden.

Zwar ist für den Maschinenbau generell von einer eingeschränkten Bedeutung dieser Diskussion auszugehen, was sich zum einen aus seiner Stellung im Rahmen der Wertschöpfungskette erklärt. Anders als beispielsweise die Automobilproduzenten, für die diese Problematik in extenso behandelt wurde, liefern die deutschen Maschinenbaubetriebe ca. 55% ihrer Produktion an industrielle Endverbraucher und etwa ein Viertel der Produkte an Weiterverarbeiter,[150] die z.B. im Falle der Automobilindustrie eine deutlich höhere Verhandlungsmacht haben und ihrerseits Preise und Lieferbedingungen diktieren können. Zum anderen sind die zu erstellenden Leistungen in der Regel hochkomplex, so daß sie am Markt nicht bezogen werden können.

Dennoch erwarteten im Jahr 1994 57% der befragten Maschinenbaubetriebe, daß zukünftig der Anteil zugekaufter Fremdleistungen ansteigen werde, während nur 43% der Betriebe davon ausgingen, daß der Anteil zugekaufter Fremdleistungen konstant bleiben oder aber sinken werde. Die Mehrzahl der Betriebe rechnete also mit einer Reduktion der innerbetrieblichen Leistungstiefe.

149 Im Hinblick auf die Unterschiede in der organisatorischen Strukturierung der Betriebe werden beide Variablen, Betriebsstatus und Betriebsgröße, von einer zweifaktoriellen Varianzanalyse als signifikant ausgewiesen ($p_{betriebsstatus}= 0.056$; $p_{größe} = 0.000$).

150 - diese Zahlen beziehen sich auf das gesamte Bundesgebiet -

Neben dieser aktuellen Diskussion bestand in der (Neu-) Gestaltung der betrieblichen Leistungstiefe ein wesentliches Problem der ostdeutschen Betriebe, da in den Kombinaten, wie in Kapitel 3 dargestellt, in der Regel ein hohes Maß vertikaler Integration realisiert war. Im Rahmen des Entflechtungs- und Privatisierungsprozesses wurden durch die Zuschneidung neuer Betriebseinheiten wesentliche Weichen für die Rücknahme der betrieblichen Leistungstiefe gestellt, indem insbesondere diejenigen Betriebsteile, die keine unmittelbaren Produktionsfunktionen wahrnahmen, organisatorisch verselbständigt wurden. Auf die Problematik, die sich für die Betriebe hieraus ergab, etwa den Verlust großer Teile des F&E-Personals, wurde bereits hingewiesen.

Im folgenden wird daher die betriebliche Leistungstiefe im deutschen Maschinenbau vergleichend dargestellt. Sie wird im NIFA-Panel in zwei unterschiedlichen Dimensionen erfaßt (vgl. Saurwein 1993). Zum einen erfolgt, bezogen auf alle Produktgruppen, die Ermittlung des durchschnittlichen wertmäßigen Eigenfertigungsanteils, zum anderen wird erfaßt, ob bestimmte maschinenbautypische Bearbeitungsverfahren überwiegend betriebsintern oder überwiegend betriebsextern durchgeführt werden, was einer eher verfahrensorientierten Bestimmung der Fertigungstiefe in den Betrieben entspricht. An dieser Stelle soll die Darstellung jedoch auf die Betrachtung des betrieblichen Eigenfertigungsanteils beschränkt werden.

Der durchschnittliche wertmäßige Eigenfertigungsanteil liegt in den befragten ostdeutschen Betrieben bei 64,5%, in den westdeutschen Betrieben bei durchschnittlich 63,9%; dieser Unterschied ist nicht als signifkant zu betrachten. Die Kontrolle der strukturellen Einflußfaktoren Betriebsgröße und Fertigungstechnologie[151] führt dabei nicht zu anderen Ergebnissen. Zwar beeinflussen sowohl die Größe eines Betriebes als auch die Fertigungstechnologie/Seriengröße den durchschnittlichen wertmäßigen Eigenfertigungsanteil signifikant und auch unabhängig voneinander; die Variable Region übt jedoch keinen Einfluß auf die Höhe des wertmäßigen Eigenfertigungsanteils aus.

Als relevante Erklärungsvariable erweist sich, wiederum für ost- und westdeutsche Betriebe gleichermaßen, neben den bereits genannten darüber hinaus auch die Einbindung in einen Unternehmensverbund. Dies veranschaulicht die vorstehende Abbildung, die keine Differenzierung nach der regionalen Zuordnung vornimmt. Betriebe, die nicht in Unternehmensstrukturen integriert sind, weisen demnach einen höheren Eigenfertigungsanteil auf als Mehrbetriebsunternehmen, wobei dies nicht durch andere strukturelle Effekte erklärbar ist, was in Abbildung 19 dadurch deutlich wird, daß dieser Effekt in jeder Betriebsgrößenklasse auftritt.

---

151 - die auch bei einer solchen scheinbaren Nicht-Beziehung notwendig ist, um eventuelle Partialbeziehungen aufzudecken -

*Abbildung 19: Eigenfertigungsanteil, Betriebsgröße und Einbindung in Unternehmensstrukturen im bundesrepublikanischen Maschinenbau (1994; Durchschnittswerte in %)*

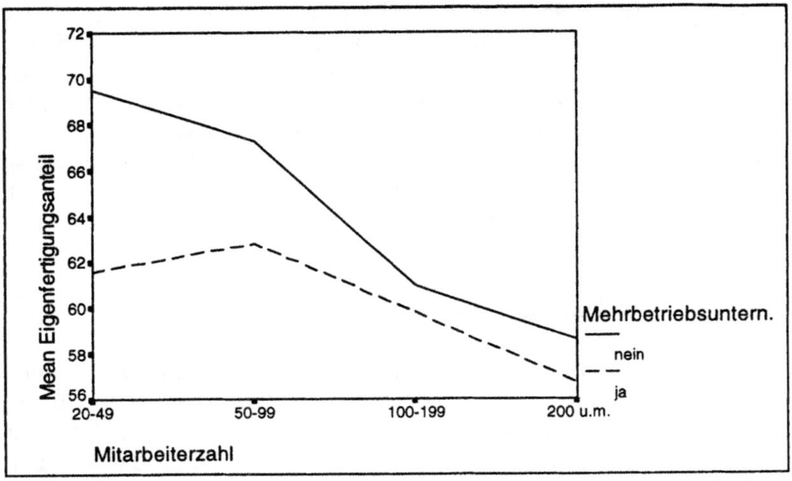


Dieser Befund konnte im Rahmen einer zweifaktoriellen Varianzanalyse als signifikant bestätigt werden. Interessant scheint des weiteren der Einfluß des Faktors Produktstandardisierung. Tabelle 15 zeigt, daß mit steigender Produktstandardisierung die innerbetriebliche Leistungstiefe abnimmt, was durch die höhere Aufgabensicherheit erklärbar ist.

*Tabelle 15: Leistungstiefe und Produktstandardisierung im Ost-West-Vergleich (1994; in %)*

| | Region | | Group Total |
|---|---|---|---|
| | NBL | ABL | |
| Index Produktstandardisierung | | | |
| niedrig | 67,3 | 66,8 | 66,9 |
| mittel | 59,6 | 61,2 | 61,0 |
| hoch | 45,4 | 59,2 | 58,1 |
| Group Total | 64,3 | 63,9 | 64,0 |

Werden relativ unspezifische Leistungen benötigt, können diese auch vom Markt zugekauft werden. Dieser Effekt ist für ost- und westdeutsche Betriebe gleichermaßen zu konstatieren. Es fällt jedoch auf, daß diejenigen ostdeutschen Betriebe, die vor allem hochstandardisierte Produkte fertigen, sich im Verhältnis zur westdeutschen Vergleichsgruppe durch einen um ca. 15 Prozentpunkte niedrigeren Eigenfertigungsanteil auszeichnen. Zwar erweist sich dieser Interaktionseffekt zwischen den Variablen Region und Grad der Produktstandardisierung im Rahmen einer zweifaktoriellen Varianzanalyse mit dem durchschnittlichen wertmäßigen Eigenfertigungsanteil als abhängiger Variable als nicht signifikant (p = 0,12): allerdings darf dies durchaus als Hinweis auf substantielle Unterschiede interpretiert werden.

Die Überprüfung des Einflusses der Variablen Eigentumsverhältnisse und Betriebsstatus unter Berücksichtigung der relevanten strukturellen Variablen ergibt, daß sie zur Erklärung der betrieblichen Leistungstiefe keinen Beitrag leisten. Weder unterscheidet sich der durchschnittliche Eigenfertigungsanteil von Betrieben, die sich in ost- bzw. westdeutschem Besitz befinden, noch ist die Leistungstiefe in den neugegründeten Betrieben geringer als in den Altbetrieben.

### 5.3.1.3. Fertigungsorganisation

Die unterschiedlichen Fertigungsorganisationsformen sind nicht nur ein wesentliches Merkmal zur Beschreibung der Organisationsstruktur eines Betriebes, sondern auch maßgeblich für die Gestaltbarkeit der Arbeitsorganisation. Die Fertigungsorganisation wird vor allem durch die Seriengröße beeinflußt. Dies veranschaulicht Tabelle 16. Während für die Unikat- und Kleinserienfertiger die Fließ-/Reihenfertigung notwendigerweise nahezu bedeutungslos ist, kann sie im Bereich der Großserien- und Massenfertigung in sinnvoller Weise eingesetzt werden; ihr Anteil liegt bei den Großserien-/Massenfertigern in den neuen Bundesländern bei gut einem Viertel, in den alten Bundesländern erreicht ihr Anteil in dieser Betriebsgruppe ca. ein Fünftel. Typische Organisationsformen im Bereich der Unikat- und Kleinserienfertigung sind dagegen die Werkstattfertigung, die allerdings auch für die Großserien-/Massenfertiger die größte Bedeutung hat, aber auch die Werkbankfertigung, die im Unterschied zur Werkstattfertigung dadurch gekennzeichnet ist, daß die Maschinen unterschiedlichen Bearbeitungstyps nicht jeweils in verschiedenen Werkstätten (Dreherei, Fräserei usf), sondern in einer Werkstatt aufgestellt sind.

*Tabelle 16: Durchschnittlicher Anteil von Fertigungsorganisationsformen nach dominanter Seriengröße im Ost-West-Vergleich (1994; in %)*

| | Unikat-fertiger | | Kleinserien-fertiger | | Großserien-/ Massenfertiger | | Insgesamt | |
|---|---|---|---|---|---|---|---|---|
| | NBL | ABL | NBL | ABL | NBL | ABL | NBL | ABL |
| Werkstattfertigung | 38,5 | 47,3 | 40,2 | 48,7 | 43,9 | 39,8 | 39,3 | 46,7 |
| Gruppen-/Zentrenfertigung | 18,3 | 15,6 | 27,4 | 20,9 | 21,4 | 28,2 | 22,5 | 20,5 |
| Fließ-/Reihenfertigung | 0,7 | 2,1 | 3,7 | 4,8 | 27,3 | 19,8 | 6,1 | 6,8 |
| Werkbankfertigung | 27,1 | 26,1 | 21,0 | 21,1 | 6,3 | 10,4 | 22,1 | 20,6 |
| Baustellenfertigung | 15,3 | 9,0 | 8,1 | 4,5 | 1,1 | 1,9 | 10,2 | 5,5 |

Eine genauere Betrachtung von Tabelle 16 verdeutlicht, daß im Hinblick auf die realisierten Fertigungsorganisatonsformen strukturelle Unterschiede zwischen ost- und westdeutschen Betrieben bestehen. Differenziert man nach verrichtungsorientierten Organisationsformen einerseits und objektorientierten Organisationsformen andererseits, so wird deutlich, daß das letztgenannte Organisationsprinzip in den Betrieben in den neuen Bundesländern eine höhere Bedeutung hat.

Abbildung 20 veranschaulicht dies graphisch. Im Durchschnitt der ostdeutschen Betriebe sind ca. 40% der Fertigungsabläufe nach dem Objektprinzip organisiert. Dies ist sowohl auf die höhere Bedeutung der Baustellenfertigung zurückzuführen als auch auf die in stärkerem Maße zum Einsatz kommende Gruppen-/Zentrenfertigung. Vor allem gilt dies für die ostdeutschen Unikat- und Kleinserienfertiger, wohingegen die Großserien- und Massenfertiger in den neuen Bundesländern in geringerem Maße gruppenorientierte Organisationsformen einsetzen. Der in dieser Gruppe von Betrieben ungefähr gleich hohe Anteil der objektorientierten Fertigungsorganisationsformen insgesamt ist durch den deutlich höheren Anteil der Fließ-/Reihenfertigung bedingt.

Wie eine Analyse der Einflußfaktoren der Gestaltung der Fertigungsorganisationsformen für die ostdeutschen Betriebe zeigt, handelt es sich dabei offenbar um Relikte der früheren Organisationsstrukturen. Während in den neugegründeten Betrieben der Anteil der Fließ-/Reihenfertigung in der Gruppe der Großserien-/ Massenfertiger bei lediglich 17,2% und damit noch unter dem Niveau des westdeutschen Subsamples (19,8%) liegt, erreicht er in den Altbetrieben 29,6%. Dementsprechend ist in diesen neugegründeten Betrieben ein größerer Anteil der Fertigung nach dem Gruppen-/Zentrenprinzip organisiert. Dies - also ein vergleichsweise höherer Anteil von Gruppen-/ Zentrenfertigung in den neugegründeten Betrieben - trifft auch auf die Kleinserienfertiger zu.

*Abbildung 20: Anteil objektorientierter Fertigungsorganisationsformen und dominante Seriengröße im Ost-West-Vergleich (1994; durchschnittliche Anteile in %)*

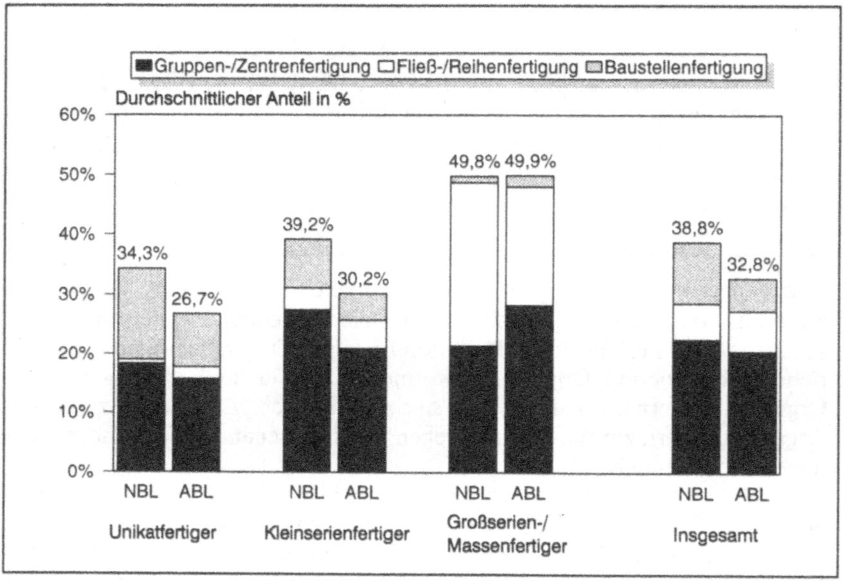


Der Betriebsstatus übt auch insgesamt einen deutlichen Einfluß auf die Fertigungsorganisation aus. So liegt der Gesamtanteil objektorientierter Formen der Fertigungsorganisation in den neugegründeten Betrieben bei 42,7%, in den fortgeführten Betrieben dagegen bei lediglich 37,3%. Allerdings ist dies auch durch das in der Gruppe der neugegründeten Unikatfertiger - die Unikatfertiger stellen insgesamt die größte Gruppe von Betrieben - hohe Volumen der Baustellenfertigung zu erklären. Im Gegensatz zum Betriebsstatus üben die Eigentumsverhältnisse keinen systematischen Einfluß auf die Fertigungsorganisationsformen aus.

Zum Abschluß sei noch darauf hingewiesen, daß die Gruppe ostdeutscher Betriebe, die vor allem hoch standardisierte Produkte fertigen, und die sich, wie im vorangegangenen Abschnitt ausgeführt, durch eine unterdurchschnittliche Leistungstiefe auszeichnen, sich auch im Hinblick auf die Fertigungsorganisation von den anderen Betrieben deutlich unterscheiden. In dieser Gruppe erreicht der Anteil objektorientierter Fertigungsorganisationsformen 60,9% und liegt somit etwa um 20 Prozentpunkte höher als in den vergleichbaren westdeutschen Betrieben (41,1%), wobei allein der Anteil der Gruppen-/Zentrenfertigung bei diesen ostdeutschen Betrieben 40,6% ausmacht.

### 5.3.1.4. Zwischenfazit

In bezug auf die Gestaltung der innerbetrieblichen Leistungstiefe ist davon auszugehen, daß zwischen ost- und westdeutschen Maschinenbaubetrieben keine wesentlichen strukturellen Diskrepanzen bestehen. Unterschiede in der Fertigungstiefe sind in neuen und alten Bundesländern gleichermaßen durch die Betriebsgröße, die Produktstruktur und die Einbindung in Unternehmensverbünde zu erklären. Allerdings deutet sich an, daß diejenigen ostdeutschen Betriebe, die primär hochstandardisierte Erzeugnisse produzieren, in bezug auf ihre Fertigungstiefe extrem „schlank" sind. Insofern hat sich die Prognose von Demmer/Kleinow (1992: 62), daß die Ausdünnung regionaler Ressourcen für die ostdeutschen Betriebe zu einem „in die entgegengesetzte Richtung eines auf westlichen Märkten konstatierbaren Trends, bei dem Hersteller den Abbau von Fertigungstiefe durch den Aufbau zuverlässiger Zulieferbeziehungen in der Region zu kompensieren versuchen", also zu einer tendenziell höheren Leistungstiefe führen werde, nicht bestätigt.

Innerhalb der Gruppe der ostdeutschen Betriebe können weder die Eigentumsverhältnisse noch der Betriebsstatus als wesentliche Differenzierungsmerkmale hinsichtlich der Leistungstiefe betrachtet werden.

Demgegenüber ist hinsichtlich der organisatorischen Strukturierung der Betriebe und in bezug auf die Fertigungsorganisationsformen von der Nachwirkung plansozialistischer Organisationsformen auszugehen. Diesbezügliche Indizien sind die gegenüber neugegründeten ostdeutschen aber auch westdeutschen Betrieben vergleichsweise ausgeprägtere organisatorische Strukturierung in den Altbetrieben, aber auch die augenscheinliche Persistenz traditioneller Fertigungsorganisationsformen bei den ostdeutschen Großserien- und Massenfertigern, die in einer hohen Bedeutung der Fließ-/Reihenfertigung zum Ausdruck kommt. Dennoch ist prinzipiell festzuhalten, daß der in den ostdeutschen Betrieben generell hohe Anteil objektorientierter Fertigungsorganisationsformen, der vor allem in den neugegründeten Betrieben auch gruppenorientierte Fertigungsorganisationsformen in größerem Maße umfaßt, prinzipiell die Realisierung arbeitsorganisatorischer Gestaltungsvarianten, wie etwa Gruppenarbeit, ermöglichen würde, für die die Abkehr vom klassischen Verrichtungsprinzip notwendige Voraussetzung ist. Ob die Tendenz zum Einsatz solcher arbeitsorganisatorischen Muster besteht, und inwiefern sie durch die vergleichsweise stärkere organisatorische Strukturierung konterkariert wird, ist in Kapitel 5.3.2.5. zu thematisieren. Zunächst erfolgt jedoch ein allgemeiner Überblick über die Strukturen innerbetrieblicher Arbeitsteilung.

### 5.3.2. Die innerbetriebliche Arbeitsorganisation

In bezug auf die innerbetriebliche Arbeitsorganisation sind zwei Dimensionen zu betrachten: die funktionale Arbeitsteilung, d.h. der Aufgabenzuschnitt zwischen dem Fertigungs-/Werkstattbereich und den produktionsvor-, -neben- und -nachgelagerten Bereichen, sowie die fachliche Arbeitsteilung, worunter die Verteilung und Zuordnung von Tätigkeiten auf das Werkstattpersonal verstanden werden soll (vgl. Pries et al. 1990: 254; Schultz-Wild et al. 1986: 136f. sowie Flimm 1990). Während die funktionale Arbeitsteilung somit die innerbetriebliche Aufgabenverteilung in vertikaler Perspektive beschreibt, ist die fachliche Arbeitsteilung Indikator der horizontalen Arbeitsteilung auf der Ebene der Produktion.

Quer zu diesen beiden Dimensionen liegen „neue“ resp. „alternative“ Formen der Arbeitsorganisation, wie etwa die Gruppenarbeit, in ihren verschiedenen Gestaltungsvarianten (vgl. hierzu Saurwein 1996). Dies gilt insbesondere für betriebliche Arbeitsgruppen, die dauerhaft die Komplettbearbeitung von Teilefamilien oder Baugruppen übernehmen und auch Steuerungsleistungen erbringen, also für solche Gruppen, die am Konzept teilautonomer Arbeitsgruppen orientiert sind (AWF 1984). In geringerem Maße ist dies aber auch bei solchen Arbeitsgruppen der Fall, die lediglich temporär zur Durchführung von Teilverrichtungen gebildet werden und in der Regel mit keinen oder nur geringen dispositiven Kompetenzen ausgestattet sind. Die Problematik des Einsatzes von Arbeitsgruppen wird daher separat behandelt. Zunächst sollen Gestaltungsformen der funktionalen und fachlichen Arbeitsteilung dargestellt werden.

#### 5.3.2.1. Die funktionale Arbeitsteilung

Zur Messung der funktionalen Arbeitsteilung im Betrieb wurde erhoben, inwieweit Aufgaben aus dem Bereich der Fertigungsplanung und -steuerung sowie indirekte Produktions- und Serviceaufgaben zum Zuständigkeitsbereich der Werkstatt gehören, inwieweit also sekundäre Funktionen in den Bereich der ausführenden Arbeit einbezogen werden (Flimm/Saurwein 1992). Dies wurde aus dem Blickwinkel der Werkstatt für elf Aufgabenbereiche erfaßt, die typischerweise in der metallverarbeitenden Fertigung anfallen. Dabei wurde eine 5er Skala mit den Ausprägungen „vollständig“, „zum großen Teil“, „zum geringen Teil“, „gar nicht“ und „Funktion fällt nicht an“ verwendet.[152] Diese Aufgaben lassen sich den Bereichen Fertigungsgrobplanung, Fertigungsfeinplanung und indirekte Produktions- und Serviceaufgaben zuordnen. Die empirischen Verteilungen dieser Indikatoren werden

152 Bezugsgruppe sind im folgenden diejenigen Betriebe, in denen die jeweilige Funktion anfällt.

nachfolgend zunächst rein deskriptiv dargestellt und im Anschluß in einer Zusammenschau eingehender analysiert.

#### 5.3.2.1.1. Grobplanungskompetenzen

Der gesamte Bereich der Beschaffung war in den DDR-Betrieben, wie dargestellt, ein höchst sensibler Bereich. Die Situation der Knappheit notwendiger Produktionsressourcen führte zur Etablierung alternativer, z.T. stark auf personale Beziehungen gestützter Koordinierungsformen, die zur Sicherung der Verfügbarkeit notwendiger Materialien unerläßlich waren.[153] Die Betriebe verfolgten daher vielfach eine Strategie der Hortung notwendiger Ressourcen (Bluhm 1992b) und sammelten nach der Wiedervereinigung oftmals teure Erfahrungen mit den Nachwirkungen dieser Beschaffungslogik (Heidenreich 1993: 88).

Die derzeitige Situation in den ostdeutschen Betrieben ist durch zentrale Materialplanung und -disposition gekennzeichnet, was als Strategie der rationalen Organisierung dieses Bereiches interpretiert werden kann. In etwa 70% der Betriebe gehören die Material-/Mengenplanung und die Material- und Lagerdisposition nicht oder nur zum geringen Teil zum Aufgabenspektrum des Werkstattpersonals.

Ein ähnliches Muster zeigt sich bei den Funktionen Kapazitätsbedarfsrechnung und Kapazitätsabgleich, wobei die Aufgabe der Kapazitätsbedarfsrechnung tendenziell stärker zentralisiert ist - in 72,2% der ostdeutschen Betriebe übt das Werkstattpersonal diese Funktion nicht oder nur in geringem Umfang aus - als der Kapazitätsabgleich, der in 56,1% der Betriebe nicht oder nur in geringem Umfang zum Aufgabenspektrum des Werkstattpersonals gehört. Die Maschinenbaubetriebe in den neuen Bundesländern haben in diesen Bereichen dem Werkstattpersonal jedoch größere Kompetenzen eingeräumt als die westdeutschen Betriebe, in denen etwa die Kapazitätsbedarfsrechnung in 45,6% der Fälle nicht zum Aufgabenspektrum des Werkstattpersonals gehört. Allerdings kann eine Bewertung dieser Diskrepanzen nur unter Berücksichtigung der strukturellen Rahmenbedingungen erfolgen, da etwa bei einer primär kundenspezifischen Fertigung, wie sie für den Großteil der Maschinenbauer in den neuen Bundesländern typisch ist, in der Regel ein hoher Flexibilitätsbedarf besteht, der nur durch die Ansiedlung von Planungskompetenzen im Produktionsbereich zu bewältigen ist. Dies gilt in gleicher Weise für die Durchlaufterminierung.

153 Von Heidenreich (1991a) ist zur Umschreibung dieses Sachverhalts der Begriff der „Pseudo-Verkehrswirtschaft" vorgeschlagen worden.

*Tabelle 17: Grobplanungskompetenzen der Werkstatt im Ost-West-Vergleich (1994; Anteil der Betriebe in %)*

| | Region | |
|---|---|---|
| | NBL | ABL |
| **Material-/ Mengenplanung** | | |
| vollständig | 9,2 % | 13,2 % |
| zum großen Teil | 20,0 % | 22,4 % |
| zum geringen Teil | 31,7 % | 33,0 % |
| gar nicht | 39,2 % | 31,4 % |
| **Durchlaufterminierung** | | |
| vollständig | 16,8 % | 14,2 % |
| zum großen Teil | 39,5 % | 32,0 % |
| zum geringen Teil | 27,3 % | 29,8 % |
| gar nicht | 16,4 % | 24,0 % |
| **Kapazitätsbedarfsrechnung** | | |
| vollständig | 8,1 % | 9,1 % |
| zum großen Teil | 19,7 % | 17,5 % |
| zum geringen Teil | 32,7 % | 27,8 % |
| gar nicht | 39,5 % | 45,6 % |
| **Kapazitätsabgleich** | | |
| vollständig | 12,2 % | 10,4 % |
| zum großen Teil | 31,7 % | 25,1 % |
| zum geringen Teil | 31,2 % | 27,0 % |
| gar nicht | 24,9 % | 37,4 % |
| **Material-/ Lagerdisposition** | | |
| vollständig | 9,8 % | 8,8 % |
| zum großen Teil | 18,7 % | 18,7 % |
| zum geringen Teil | 37,4 % | 33,9 % |
| gar nicht | 34,0 % | 38,6 % |

Um die deskriptive Darstellung auf der Ebene der Beschreibung der Einzelindikatoren jedoch nicht zu umfangreich werden zu lassen, ist im Hinblick auf die Analyse dieser strukturellen Effekte auf Abschnitt 5.3.3.2. zu verweisen.

### 5.3.2.1.2. Feinplanungskompetenzen

Während die Grob- bzw. Rahmenplanung in ost- und westdeutschen Betrieben gleichermaßen - vor allem in größeren Betrieben - häufig nicht zum Kompetenzbereich der Werkstatt gehört, ist dies im Bereich der kurzfristiger disponierenden Feinplanung in stärkerem Maße der Fall. Werden der Werkstatt Kompetenzen im Bereich der Kurzfristplanung zugestanden, so führt dies zur Verkürzung von Kommunikationsketten und somit zu größerer Flexibilität im Produktionsablauf. Dabei spielt es eine wesentliche Rolle, wie weitgehend die mit den verschiedenen Feinplanungsfunktionen verbundenen Dispositionskompetenzen sind. Wie aus Tabelle 18 ersichtlich, gehört die Feinterminplanung in gut 16% der ostdeutschen Betriebe nicht zum Aufgabenspektrum des Werkstattpersonals.

*Tabelle 18: Feinplanungskompetenzen der Werkstatt im Ost-West-Vergleich (1994; Anteil der Betriebe in %)*

| | Region | |
|---|---|---|
| | NBL | ABL |
| **Feinterminplanung** | | |
| vollständig | 23,5 % | 23,2 % |
| zum großen Teil | 35,0 % | 31,6 % |
| zum geringen Teil | 25,2 % | 23,9 % |
| gar nicht | 16,2 % | 21,3 % |
| **Abeitsverteilung** | | |
| vollständig | 51,9 % | 40,6 % |
| zum großen Teil | 37,8 % | 42,2 % |
| zum geringen Teil | 8,3 % | 11,7 % |
| gar nicht | 2,1 % | 5,6 % |
| **Auftragsüberwachung** | | |
| vollständig | 27,8 % | 26,0 % |
| zum großen Teil | 51,8 % | 42,7 % |
| zum geringen Teil | 14,3 % | 23,4 % |
| gar nicht | 5,9 % | 8,0 % |

Arbeitsverteilung und Auftragsüberwachung sind im ganz überwiegenden Teil der ostdeutschen Betriebe originäre Aufgabe des Werkstattpersonals. So wird in über 50% der Betriebe in den neuen Bundesländern die Arbeitsverteilung vollständig durch das Werkstattpersonal wahrgenommen, für die Auftragsüberwachung ist das Werkstattpersonal in ca. 80% der ostdeutschen Betriebe vollständig oder zum großen Teil zuständig. Im Hinblick auf einen Vergleich mit den westdeutschen Betrieben ist festzuhalten, daß insbesondere bei den Funktionen Arbeitsverteilung und Auftragsüberwachung das Werkstattpersonal in den ostdeutschen Betriebe größere Kompetenzspielräume hat.

#### 5.3.2.1.3. Indirekte Produktions- und Servicefunktionen

Von besonderem Interesse war in der Diskussion der letzten Jahre die Integration bzw. Reintegration der indirekten Produktions- und Serviceaufgaben in den Aufgabenbereich des Werkstattpersonals als Indikator des eingeschlagenen Modernisierungspfades. In diesem Bereich, und dies gilt sowohl für die Zuständigkeit für Instandhaltungsaufgaben als auch für die Maschinenprogrammierung, wählen die ostdeutschen Betriebe vergleichsweise häufig „zentrale“ Lösungen. In über 60% der ostdeutschen Betriebe liegt die Zuständigkeit für die Instandhaltung im wesentlichen außerhalb der Werkstatt.

Die Qualitätssicherung ist dagegen in der Regel in den Kompetenzbereich der Werkstatt gegeben. Sie erfolgt in annähernd 85% der befragten ostdeutschen Betriebe vollständig oder zum großen Teil in der Werkstatt; was im Vergleich nur für gut drei Viertel der westdeutschen Betriebe zutrifft (vgl. Tabelle 19).

*Tabelle 19: Die Zuständigkeit der Werkstatt für indirekte Produktions- und Servicefunktionen im Ost-West-Vergleich (1994; Anteil der Betriebe in %)*

| | Region | |
|---|---|---|
| | NBL | ABL |
| **Maschinenprogrammierung** | | |
| vollständig | 31,7 % | 42,8 % |
| zum großen Teil | 23,0 % | 22,0 % |
| zum geringen Teil | 32,8 % | 23,5 % |
| gar nicht | 12,6 % | 11,7 % |
| **Qualitätssicherung** | | |
| vollständig | 29,8 % | 27,7 % |
| zum großen Teil | 53,4 % | 49,3 % |
| zum geringen Teil | 13,9 % | 17,1 % |
| gar nicht | 2,9 % | 5,9 % |
| **Instandhaltung** | | |
| vollständig | 14,2 % | 22,7 % |
| zum großen Teil | 21,8 % | 32,3 % |
| zum geringen Teil | 41,4 % | 32,4 % |
| gar nicht | 22,6 % | 12,6 % |

Es zeichnet sich somit möglicherweise ein Vorteil der ostdeutschen Betriebe im Hinblick auf systematisches Qualitätsmanagement und die Zertifizierung nach der ISO 9000 ff. ab. In der DDR wurde diese Norm schon Ende der achtziger Jahre gesetzlich in den Katalog der Technischen Güte- und Lieferbedingungen (TGL) aufgenommen und für die Betriebe zumindest formal verbindlich (Peter 1994).

Die Maschinenprogrammierung erfolgt dagegen eher außerhalb der Werkstatt; sie gehört in etwa 45% der Betriebe gar nicht oder nur zum geringen Teil zum Kompetenzbereich der Werkstatt. Hierzu merkt Kalkowski (1994: 76) an: „Die Wahl der zentralen Organisationsform für die NC-Programmierung wird meistens damit begründet, daß auf diese Weise die gestiegenen Präzisionsanforderungen besser erfüllt und die Auslastung der Maschinen gesteigert werden können."

#### 5.3.2.1.4. Formen funktionaler Arbeitsteilung und strukturelle Rahmenbedingungen

Um nicht bei der Beschreibung der Einzelindikatoren stehenzubleiben, soll nunmehr der Versuch unternommen werden, die vorliegenden Informationen in geeigneter Weise zu aggregieren. Ein naheliegendes Verfahren ist dabei die Rückführung der verschiedenen Indikatoren auf wenige gemeinsame Dimensionen im Rahmen einer Faktorenanalyse. Wie die nachfolgende Tabelle zeigt, lassen sich über diesen Weg drei Faktoren herauskristallisieren, die im folgenden mit Rahmenplanung, Feinplanung und Indirekte Funktionen benannt werden. Die verschiedenen Rahmenplanungs-, Feinplanungs- und

Indirekten Produktions- und Servicefunktionen laden auf diese Faktoren jeweils relativ hoch. Das KMO-Maß[154] liegt bei 0.83, was als recht gut betrachtet werden kann (Brosius 1995: 823).

Bei der Ergebnisinterpretation ist zu berücksichtigen, daß durch die Aggregation der Informationen nur solche Betriebe in die Analyse einbezogen werden können, die für jede der Variablen gültige Werte aufweisen. Dies führt allerdings zum Ausschluß solcher Betriebe, in denen nicht jede Funktion anfällt. Ob eine spezifische Funktion prinzipiell anfällt, ist jedoch von unterschiedlichen Bedingungen abhängig.

*Tabelle 20: Varimax-rotierte Faktorladungsmatrix*[155]

| | Rahmen-planung | Fein-planung | Indirekte Funktion |
|---|---|---|---|
| Material-/Mengenplanung | 0,76594 | - 0,04783 | 0,25962 |
| Durchlaufterminierung | 0,74737 | 0,27026 | 0,19689 |
| Kapazitätsbedarfsrechnung | 0,86302 | 0,24075 | 0,08582 |
| Kapazitätsabgleich | 0,73736 | 0,39059 | - 0,02968 |
| Feinterminplanung | 0,48331 | 0,64836 | - 0,01355 |
| Arbeitsverteilung | 0,17229 | 0,81507 | 0,20083 |
| Auftragsüberwachung | 0,13589 | 0,77283 | 0,19862 |
| Maschinenprogrammierung | 0,11094 | 0,09088 | 0,71237 |
| Qualitätssicherung | 0,10407 | 0,20518 | 0,65670 |
| Instandhaltung | 0,09208 | 0,04687 | 0,75795 |

So fällt etwa die Funktion „Maschinenprogrammierung" in mehr als 20% der ostdeutschen Betriebe infolge der im Vergleich zu Westdeutschland geringeren Verbreitung von computergestützten Fertigungstechniken nicht an. Funktionen aus dem Bereich der Grobplanung, wie etwa die Durchlaufterminierung, werden vor allem in kleineren Betrieben nicht als eigenständige Aufgabe definiert, sondern werden eher „nebenher" erledigt.[156]

154 Das KMO (Kaiser-Meyer-Olkin)-Maß dient der Beurteilung der Reduzierbarkeit der in die Faktorenanalyse einbezogenen Variablen auf gemeinsame Faktoren. Diese Maßzahl liegt in der Nähe von 1, wenn die Summe der partiellen Korrelationskoeffzienten zwischen den Variablen annähernd Null ist, was gleichbedeutend damit ist, daß sie auf gemeinsame Faktoren reduzierbar sind. Die Funktion „Material- und Mengendisposition" wurde aus der Analyse ausgeschlossen, da ihre Einbeziehung zu einer deutlichen Verschlechterung des KMO-Maßes geführt hätte.

155 Die Varimax-Rotation zählt zu den orthogonalen Rotationstechniken. Sie hat das Ziel, auf analytischem Wege eine möglichst gute Einfachstruktur für die Faktoren herzustellen, das heißt zu gewährleisten, daß auf jedem Faktor einige Variablen relativ hoch laden, andere dagegen möglichst niedrig. Dies führt dazu, daß die einzelnen Variablen nur mit einer begrenzten Anzahl von Faktoren korrelieren, was die Interpretierbarkeit der Faktoren erhöht (Bortz 1993: 506ff.).

156 Insgesamt wird daher ein knappes Drittel der Betriebe im Rahmen der Faktorenanalyse nicht berücksichtigt, wobei mehr ostdeutsche als westdeutsche Betriebe aus der Analyse

Die nicht in die Analyse einbezogenen Betriebe unterscheiden sich infolge dieser strukturellen Unterschiede hinsichtlich der Verortung bestimmter Funktionen auf der Ebene der Einzelfaktoren signifikant von den verbleibenden. Tabelle 21 gibt für die berücksichtigten Betriebe daher noch einmal einen Überblick über Unterschiede zwischen Ost- und West auf der Ebene von Einzelfunktionen. Der Wertebereich liegt dabei zwischen 1 - die Werkstatt übernimmt die Funktion vollständig - und 4 - die Werkstatt hat für diese Funktion keinerlei Kompetenz.

*Tabelle 21: Aufgabenspektrum der Werkstatt im Ost-West-Mittelwertvergleich*[157]

| | NBL | ABL | p |
|---|---|---|---|
| Material-/Mengenplanung | 3,15 | 2,92 | 0,003 |
| Durchlaufterminierung | 2,43 | 2,70 | 0,001 |
| Kapazitätsbedarfsrechnung | 3,05 | 3,12 | 0,402 |
| Kapazitätsabgleich | 2,67 | 2,91 | 0,004 |
| Feinterminplanung | 2,36 | 2,44 | 0,350 |
| Arbeitsverteilung | 1,63 | 1,84 | 0,001 |
| Auftragsüberwachung | 2,01 | 2,13 | 0,069 |
| Maschinenprogrammierung | 2,32 | 2,08 | 0,007 |
| Qualitätssicherung | 1,91 | 2,03 | 0,057 |
| Instandhaltung | 2,86 | 2,42 | 0,000 |

Die bereits beschriebenen Strukturen scheinen sich im wesentlichen zu bestätigen. Im Bereich der Zuständigkeit für Feinplanungskompetenzen räumen die ostdeutschen Betriebe dem Werkstattpersonal typischerweise größere Spielräume ein, als dies in den westdeutschen Betrieben der Fall ist. In bezug auf die indirekten Produktions- und Servicefunktionen gehört zwar die Qualitätssicherung tendenziell eher zum Aufgabenbereich der Werkstatt, für die Programmierung und Instandhaltung gilt jedoch das Gegenteilige. Hinsichtlich der Rahmenplanungsfunktionen ist schließlich zwar kein einheitliches Muster zu erkennen. Durchlaufterminierung, Kapzitätsbedarfsrechnung und Kapazitätsabgleich werden aber im Vergleich zu den westdeutschen Betrieben eher vom Werkstattpersonal durchgeführt, lediglich für die Material- und Mengenplanung gilt dies nicht.

Dieser Eindruck soll überprüft werden, indem die aus der Faktorenanalyse resultierenden Faktorwerte[158] für die Faktoren Rahmenplanung, Fein-

---

herausfallen (36,5% vs. 27,8%) und kleinere eher als größere (ca. 40% der Betriebe mit 20-49 Mitarbeitern, aber nur 10% der Betriebe mit mehr als 200 Mitarbeitern).

157 Die angegebenen Signifikanzniveaus beziehen sich auf einen t-Test für unabhängige Stichproben unter der Annahme unterschiedlicher Stichprobenvarianzen.

158 Die Faktorwerte wurden nach der Regressionsmethode geschätzt. Sie haben einen Mittelwert von 0 und eine Standardabweichung von 1. Negative Faktorwerte bedeuten insofern unterdurchschnittliche/niedrige Werte in den Ausgangsvariablen. Niedrige Werte

planung und Indirekte Funktionen im Rahmen eines varianzanalytischen Ansatzes einer näheren Betrachtung unterzogen werden. Außer der Variable Region sind wiederum die strukturellen Variablen Betriebsgröße, Seriengröße und Produktstandardisierung sowie Technikeinsatz zu berücksichtigen. Während die Betriebsgröße als kontinuierliche Kovariate in die Analyse einbezogen wurde, werden die übrigen Variablen als Kategoriale behandelt.[159]

Tabelle 22 gibt einen Überblick über die erzielten Ergebnisse. Für den Faktor Rahmenplanung ist davon auszugehen, daß sich die Entscheidung für die Verortung der Kompetenzen für diese Planungsfunktionen im wesentlichen durch die betriebsstrukturellen Rahmenbedingungen des Produktionsprozesses ergibt. Sowohl die Betriebsgröße als auch der Grad der Produktstandardisierung, die Seriengröße und der Technikeinsatz üben einen signifikanten Einfluß in der erwartbaren Richtung aus.

*Tabelle 22: Strukturelle Einflußfaktoren und funktionale Arbeitsteilung im Ost-West-Vergleich (Kennzeichnung signifikanter Einflüsse durch *)*

| | Rahmenplanung | Feinplanung | Indirekte Funktionen |
|---|---|---|---|
| Region | | * | * |
| Betriebsgröße | * | | * |
| Produktstandardisierung | * | | |
| Seriengröße | * | | |
| Technikeinsatz | * | * | * |

Abbildung 21 verdeutlicht dies exemplarisch für die Variablen Produktstandardisierung und Technikeinsatz, wobei die Balken den Einfluß der Produktstandardisierung auf die Verortung der Rahmenplanungsfunktionen visualisieren. Die Gruppe der Betriebe, die durch ein gering standardisiertes Produktionsprogramm gekennzeichnet ist, die also infolge permanent wechselnder Kundenanforderungen mit einer hohen Umweltunsicherheit konfrontiert ist, weist im Schnitt negative Faktorwerte auf. Das heißt, die Werkstatt besitzt in überdurchschnittlichem Maß die Kompetenzen zur Durchführung betrieblicher Rahmenplanung. Demgegenüber sind die Rahmenplanungsfunktionen in den Betrieben, die sich durch einen hohen Grad der Produktstandardisierung auszeichnen, überdurchschnittlich häufig außerhalb der Werkstatt angesiedelt.

---

in den Ausgangsvariablen (entsprechend: negative Faktorwerte) bedeuten, daß eine bestimmte Funktion eher in den Aufgabenbereich des Werkstattpersonals fällt.

159 In bezug auf die Interpretation von Tabelle 22 ist darauf hinzuweisen, daß die Variable „Technikeinsatz" in unterschiedlicher Operationalisierung in die Berechnungen einging. Im Falle des Faktors Rahmenplanung wurde die Form der informationstechnischen Unterstützung betrieblicher Planungsfunktionen (vgl. Abschnitt 5.2.2.3.) in die Analyse einbezogen, bei den Faktoren Feinplanung und Indirekte Funktionen das Niveau des Technikeinsatzes (vgl. Abschnitt 5.2.2.2.).

Wird zusätzlich nach der informationstechnischen Unterstützung betrieblicher Planungsfunktionen differenziert, so zeigt sich, daß die prinzipielle Offenheit der EDV-Systeme einen zusätzlichen Einfluß auf die betriebliche Verortung der Rahmenplanungsfunktionen hat. In Betrieben, in denen die betriebliche Rahmenplanung vor allem durch den Einsatz von Personalcomputern unterstützt wird, wird sie tendenziell eher vom Werkstattpersonal durchgeführt als in den Betrieben, die in diesem Bereich vor allem Großrechner/Workstations einsetzen.

*Abbildung 21: Rahmenplanung, Produktstandardisierung und Technikeinsatz (1994; durchschnittliche Faktorwerte)*[160]

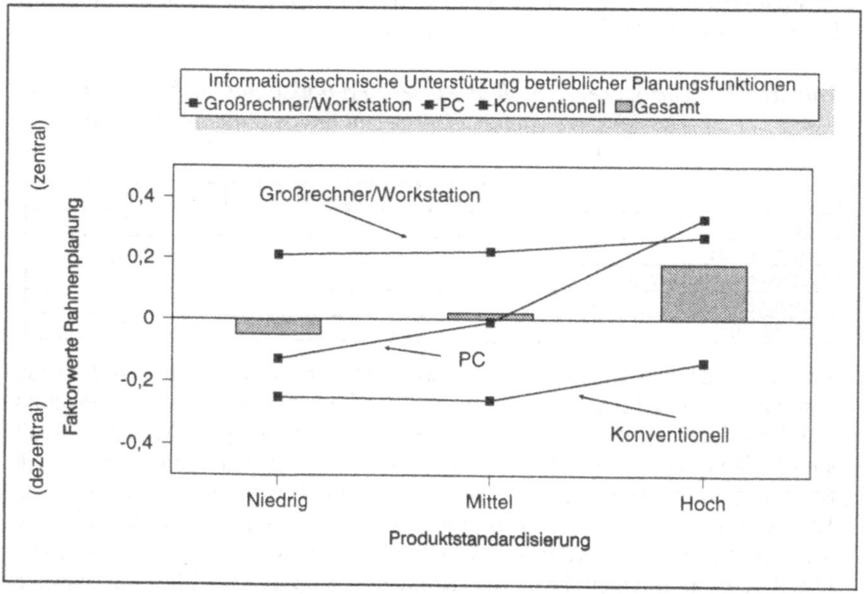


Eine rein konventionelle Durchführung betrieblicher Rahmenplanungsfunktionen führt schließlich am ehesten zur Verortung der entsprechenden Kompetenzen in der Werkstatt. Ein signifikanter Einfluß der Variable Region besteht hinsichtlich der Zuordnung der Rahmenplanungskompetenzen nicht. Die Unterschiede, die sich bei der Betrachtung der Einzelfunktionen andeuteten, sind also vor allem auf betriebsstrukturelle Merkmale zurückzuführen.

160 Aus Gründen der Übersichtlichkeit wurden die Kategorien Großrechner und Workstation in der Darstellung zusammengefaßt. Rechnerisch wurde jedoch die in Kapitel 5.2.2.3. vorgestellte Kategorisierung verwendet.

Anders verhält sich dies im Falle der Feinplanungsfunktionen und der Indirekten Funktionen. Die Kompetenzverteilung ist, wie Tabelle 22 entnommen werden kann, weniger abhängig von strukturellen Variablen, dagegen erweist sich jedoch die regionale Zuordnung in beiden Fällen als signifikanter Einflußfaktor.

*Abbildung 22: Indirekte Funktionen und Technikeinsatz im Ost-West-Vergleich (1994; durchschnittliche Faktorwerte)*[161]

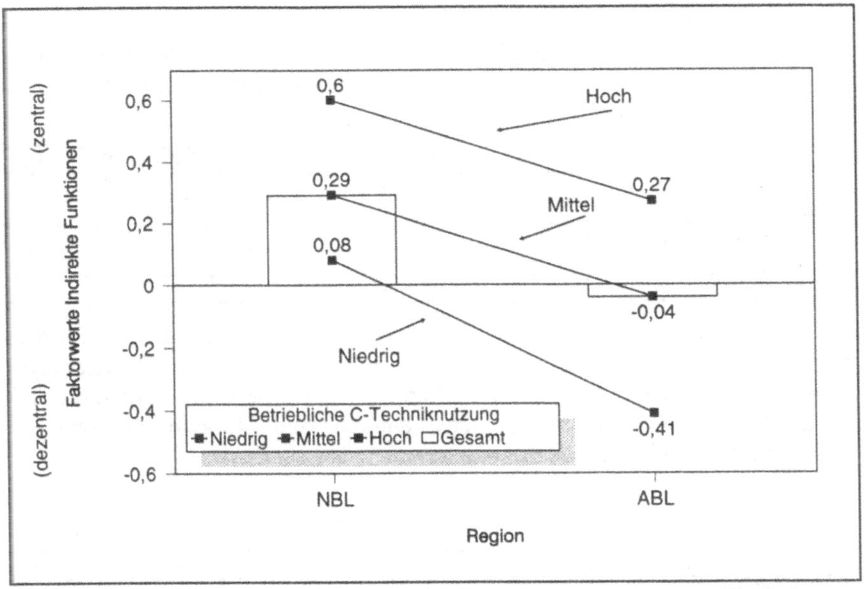


Dies ist in der vorstehenden Abbildung noch einmal exemplarisch für die indirekten Produktions- und Servicefunktionen dargestellt. Die Balken in der Abbildung verdeutlichen, daß die Maschinenbaubetriebe in den neuen Bundesländern die indirekten Produktions- und Servicefunktionen, wie Instandhaltung und Maschinenprogrammierung, deutlich seltener in der Werkstatt angesiedelt haben als dies in westdeutschen Betrieben der Fall ist.
Das Gegenteil trifft auf die Verortung der Feinplanungsfunktionen zu, die in den ostdeutschen Betrieben in wesentlich höherem Maße in den Kompetenzbereich der Werkstatt fallen. Die entsprechenden Gruppenmittelwerte liegen bei -0,29 für die Maschinenbaubetriebe in den neuen Ländern und bei 0,04 für die Betriebe in westlichen Bundesländern.

161 - das Zusammenfallen der Durchschnittswerte für ost- bzw. westdeutsche Betriebe mit den durchschnittlichen Faktorwerten für die Gruppe der Betriebe mit mittlerer Produktstandardisierung ist ein rein zufälliger Effekt -

Ein weitergehender Analyseaspekt ist die Binnendifferenzierung der Betriebe in den neuen Bundesländern. Es zeigt sich, wie in Tabelle 23 dargestellt, daß für die Verortung von Rahmenplanungs- und Indirekten Produktions- und Servicefunktionen die Variable Betriebsstatus ein signifikanter Einflußfaktor ist. In den Altbetrieben sind beide Funktionen c.p. deutlich häufiger außerhalb der Werkstatt verortet als in den neugegründeten Betrieben. Auf eine graphische Darstellung kann an dieser Stelle verzichtet werden. Es bleibt jedoch noch anzumerken, daß die Eigentumsverhältnisse keinen Einfluß auf die drei Faktoren ausüben.

*Tabelle 23: Strukturelle Einflußfaktoren und funktionale Arbeitsteilung in ostdeutschen Betrieben (Kennzeichnung signifkanter Einflüsse durch *)*

| | Rahmenplanung | Feinplanung | Indirekte Funktionen |
|---|---|---|---|
| Betriebsstatus | * | | * |
| Betriebsgröße | | | * |
| Produktstandardisierung | | | |
| Seriengröße | | | |
| Technikeinsatz | | | * |

Um zu einer abschließenden Beurteilung und Typologie der Formen funktionaler Arbeitsteilung zu gelangen, wurden mittels einer Clusteranalyse über die drei Faktoren wiederum 3 Gruppen von Betrieben bestimmt, die sich hinsichtlich der Faktoren möglichst ähnlich sind. Tabelle 24 zeigt die Clustermittelpunkte für die drei Faktoren.

*Tabelle 24: Clustermittelpunkte der Faktoren*

| | Rahmenplanung | Feinplanung | Indirekte Funktionen |
|---|---|---|---|
| Cluster/Typ 1 | -1,04 | -0,13 | -0,48 |
| Cluster/Typ 2 | 0,71 | -0,61 | 0,01 |
| Cluster/Typ 3 | 0,16 | 1,08 | 0,57 |

Der erste Typ von Betrieben zeichnet sich demnach dadurch aus, daß sowohl Rahmenplanungs- als auch Feinplanungs- und Indirekte Funktionen in überdurchschnittlichem Maß zum Kompetenzbereich des Werkstattpersonals gehören. Es kann also von einer geringen funktionalen Arbeitsteilung in den Betrieben gesprochen werden. Das Gegenteil trifft für den dritten Typ funktionaler Arbeitsteilung zu; hier sind alle Funktionen eher außerhalb der Werkstatt verortet.

Das zweite Cluster weist andere Merkmale auf. Während die Vorgaben für die Rahmenplanung eher außerhalb der Werkstatt definiert werden, was entweder durch spezielle Abteilungen oder aber durch die Betriebsleitung direkt geschehen kann, behält die Werkstatt in überdurchschnittlichem Maß die Kompetenz für die Feinplanungsfunktionen. In bezug auf die Verortung

der Indirekten Funktionen liegt dieses Cluster im Durchschnitt der Betriebe. Die erste Gruppe von Betrieben realisiert also eine insgesamt unterdurchschnittliche funktionale Arbeitsteilung, die dritte Gruppe von Betrieben eine eher überdurchschnittliche Arbeitsteilung in allen Dimensionen, und die zweite Gruppe ist durch eine dezentrale Feinabstimmung in der Werkstatt bei eher zentraler Rahmenplanung gekennzeichnet.
Die folgende Abbildung zeigt die Verteilung der Gruppen im Ost-West-Vergleich unter Berücksichtigung des Merkmals Betriebsgröße. Sie verdeutlicht, wie zu erwarten, zunächst die starke Betriebsgrößenabhängigkeit der Gestaltung der funktionalen Arbeitsteilung. Während kleine Betriebe überdurchschnittlich häufig eine geringe funktionale Arbeitsteilung praktizieren, was insbesondere in Zusammenhang mit der größenbedingten geringen funktionalen Differenzierung zu sehen ist, nimmt der Anteil von Betrieben mit geringer funktionaler Arbeitsteilung mit steigender Betriebsgröße deutlich ab, während der Anteil von Betrieben mit einer vergleichsweise ausgeprägteren funktionalen Arbeitsteilung im Bereich der Rahmenplanung, also der Anteil der Betriebe der Gruppen 2 und 3, mit der Betriebsgröße ansteigt.

*Abbildung 23: Formen funktionaler Arbeitsteilung im Ost-West-Vergleich nach Betriebsgröße (1994; Anteile der Betriebe in %)*

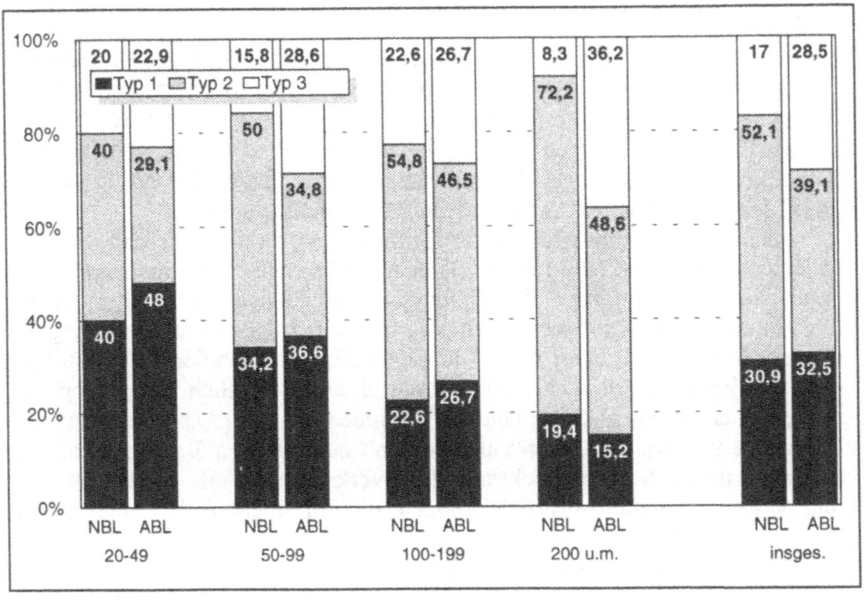

Auffällig ist jedoch, daß unter den ostdeutschen Betrieben ein deutlich höherer Anteil von Betrieben der Gruppe mit zwar zentraler Rahmen-, aber eher dezentraler Feinplanung zuzuordnen ist. Insgesamt sind über 50% der ostdeutschen Betriebe diesem Typ zuzuordnen, aber nur knapp 40% der westdeutschen Betriebe. Vor allem in den großen ostdeutschen Betrieben mit mehr als 200 Mitarbeitern führt eine Zentralisierung der Rahmenplanungsfunktionen nicht notwendigerweise zur Verortung der Feinplanungskompetenzen außerhalb der Werkstatt. Die vorstehend dargestellten Unterschiede zwischen ost- und westdeutschen Betrieben im Bereich der Feinplanung spiegeln sich hier insofern wider, als sie zu einer deutlich divergierenden Zuordnung zu den Typen 2 und 3 führten.

Im Hinblick auf die Differenzierung unter den ostdeutschen Betrieben spielen, wie schon aus der bisherigen Darstellung gefolgert werden konnte, die Eigentumsverhältnisse keine Rolle für die Gestaltung der funktionalen Arbeitsteilung in den Betrieben. Der Betriebsstatus übt dagegen einen deutlichen Einfluß aus. So realisiert die größte Gruppe unter den neugegründeten Betrieben eine niedrige funktionale Arbeitsteilung; 42,9% der Betriebe sind unter ihnen dem Typ 1 zuzuordnen. Bei den Alt-Betrieben dominiert dagegen sehr deutlich der Typ 2, also jener Typ von Betrieben, deren funktionale Arbeitsteilung mit dezentraler Feinplanung bei zentraler Rahmenplanung beschrieben werden kann.

#### 5.3.2.1.5. Zwischenfazit

Auf der Ebene der Einzelindikatoren schien sich anzudeuten, daß Planungsfunktionen in den ostdeutschen Betrieben in größerem Maße im Bereich der Produktion/Werkstatt angesiedelt sind, als es bei den westdeutschen Betrieben der Fall ist, wohingegen sich für die indirekten Produktions- und Servicefunktionen ein gegenteiliger Zusammenhang zeigte. Diese Befunde sind aufgrund der tiefergehenden Analysen jedoch zu differenzieren.

Nach der Kontrolle struktureller Einflußfaktoren zeigt sich, daß die sich andeutenden Unterschiede für den Bereich der betrieblichen Rahmenplanung durch die Andersartigkeit der Produktionsbedingungen, also die höhere Bedeutung kundenspezifischer Fertigung in kleinen Serien und die geringere Betriebsgröße, zu erklären sind. Die produktionsstrukturellen Restriktionen scheinen insofern primärer Bestimmungsfaktor hinsichtlich der Verortung betrieblicher Rahmen-/Grobplanungsfunktionen zu sein. Die bestehenden Unterschiede zwischen „alten“ und „neuen“ ostdeutschen Betrieben, die in einem geringen Aufgabenspektrum des Werkstattpersonals in den fortgeführten Betrieben zum Ausdruck kommen, sind mit hoher Wahrscheinlichkeit über das Alter der Organisationen zu erklären.

Wird weiterhin unterstellt, daß die in Kapitel 3 anhand der einschlägigen Literatur referierten Befunde zutreffen, dann ist davon auszugehen, daß in den Alt-Betrieben, bedingt durch die Veränderung der strukturellen Rahmenbedingungen, ein deutlicher Wandel hinsichtlich der Verteilung der betrieblichen Feinplanungskompetenzen stattgefunden hat.

Anders als bei den Rahmenplanungsfunktionen ist bei den Feinplanungsfunktionen festzuhalten, daß der Eindruck, der aus der Betrachtung der Einzelindikatoren gewonnen werden konnte, sich nach Berücksichtigung der strukturellen Einflußvariablen bestätigt. Feinplanungskompetenzen sind in den ostdeutschen Betrieben c.p. deutlich häufiger in der Werkstatt angesiedelt als bei den westdeutschen Betrieben. Daß sich diese Unterschiede zwar im Bereich der Feinplanung, nicht aber im Bereich der Rahmenplanung ergeben, sich die Variable Region also wohl hinsichtlich der Verortung der Feinplanungskompetenzen, nicht aber im Bereich der Rahmenplanungskompetenzen als bedeutsam erweist, kann dahingehend interpretiert werden, daß für die Verortung der Rahmenplanungsaufgaben eine wesentlich größere Abhängigkeit von strukturellen Faktoren besteht, als dies für die Feinplanungsfunktionen der Fall ist. Dies belegen die Ergebnisse der Varianzanalysen der Faktorwerte. Im Bereich der Verortung der Feinplanungskompetenzen bestehen somit offenbar größere Gestaltungsspielräume, die die ostdeutschen Betriebe in der Weise genutzt haben, daß das Werkstattpersonal einen vergleichsweise umfassenderen Aufgabenbereich abdeckt. Für die zukünftige Entwicklung ist allerdings unter Umständen davon auszugehen, daß in diesem Bereich Einschnitte anstehen: derzeit besteht für die Betriebe in den neuen Bundesländern ein - allerdings nur schwacher - Zusammenhang zwischen der Personalauslastung in der Fertigung und der Verortung der Feinplanungsfunktionen dahingehend, daß eine geringe Personalauslastung tendenziell zu einer Ansiedlung von Feinplanungskompetenzen in der Werkstatt führt. Eine höhere Personalauslastung könnte hier also zu strukturellen Veränderungen führen.

Für die indirekten Produktions- und Servicefunktionen ist im Gegensatz zu den betrieblichen Planungsfunktionen zu vermuten, daß der geringe Umfang, in dem das Werkstattpersonal für diese Aufgaben zuständig ist, als Überbleibsel plansozialistischer Gestaltungsformen betrachtet werden kann.

Die zentrale Verortung dieser Funktionen in den Alt-Betrieben korrespondiert deutlich mit der auch insgesamt stärkeren organisatorischen Strukturierung in den Betrieben. Als Indiz für diese Interpretation kann der Zusammenhang zwischen der in Abschnitt 5.3.1.1. vorgestellten Indexvariable für die organisatorische Strukturierung und den Faktorwerten für Indirekte Funktionen herangezogen werden. Für die ostdeutschen Betriebe ergibt sich nach Kontrolle der Betriebsgröße ein Partialkorrelationskoeffizient von $r = -0{,}2436$ ($p = 0{,}002$). Das heißt, je stärker die organisatorische Strukturierung eines Betriebes, desto wahrscheinlicher wird es, daß die indirekten Produktions- und Servicefunktionen außerhalb der Werkstatt angesiedelt sind. Für die westdeutschen Betriebe ergibt sich für beide Variablen ein deutlich schwächerer Partialzusammenhang von $r = -0{,}1435$ ($p = 0{,}000$).

Anders formuliert bedeutet dies, daß auch bei ausgeprägter Abteilungsgliederung, die die Existenz entsprechender Fachabteilungen nahelegt, die indirekten Funktionen, insbesondere die Maschinenprogrammierung und die Instandhaltung, nicht unbedingt aus dem Kompetenzbereich des Werkstattpersonals ausgeschlossen werden. Der stärkere Zusammenhang für die ostdeutschen Betriebe deutet darauf hin, daß sich die in den DDR-Maschinenbaubetrieben charakteristische, stark ausgeprägte Kompetenzabgrenzung augenscheinlich bis heute erhalten hat.

Insgesamt scheint sich auf der Ebene der funktionalen Arbeitsteilung in den Betrieben tatsächlich eine Andersartigkeit des ostdeutschen Produktionsmodells abzuzeichnen, die durch die vorgestellte Typologie der funktionalen Arbeitsteilung klar zum Ausdruck kommt. Dominant ist in den neuen Bundesländern der Typ von Betrieben, der durch eine eher zentrale Rahmenplanung bei dezentraler Feinplanung zu kennzeichnen ist. Die strukturellen Unterschiede bei der Verortung der indirekten Funktionen konzentrieren sich dagegen auf die Gruppe der Betriebe, die ohnehin in allen drei Dimensionen zu eher zentralistischen Gestaltungsvarianten tendieren.

Die beschriebenen Unterschiede lassen sich zusammenfassend derart bewerten, daß in den ostdeutschen Maschinenbaubetrieben, auch unter Berücksichtigung anderer betriebsstruktureller Besonderheiten, etwa im Bereich der Fertigungsorganisation (vgl. Abschnitt 5.3.1.3.), prinzipiell auch eine größere Offenheit für den effizienten Einsatz aktuell diskutierter Arbeitseinsatzkonzepte, wie etwa der Gruppenarbeit, besteht. In jedem Fall ist der Einschätzung, daß die betrieblichen Reorganisationsstrategien im ostdeutschen Maschinenbau vor allem auf eine stärkere Arbeitsteilung und Zentralisierung von Kompetenzen abzielen, wie sie von verschiedenen Autoren nahegelegt wurde, in bezug auf die Gestaltung der funktionalen Arbeitsteilung nicht zuzustimmen.

### 5.3.2.2. Die fachliche Arbeitsteilung

Zur Erfassung der fachlichen Arbeitsteilung innerhalb der Werkstatt wurden aus der Sicht der Maschinenbediener 11 Tätigkeiten betrachtet, die in mehr oder weniger großem Umfang zum Aufgabenspektrum dieser Beschäftigtengruppe gehören können (Flimm/Saurwein 1992). Es wurde wiederum eine 5er Skala mit den Ausprägungen „vollständig", „zum großen Teil", „zum geringen Teil", „gar nicht" und „fällt nicht an" verwendet.[162] Hierbei kann man unterscheiden zwischen primären Aufgaben des Maschinenbedieners, d.h. Tätigkeiten, die direkt an der Maschine verrichtet werden (Maschinenbedienung und -überwachung, Maschinenumrüstung und -einrichtung, Werkstückhandhabung/Beschickung sowie Einstellung von Werkzeugen und

162 Bezugsgröße sind wiederum die tatsächlich anfallenden Tätigkeiten.

Vorrichtungen), Hilfstätigkeiten (Bereitstellung von Werkzeugen, Werkstücken und Materialien, Reinigung von Betriebsmitteln) sowie Tätigkeiten, die zu den indirekten Produktions- und Servicefunktionen zu zählen sind (Qualitätsprüfung und -kontrolle, Wartung, Instandsetzung sowie Erstellung und Optimierung von NC-Programmen).[163] Zunächst soll das Aufgabenspektrum der Maschinenbediener wiederum anhand der empirischen Verteilung der Einzelfunktionen beschrieben und im Anschluß zusammenfassend analysiert werden.

### 5.3.2.2.1. Maschinenbezogene Tätigkeiten

Zu den maschinenbezogenen Tätigkeiten gehören, wie ausgeführt, die Maschinenbedienung/-überwachung, die Maschinenumrüstung und -einrichtung, die Werkstückhandhabung sowie die Einstellung von Werkzeugen und Vorrichtungen.

Abbildung 24 zeigt die Zuständigkeit der Maschinenbediener für diese Tätigkeiten. Sie verdeutlicht, daß die Maschinenbedienung in praktisch allen Betrieben vollständig oder zum großen Teil zum Aufgabenspektrum der Maschinenbediener gehört. Mit steigendem Anspruchsniveau der maschinenbezogenen Tätigkeiten nimmt jedoch die Wahrscheinlichkeit, daß eine Tätigkeit vollständig zum Aufgabenspektrum der Maschinenbediener gehört, ab. So sind in den neuen Bundesländern bspw. nur knapp die Hälfte der Maschinenbediener vollständig für die Einstellung von Werkzeugen und Vorrichtungen zuständig. Der durchweg etwas höhere Umfang, in dem diese Beschäftigtengruppe im Vergleich zu den Maschinenbedienern in den westdeutschen Betrieben für diese Aufgabe, aber auch für die Maschinenumrüstung und -einrichtung zuständig ist, dürfte insbesondere in Zusammenhang mit der Technikausstattung der Fertigung stehen, da beide

163 Während die Erfassung der funktionalen Arbeitsteilung zwischen Werkstatt und anderen Abteilungen im Rahmen einer standardisierten Erhebung wenig problematisch erscheint, ist an dieser Stelle auf eine Einschränkung der Aussagekraft bei der Erfassung der fachlichen Arbeitsteilung hinzuweisen. Umfassende Aussagen über die horizontale Arbeitsteilung in der Werkstatt würden detaillierte Erhebungen zu Arbeitsplatzprofilen einzelner Beschäftigtengruppen voraussetzen (vgl. Fix-Sterz et al. 1986; Ostendorf/Seitz 1992). Dies ist im Rahmen einer standardisierten Erhebung nicht möglich und bedingt insofern die Notwendigkeit, sich auf einen wesentlichen Indikator zur Messung der fachlichen Arbeitsteilung zu beschränken. In der vorliegenden Untersuchung ist dies das Aufgabenspektrum des/der Maschinenbediener/s. Dies verlangt einerseits vom Befragten ein hohes Maß an Abstraktion, da er aufgefordert wird, Aussagen über das Aufgabenspektrum eines hypothetischen „durchschnittlichen" Maschinenbedieners zu treffen und unterstellt andererseits, daß die Gruppe der Maschinenbediener im Hinblick auf den Aufgabenzuschnitt eine relativ homogene Gruppe bildet. Auch das ist in der betrieblichen Realität nicht notwendigerweise der Fall. Dennoch erscheint dies als geeigneter Indikator zur Erfassung des Aufgabenspektrums der Maschinenbediener, das zentral für die Messung der fachlichen Arbeitsteilung ist.

Tätigkeiten beim Einsatz computergestützter (mehrfunktionaler) Maschinen weitgehend entfallen.

*Abbildung 24: Zuständigkeit der Maschinenbediener für maschinenbezogene Tätigkeiten im Ost-West-Vergleich (1994, Anteil der Betriebe in %)*

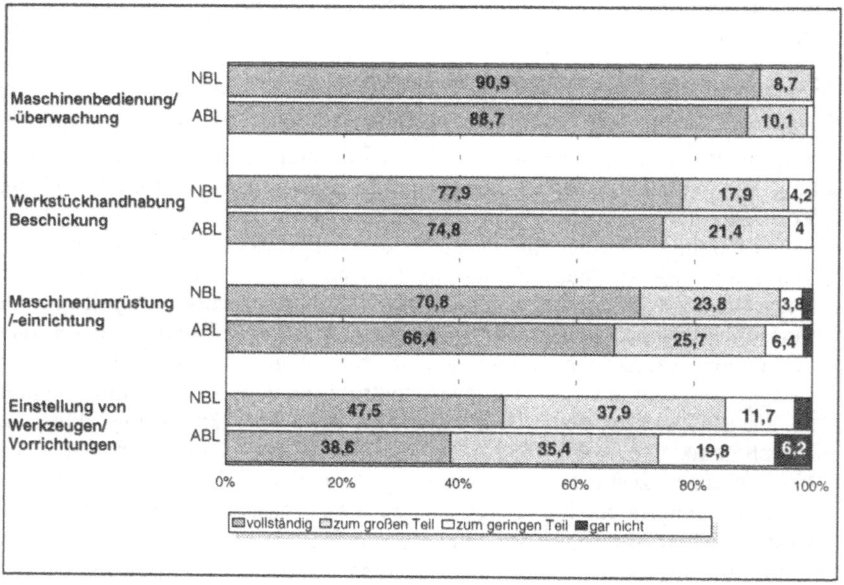


## 5.3.2.2.2. Unqualifizierte Hilfstätigkeiten

In bezug auf die regelmäßig anfallenden Hilfstätigkeiten, nämlich die Reinigung von Betriebsmitteln und Werkstücken sowie die Bereitstellung von Werkzeugen, Werkstücken und Materialien, sind zumindest zum Teil Unterschiede zwischen ost- und westdeutschen Betrieben zu verzeichnen. Letztere wird in jeweils etwa einem Fünftel der ost- bzw. westdeutschen Betriebe nicht von den Maschinenbedienern durchgeführt. Hinsichtlich der Zuständigkeit für die Reinigung von Betriebsmitteln und Werkstücken unterscheiden sich ost- und westdeutsche Betriebe jedoch stark. Sie obliegt in 62,7% der ostdeutschen Betriebe vollständig den Maschinenbedienern, jedoch nur in 42,7% der westdeutschen Betriebe. Wird diese Funktion nicht von den Maschinenbedienern selbst durchgeführt, muß sie von anderen Personengruppen innerhalb der Werkstatt, insbesondere un- und angelernte Produktionsarbeiter, wahrgenommen werden. Ein Erklärungsansatz für die angesprochenen Unterschiede zwischen Ost und West könnte insofern der

Anteil der Un- und Angelernten an den Beschäftigen in der Fertigung sein. Dieser liegt in den Betrieben in den neuen Bundesländern durchschnittlich bei lediglich 6% aller Fertigungsmitarbeiter, während er in den westdeutschen Betrieben ca. 21% erreicht.[164] Der Anteil der Un- und Angelernten an den Fertigungsmitarbeitern variiert dabei mit der Zuständigkeit der Maschinenbediener für die Erledigung von Reinigungsaufgaben. So liegt der Anteil der Un- und Angelernten in den ostdeutschen Betrieben, in denen der Maschinenbediener vollständig für die Reinigung der Betriebsmittel zuständig ist, bei 4% und in den Betrieben, in denen die Maschinenbediener diese Tätigkeiten gar nicht oder nur zum geringen Teil durchführen, bei 9,5%. Diese Daten stützen somit die Interpretation, daß der größere Umfang, in dem die Maschinenbediener in den Betrieben in den neuen Bundesländern für unqualifizierte Hilfstätigkeiten zuständig sind, sich insbesondere dadurch erklärt, daß sie durch die geringe Zahl von Beschäftigten ohne qualifizierten Abschluß nicht auf diese übertragen werden können.

#### 5.3.2.2.3. Indirekt-produktive Tätigkeiten

Zu den indirekt-produktiven Tätigkeiten, die zum Aufgabenspektrum der Maschinenbediener gehören können, zählen einerseits Wartungs- und Instandsetzungsarbeiten, aber auch die Maschinenprogrammierung und die Qualitätssicherung.

Routinemäßige Wartungs- und Inspektionsarbeiten übernimmt der Maschinenbediener in 40% der ostdeutschen Betriebe in größerem Umfang (vollständig oder zum großen Teil), Instandsetzungsarbeiten werden aber in 90% der Betriebe vorwiegend von anderen Beschäftigtengruppen ausgeführt und gehören in etwa 46% der Betriebe gar nicht zum Aufgabenspektrum der Maschinenbediener (Abbildung 25). Dies verwundert insofern, als vor dem Hintergrund des höheren Anteils von ostdeutschen Betrieben mit überwiegend konventioneller Technikausstattung in der Fertigung prinzipiell größere Eingriffsmöglichkeiten für qualifizierte Facharbeiter bestehen könnten resp. offenbar bestehen. Eine Differenzierung nach dem Niveau des Technikeinsatzes ergibt, daß bei überwiegend computergestützter Fertigungstechnik

164 Im Hinblick auf die Qualifikationsstruktur ist anzumerken, daß in den ostdeutschen Maschinenbaubetrieben in signifikant höherem Maße qualifizierte Facharbeiter beschäftigt werden. Der Facharbeiteranteil im Gesamtbetrieb liegt in den neuen Bundesländern bei durchschnittlich 57,2%, in den befragten westdeutschen Betrieben dagegen lediglich bei 44,6%. Dieser Befund steht einerseits in Einklang mit den in Kapitel 3.3. beschriebenen Entwicklungstendenzen, d.h. dem im wesentlichen zu Lasten der un- und angelernten Kräfte vollzogenen Personalabbau. Dennoch ist im Vergleich mit den westdeutschen Betrieben darauf hinzuweisen, daß diese formal bessere Qualifikationsstruktur in den ostdeutschen Betrieben derzeit noch durch die andere Struktur des Systems der beruflichen Bildung in der DDR zu erklären ist, wo ein Facharbeiterbrief bereits nach kürzerer Ausbildungszeit erteilt wurde und ein höherer Anteil der Beschäftigten einen Ausbildungsabschluß erreichte.

die Betriebe die Verantwortlichkeit für die Instandhaltung in höherem Maße nicht den Maschinenbedienern zuordnen. So sind in den ostdeutschen Maschinenbaubetrieben bei überwiegend computergestützter Technikausstattung der Fertigung 6,3% der Maschinenbediener vollständig für die Wartung und Inspektion zuständig, bei überwiegendem Einsatz konventioneller Maschinen aber 12,9% der Maschinenbediener. Ein analoger Effekt ergibt sich für die westdeutschen Betriebe, in denen bei überwiegend computergestützter Technikausstattung in 13,4% der Betriebe die Maschinenbediener vollständig diese Funktionen übernehmen, bei schwerpunktmäßigem Einsatz konventioneller Maschinen jedoch 16,1% der Maschinenbediener. Daß die Gruppe der Maschinenbediener in den ostdeutschen Betrieben dennoch in vergleichsweise geringerem Maße für die Instandsetzung zuständig ist, muß insofern in Zusammenhang mit der in Abschnitt 5.3.2.1.3. beschriebenen stärkeren Bedeutung zentraler Abteilungen bei der Übernahme der Kompetenz für diese Funktion gesehen werden.

*Abbildung 25: Aufgabenspektrum der Maschinenbediener im Ost-West-Vergleich (1994; Anteil der Betriebe in %)*

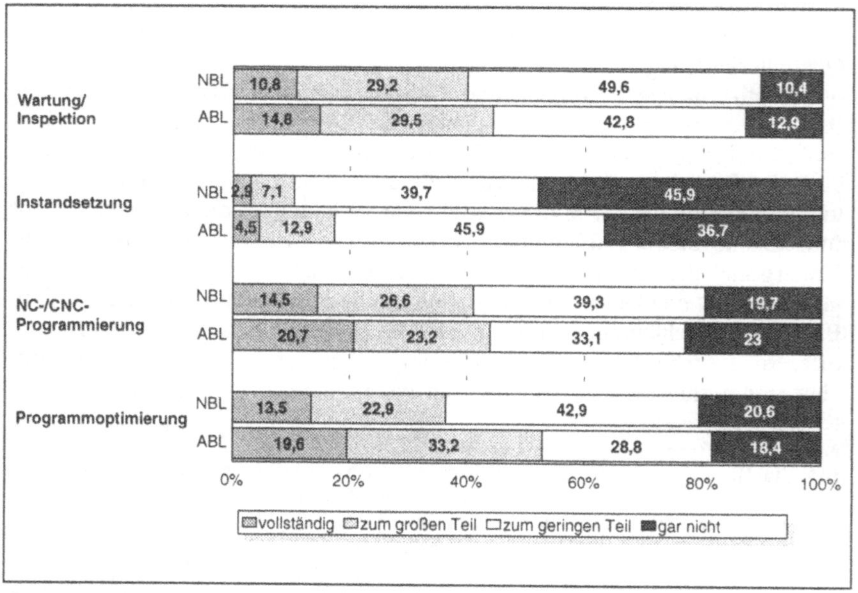


Auch bei der Zuständigkeit der Maschinenbediener für Programmierfunktionen spielt dies eine wesentliche Rolle. Die ostdeutschen Betriebe tendieren in deutlich geringerem Maße dazu, dem Maschinenbediener die Verantwortlichkeit für die Programmierung der NC-/CNC-gesteuerten

Maschinen zu übertragen. So sind nur 14,5% der Maschinenbediener in den neuen Bundesländern vollständig für die Programmierung zuständig, in den alten Bundesländern trifft dies für jeden fünften Betrieb zu (Abbildung 25). In der Diskussion um neue Produktionskonzepte spielte resp. spielt die Verortung der Programmierkompetenz aber eine entscheidende Rolle (vgl. Rose 1990). Zur Beschreibung der Aufgabenverteilung in diesem Bereich sind unterschiedliche Klassifizierungsversuche vorgelegt worden (vgl. etwa Nuber/Schultz-Wild 1990; Ostendorf/ Seitz 1992; Saurwein 1996).

Hier sollen ausgehend von der Zuständigkeit der Maschinenbediener für die Programmierung der NC-/CNC-Maschinen drei Gestaltungsvarianten unterschieden werden; fällt die Maschinenprogrammierung vollständig oder zum großen Teil in den Aufgabenbereich dieser Beschäftigtengruppe, soll von bedienerdominanter Programmierung gesprochen werden. Gehört diese Funktion nicht oder nur zum geringen Teil in den Kompetenzbereich der Maschinenbediener, jedoch überwiegend zum Aufgabenbereich der Werkstatt, ist dies als werkstattdominante Gestaltungsvariante zu klassifizieren. Als bürodominant ist die Verortung der Programmierkompetenzen schließlich zu kategorisieren, wenn die Programmierung nicht oder nur zum geringen Teil zum Aufgabenbereich der Maschinenbediener, aber auch nicht oder nur zum geringen Teil zum Aufgabenbereich des übrigen Werkstattpersonals gehört.[165]

Als Ergebnis dieser Klassifizierung ergibt sich, wie nach Anschauung der Angaben zur Verortung der Programmierkompetenzen bereits erwartet werden konnte, für die neuen Bundesländer ein großer Anteil von Betrieben, in denen der überwiegende Teil des Programmieraufkommens bürodominant, also in der Arbeitsvorbereitung bewältigt wird; 40,4% der ostdeutschen Betriebe programmieren bürodominant, während dieser Anteil in den alten Bundesländern lediglich 32,1% ausmacht. In 18,1% der ostdeutschen Betriebe kann von einer werkstattdominanten Programmierung gesprochen werden, 41,5% der ostdeutschen Betriebe überlassen die Erstellung von NC-/CNC-Programmen überwiegend den Maschinenbedienern[166] selbst. Dies trifft für 44,1% der westdeutschen Betriebe zu, für ein knappes Viertel der

165 Folgende Tabelle veranschaulicht die zugrunde liegende Klassifizierung der Programmierkompetenzen:

| | | durch Werkstattpersonal | |
|---|---|---|---|
| | | vollständig oder zum großen Teil | zum geringen Teil oder gar nicht |
| durch Maschinenbediener | vollständig oder zum großen Teil | bedienerdominante Programmierung | |
| | zum geringen Teil oder gar nicht | werkstattdominante Programmierung | bürodominante Programmierung |

166 Daß sich diese Zahl nicht durch Addition der Angaben in Abbildung 25 ergibt, steht in Zusammenhang mit fehlenden Werten.

westdeutschen Betriebe (23,7%) ist die Verortung der Programmierkompetenz als werkstattdominant zu charakterisieren.

Über Gründe für die höhere Bedeutung der Büroprogrammierung in den Maschinenbaubetrieben der neuen Bundesländer können lediglich Vermutungen angestellt werden. Eine Rolle spielt möglicherweise die Benutzerfreundlichkeit der Maschinensteuerungen, die in den ostdeutschen Betrieben insbesondere für die noch aus DDR-Zeiten stammenden Maschinen als kritischer Faktor einzuschätzen ist.

Daß das Niveau des Technikeinsatzes einen Einfluß auf die Verortung der Programmierkompetenzen ausübt, ist eine zumindest naheliegende Hypothese. Abbildung 26 zeigt einen interessanten Interaktionseffekt von Technikausstattung und regionaler Zuordnung. Während in den neuen Bundesländern Betriebe, die überwiegend konventionelle Fertigungstechniken einsetzen, in deutlich geringerem Maße auf eine bedienerdominante Programmierung setzen als Betriebe, die ausschließlich oder überwiegend computergestützte Fertigungstechniken einsetzen, verhält es sich in Westdeutschland umgekehrt. Wird überwiegend mit Hilfe computergestützter Techniken gefertigt, liegt der Anteil bedienerdominanter Programmierung unter dem Durchschnittswert, während das Gegenteil für die Betriebe zutrifft, die vorwiegend mit konventioneller Technik fertigen.

*Abbildung 26: Programmierkompetenz und Technikausstattung im Ost-West-Vergleich (1994; Anteil der Betriebe in %)*

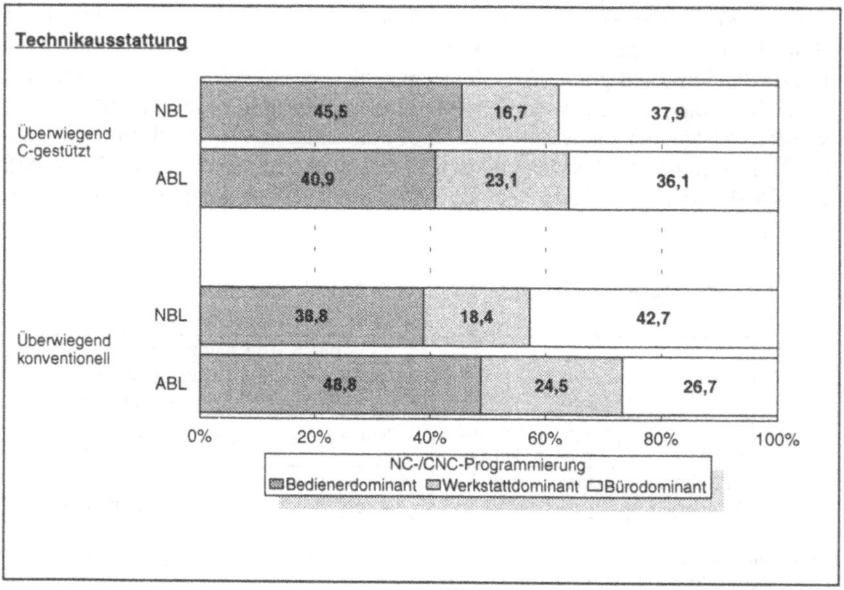

In diesem Zusammenhang scheint die Vermutung plausibel, daß in den alten Bundesländern der wesentliche Grund für vorwiegend konventionelle Fertigung die mangelnde Einsatzmöglichkeit von C-Techniken ist. Dies war in jedem Fall der Grund, der in der ersten Welle des NIFA-Panels in den alten Bundesländern (1991) als wichtigste Begründung für den Verzicht auf den Einsatz computergestützter Techniken genannt wurde. D.h. aber nicht notwendigerweise, daß die wenigen eingesetzten computergestützten Maschinen technologisch veraltet sind, so daß das Rest-Programmieraufkommen aufgrund moderner Steuerungen von den Maschinenbedienern selbst übernommen werden kann.

In den neuen Bundesländern ist eine überwiegend konventionelle Fertigung aber nicht unbedingt durch mangelnde Einsatzmöglichkeiten bedingt, sondern vielfach auch durch knappe finanzielle Ressourcen, die einer Anschaffung computergestützter Techniken und einer Modernisierung des Anlagenbestandes entgegenstehen. Die vorhandenen Techniken sind daher möglicherweise veraltet, und insofern nur von erfahreren Spezialisten (im Büro) programmierbar.

Hierfür spricht ein Vergleich der Verortung von Programmierkompetenzen in neugegründeten und weitergeführten ostdeutschen Betrieben. Während in 59,5% der neugegründeten Betriebe eine bedienerdominante Programmierung praktiziert wird, trifft dies nur für 37% der Betriebe zu, die bereits vor der Wende bestanden.[167]

Die Qualitätssicherung erfolgt in 86,9% der ostdeutschen Betriebe vollständig oder zum großen Teil durch die Maschinenbediener, im Vergleich zu den westdeutschen Betrieben, also in höherem Umfang (79,3%). Von besonderer Bedeutung ist eine Qualitätskontrolle „vor Ort", also durch die Maschinenbediener, wenn mit konventionellen Maschinen produziert wird, da in diesem Fall nicht jedes Werkstück automatisch bspw. die gleichen Fehlertoleranzen aufweist. Der in den ostdeutschen Betrieben höhere Anteil von Maschinenbedienern, die unmittelbar für die Qualitätsprüfung und -kontrolle zuständig sind, ist, dies ergibt sich nach Kontrolle des Einflußfaktors Technikausstattung in der Fertigung, mindestens zum Teil auf diesen Effekt zurückzuführen. In der - vergleichsweise kleinen - Gruppe der ostdeutschen Betriebe, die die Technikausstattung in der Fertigung ihres Betriebes als ausschließlich oder überwiegend computergestützt charakterisieren, liegt der Anteil der Betriebe, in denen die Maschinenbediener die Qualitätsprüfung und -kontrolle vollständig oder zum großen Teil übernehmen, mit 81,6% nurmehr unwesentlich - und nicht signifikant - über dem entsprechenden Anteil für die westdeutschen Betriebe.

167 Da die Verortung der Programmierkompetenz insgesamt stark betriebsgrößenabhängig ist, könnte dieser Effekt durch die unterschiedliche Betriebsgrößenstruktur in beiden Gruppen von Betrieben erklärbar sein. Dies ist jedoch nicht der Fall.

#### 5.3.2.2.4. Formen fachlicher Arbeitsteilung und strukturelle Rahmenbedingungen

Bei einer zusammenfassenden Bewertung der Ausprägung der fachlichen Arbeitsteilung ist zunächst zu diskutieren, welche Implikationen sich aus der Entscheidung für den einen oder anderen Gesamtindikator ergeben. An anderer Stelle (bspw. Ostendorf 1995; Ostendorf/Saurwein 1996) wurde ein additiver Indikator verwendet, d.h. für jeden Betrieb wurden die jeweiligen Ausprägungen für die elf betrachteten Funktionen addiert und durch Division durch die Anzahl der im Betrieb anfallenden Aufgaben standardisiert, so daß sich für die Indexvariable theoretisch ein Wertebereich von 1 (alle anfallenden Aufgaben gehören vollständig zum Aufgabenspektrum der Maschinenbediener) und 4 (die anfallenden Aufgaben gehören gar nicht zum Aufgabenspektrum der Maschinenbediener) ergab.

Dieses Vorgehen impliziert jedoch, daß jede der betrachteten Funktionen gleichgewichtig ist, es kommt dann der Funktion „Reinigung von Betriebsmitteln" zur Erfassung der fachlichen Arbeitsteilung die gleiche Bedeutung zu wie der Erstellung oder Optimierung von NC-/CNC-Programmen. Ungeachtet dieser Problematik soll an dieser Stelle auf einen solchen Indikator zurückgegriffen werden, da andere Verfahren, wie etwa das in Kapitel 5.3.2.1.4. verwendete Verfahren der Faktorenanalyse, sich im vorliegenden Fall als nicht praktikabel erwiesen.[168]

Die solchermaßen erzeugte Indexvariable kann aber durchaus mit Hilfe einschlägiger Verfahren klassifiziert werden, um zu einer Typisierung der fachlichen Arbeitsteilung im Betrieb zu gelangen.

Abbildung 27 zeigt die Verteilung der Indexvariable zur Beschreibung der fachlichen Arbeitsteilung unter Berücksichtigung der Betriebsgröße im Ost-West-Vergleich. Sie verdeutlicht zum einen die Betriebsgrößenabhängigkeit der Gestaltung der fachlichen Arbeitsteilung. Mit steigender Betriebsgröße verstärkt sich die Arbeitsteilung innerhalb des Produktionsbereiches. Die von der Anschauung her ebenfalls naheliegende Interpretation, nämlich eine durchweg geringere fachliche Arbeitsteilung in den ostdeutschen Betrieben, die in den für die ostdeutschen Betriebe jeweils unter dem westdeutschen Median liegenden Werten zum Ausdruck kommt, ist aber aufgrund eines Mittelwertvergleichs nicht zu halten. Sie resultiert aus der Andersartigkeit der Gestalt der Verteilung. Während die Verteilung der Indexvariable in den ostdeutschen Betrieben als linksschief zu charakterisieren ist - der Median liegt mit einem Wert von 2,0 unter dem arithmetischen Mittel mit 2,04 -, ist für die westdeutschen Betriebe von einer rechtssteilen Verteilung auszugehen. Der Median liegt hier bei 2,091, das arithmetische Mittel bei 2,08.

---

168 Verschiedene Versuche in dieser Richtung erbrachten allenfalls mäßige Ergebnisse.

*Abbildung 27: Boxplot Indexvariable fachliche Arbeitsteilung (1994)*[169]

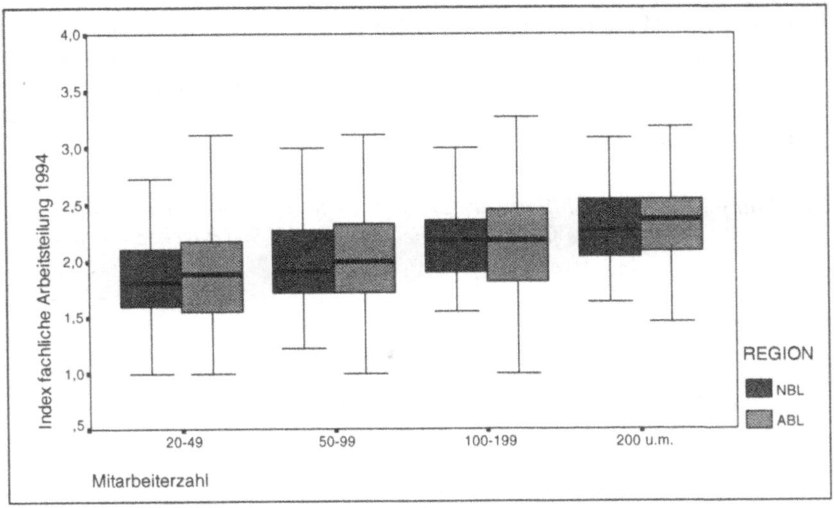


Der Befund einer in ost- und westdeutschen Betrieben als nicht unterschiedlich zu charakterisierenden fachlichen Arbeitsteilung ist auch nach Berücksichtigung struktureller Unterschiede nicht zu entkräften.[170] Wird deren Einfluß auf die Werte für die Indexvariable zur fachlichen Arbeitsteilung im Rahmen einer Varianzanalyse überprüft, so bestehen keine signifikanten Unterschiede zwischen ost- und westdeutschen Betrieben. Einbezogen wurden außer der Betriebsgröße und dem Facharbeiteranteil im Betrieb als kontinuierliche Kovariaten die Seriengröße, der Grad der Produktstandardisierung und die Technikausstattung der Fertigung. Nach Kontrolle dieser Faktoren zeigt sich, daß die Gestaltung der fachlichen Arbeitsteilung im wesentlichen durch diese strukturellen Variablen erklärbar ist. Einen signifikanten Einfluß üben die Seriengröße, die Betriebsgröße, der Facharbeiteranteil im Betrieb und die Technikausstattung in der Fertigung aus.

---

169 Um eine bessere Übersichtlichkeit zu gewährleisten, wurde auf die Darstellung der Ausreißer und extremen Werte verzichtet. Unter- bzw. Oberkante der Box geben im Boxplot das obere resp. untere Quartil an; der Median wird innerhalb der Box durch den schwarzen Balken dargestellt. Die Länge der Whisker wird durch den kleinsten bzw. größten nicht extremen Wert bestimmt. Der Wertebereich für die Indexvariable wurde ebenfalls aus Gründen einer besseren Darstellung gewählt; hier ist zu berücksichtigen, daß ein Wert von kleiner 1 aufgrund der Konstruktion des Indexes nicht möglich ist.

170 Es ist allerdings darauf hinzuweisen, daß diese Daten lediglich belegen, daß der Aufgaben*umfang* der Maschinenbediener in Ost und West sich nicht systematisch unterscheidet. Nicht auszuschließen ist dagegen, daß eine andere Aufgaben*struktur* besteht.

Abbildung 28 verdeutlicht exemplarisch den Einfluß der Technikausstattung und der Seriengröße auf die Ausprägung der fachlichen Arbeitsteilung in den Maschinenbaubetrieben im Gesamtsample. Sie zeigt, daß mit zunehmender Seriengröße die fachliche Arbeitsteilung deutlich ansteigt und zudem der Einsatz computergestützter Fertigungstechnik einen zusätzlichen Einfluß in dieser Richtung ausübt, wobei letzteres vor allem für die Unikat- und die Kleinserienfertiger zutrifft.

*Abbildung 28: Der Einfluß der Seriengröße und der Technikausstattung auf die fachliche Arbeitsteilung (1994; durchschnittliche Indexwerte)*

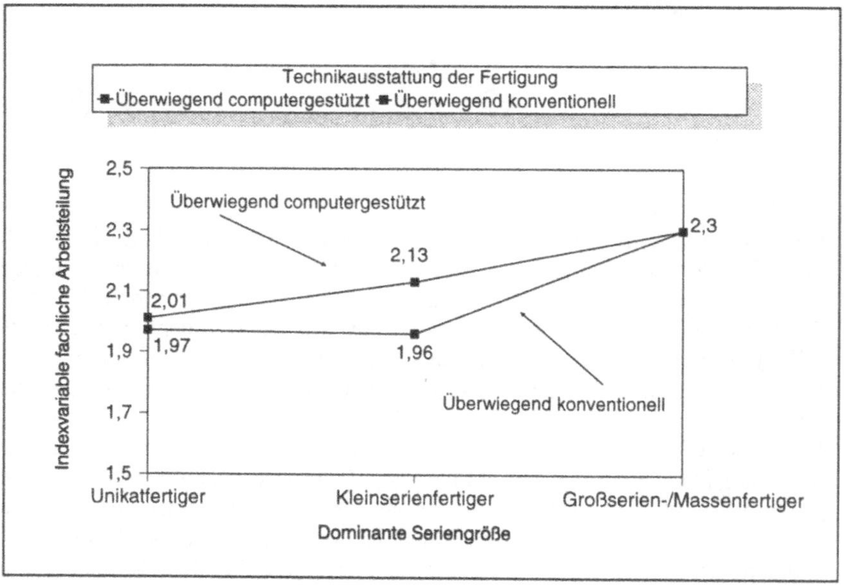


Eine Subgruppenanalyse für die ostdeutschen Betriebe führt zu dem Ergebnis, daß die Eigentumsverhältnisse keinen systematischen Einfluß auf die Ausgestaltung der fachlichen Arbeitsteilung in den Betrieben besitzen, und sich ein Unterschied zwischen neugegründeten und fortgeführten Betrieben, der sich bei deskriptiver Betrachtung der Indexvariable andeutete, statistisch nicht absichern läßt.

Zum Abschluß wurde mittels einer Clusteranalyse eine Klassifizierung der Indexvariable zur fachlichen Arbeitsteilung mit einer vorgegebenen Anzahl von (drei) Gruppen vorgenommen. Demnach ist die Ausgestaltung der fachlichen Arbeitsteilung in jeweils etwa einem Drittel der ost- und westdeutschen Betriebe als nur gering ausgeprägt zu betrachten, etwa die Hälfte der Betriebe realisiert ein mittleres Maß fachlicher Arbeitsteilung, die verbleibenden Betriebe sind auf horizontaler Ebene als vergleichsweise stark arbeitsteilig zu charakterisieren.

#### 5.3.2.2.5. Zwischenfazit

Zusammenfassend ist festzuhalten, daß das Niveau der fachlichen Arbeitsteilung in den ostdeutschen Betrieben hinsichtlich des Aufgabenumfanges der Maschinenbediener weder deutlich eingeschränkter noch deutlich umfassender ist als in vergleichbaren westdeutschen Betrieben, sondern vielmehr die Branche insgesamt durch eine nicht sehr ausgeprägte fachliche Arbeitsteilung gekennzeichnet ist. Unterschiede zwischen ost- und westdeutschen Maschinenbaubetrieben bestehen jedoch augenscheinlich, dies hatte die Betrachtung der Einzelindikatoren gezeigt, in bezug auf die Aufgabenstruktur. Indirekte Produktions- und Servicefunktionen gehören in den Maschinenbaubetrieben der neuen Bundesländer in geringerem Umfang zum Aufgabenspektrum der Maschinenbediener, während die im engeren Sinne an der Maschine zu verrichtenden Tätigkeiten in vergleichsweise größerem Umfang zum Aufgabenbereich dieser Beschäftigtengruppe gehören. Erklärbar sind diese Unterschiede zum einen durch die unterschiedliche Technikausstattung in der Fertigung, zum anderen aber durch Unterschiede bei der Ausgestaltung der funktionalen Arbeitsteilung, was etwa am Beispiel der Verortung der Programmierkompetenzen deutlich geworden sein sollte.

Unter den ostdeutschen Betrieben deutete sich zwar ein Einfluß des Betriebsstatus dahingehend an, daß in neugegründeten Betrieben ein größeres Aufgabenspektrum der Maschinenbediener besteht. Allerdings konnten diese Unterschiede nach Kontrolle der relevanten Drittvariablen statistisch nicht abgesichert werden.

Die Interpretation dieser Ergebnisse muß in bezug auf die Altbetriebe wiederum vor dem Hintergrund der vorliegenden Befunde zur arbeitsorganisatorischen Gestaltung in den Maschinenbaubetrieben der DDR erfolgen, die m.E. eher Persistenz, d.h. die Kontinuität (oder auch Pfadabhängigkeit) der Gestaltung der fachlichen Arbeitsteilung nahelegen. Ruft man sich noch einmal die in Kapitel 3 herausgearbeiteten Merkmale der arbeitsorganisatorischen Gestaltung in Erinnerung, dann ist davon auszugehen, daß eine nur gering ausgeprägte Aufgabenspezialisierung auch vor der Wende charakteristisch war, da die Implementation der Taylor'schen Prinzipien für eine bestimmte Etappe der industriellen Entwicklung in der DDR zwar erklärtermaßen Ziel war, dessen Realisierung aber an Strukturproblemen scheiterte: „...der Produktionsalltag in der DDR-Industrie war durch massive Unregelmäßigkeiten und beträchtliche Ungewißheiten charakterisiert [...]. Die ökonomische Effizienz von ohnehin nur unzureichend vorhandenen modernen Technologien wurde noch zusätzlich durch inkompatible Randbedingungen drastisch gesenkt, zu denen permanente Schwachstellen bei der Materialbeschaffung, der Werkzeugbereitstellung und in anderen Bereichen zählten.

Folglich gehörte ein hohes Maß an ungeplanten Umdispositionen von Produktionsabläufen und Arbeitsprozessen zur normalen betrieblichen Realität" (Deppe 1991: 144).

Auch wenn sich aus dem Produktionsprogramm für die DDR-Betriebe eine hohe Sicherheit hinsichtlich der anfallenden Arbeitsaufgaben ergab, ist trotzdem davon auszugehen, daß durch die stetigen Störungen des Produktionsprozesses Unsicherheit bestand, die durch ein spezifisches Improvisationsgeschick der Beschäftigten (Senghaas-Knobloch 1992) aufgefangen wurde, aber insofern einer Forcierung der fachlichen Arbeitsteilung entgegenstand. Die schwache fachliche Arbeitsteilung in der Produktion erlaubte insofern, die Vorteile loser Kopplung (Weick 1976) zu realisieren: Der Verzicht auf die aufwendige Etablierung organisatorischer Strukturierung erscheint sinnvoll, wenn die Vorteile, die sich bei gegebenem Produktionsprogramm aus einer ausgeprägten Funktionsspezialisierung ergeben könnten, sich infolge von Unsicherheit nicht einstellen würden. Die Ähnlichkeit zwischen ost- und westdeutschen Betrieben hinsichtlich des Aufgabenumfanges der Maschinenbediener ist insofern dahingehend zu interpretieren, daß sich für die fortbestehenden Betriebe die Situation durch die Eliminierung spezifischer Unsicherheitsquellen nicht prinzipiell verändert hat, da, u.a. durch die Umstrukturierung der Produktpalette, neue Formen von Unsicherheit entstanden sind.

### 5.3.2.3. Die Verbreitung von Gruppenarbeit

Die Beschreibung und Analyse der innerbetrieblichen Arbeitsteilung wäre nicht vollständig, ohne auf die Verbreitung von Gruppenarbeit einzugehen, deren Einsatz von zahlreichen Wissenschaftlern, Unternehmensberatern aber auch Betriebspraktikern nach wie vor als Mittel der Wahl zur effizienteren Bewältigung von Markt- und Kundenanforderungen betrachtet wird: „Gruppenarbeit kann auf eine bewegte Geschichte verweisen: Ein Rückblick in die jüngere Geschichte dieser Form der Arbeitsorganisation zeigt, daß kaum ein Problem industrieller Arbeit existiert, zu dessen Lösung sie nicht hätte beitragen sollen." (Seitz 1993: 32).

Gerade in Deutschland hat Gruppenarbeit eine lange Tradition (vgl. die Beiträge in Binkelmann et al. 1993), die u.a. in der tragenden Rolle zum Ausdruck kam, die sie in der Humanisierungsdebatte der 70er Jahre und im Kontext der Diskussion um anthropozentrische Produktionssysteme (Brödner 1986) innehatte, und sich nach Erscheinen der MIT-Studie (Womack et al. 1992) erneut belebte. Der Reiz dieser Form der arbeitsorganisatorischen Gestaltung lag dabei in einer möglichen Interessenkonvergenz von Kapital und Arbeit, da Gruppenarbeit nicht nur als effizienter, sondern durch die Abkehr vom tayloristischen Prinzip der Arbeitszergliederung zudem noch als sozialverträglich betrachtet wurde resp. wird.

Es muß betont werden, daß der Maschinenbau bei der Einführung dieses Arbeitseinsatzkonzeptes infolge seiner spezifischen Produktstruktur über andere Ausgangsvoraussetzungen verfügt als die Produzenten von Massenerzeugnissen. Während für Massenproduzenten der Weg weg von Standardisierung der Produkte hin zu einer stärkeren Kundenorientierung führt, verläuft die Entwicklung für Branchen wie den Maschinenbau, der traditionell stark kundenbezogen produziert, eher umgekehrt in Richtung auf eine größere Standardisierung durch Modularisierung von Produktkomponenten (Moldaschl 1993). Dies gilt auch für den ostdeutschen Maschinenbau, der mittlerweile eben auch vor allem in kleinen Serien produziert. Dabei sind die fertigungsstrukturellen Voraussetzungen für den Einsatz von Gruppenarbeit, wie die Analyse der Fertigungsorganisationsformen gezeigt hat, durchaus in höherem Umfang gegeben als bei den westdeutschen Betrieben. Auch innerbetriebliche Widerstände bei der Einführung dieses Arbeitseinsatzkonzeptes sind, da arbeitsorganisatorische Umgestaltungen in den Altbetrieben ohnehin notwendig waren, und in den neugegründeten Betrieben entscheidungsstrukturelle Hemmnisse einer Einführung nicht entgegenstehen konnten, in den ostdeutschen Betrieben nur in geringem Maße zu erwarten.[171]

Im folgenden wird zunächst die Verbreitung von Gruppenarbeit unter Berücksichtigung struktureller Einflußfaktoren aufgezeigt, um dann ihre Gestaltungsmerkmale und Einbindung in die betriebliche Arbeitsorganisation darzustellen. Gerade der letztgenannte Aspekt ist im Hinblick auf die erwartbaren Wirkungen von Gruppenarbeit von entscheidender Bedeutung, da eine rein fertigungsorganisatorische Umstrukturierung ohne korrespondierende arbeitsorganisatorische Maßnahmen von der Tendenz her möglicherweise mehr Probleme schafft als sie löst.[172]

---

171 Zu innerbetrieblichen Widerständen bei der Einführung von Gruppenarbeit kommt es - trotz augenscheinlich mindestens teilweise positiver Wirkungen für die Beschäftigten - u.a. durch die Infragestellung geronnener innerbetrieblicher Kompetenzabgrenzungen und Machtpositionen: „die neuen Formen der Arbeitsorganisation [stellen, die Verf.] sowohl die Qualifikationshierarchie mit ihren Karrieremustern wie auch die historischen Abgrenzungen zwischen den Gruppen *radikal* in Frage.“ (Kern/Sabel 1994: 616).

172 Auf der betrieblichen Ebene bestehen im Prinzip analoge Koordinationsprobleme wie sie für das Wirtschaftssystem der DDR beschrieben wurden: zentrale Planung bzw. eine starke Hierarchisierung von Planungsfunktionen (auf betrieblicher Ebene) ist mit einer hohen Autonomie von Subsystemen bzw. -einheiten nicht vereinbar: „Eine modulare Organisation der Werkstattebene, welche die Vorteile selbstorganisierter, „schlanker“ Abläufe und der Selbstverantwortung erschließen soll, verträgt sich nicht mit weiterhin zentralisierter Disposition.“ (Moldaschl/Schmierl 1994: 102).

#### 5.3.2.3.1. Der Einsatz von Gruppenarbeit unter Berücksichtigung struktureller Rahmenbedingungen

Abbildung 29 zeigt zunächst die Diffusion von Gruppenarbeit im Ost-West-Vergleich unter Berücksichtigung des Merkmals Betriebsgröße. Es wird deutlich, daß über 40% der ostdeutschen Betriebe Gruppenarbeit einsetzen. Verglichen mit den Maschinenbaubetrieben in den alten Bundesländern hat die Gruppenarbeit in den ostdeutschen Betrieben eine tendenziell höhere Bedeutung, wobei vor allem in kleineren ostdeutschen Betrieben durchweg häufiger Gruppenarbeit eingesetzt wird als in den westdeutschen Betrieben. Lediglich die größeren ostdeutschen Betriebe mit 200 und mehr Mitarbeitern setzen Gruppenarbeit in geringerem Umfang ein als dies in den westdeutschen Betrieben der Fall ist.

*Abbildung 29: Die Diffusion von Gruppenarbeit nach Betriebsgröße im Ost-West-Vergleich (1994; Anteil der Betriebe in %)*

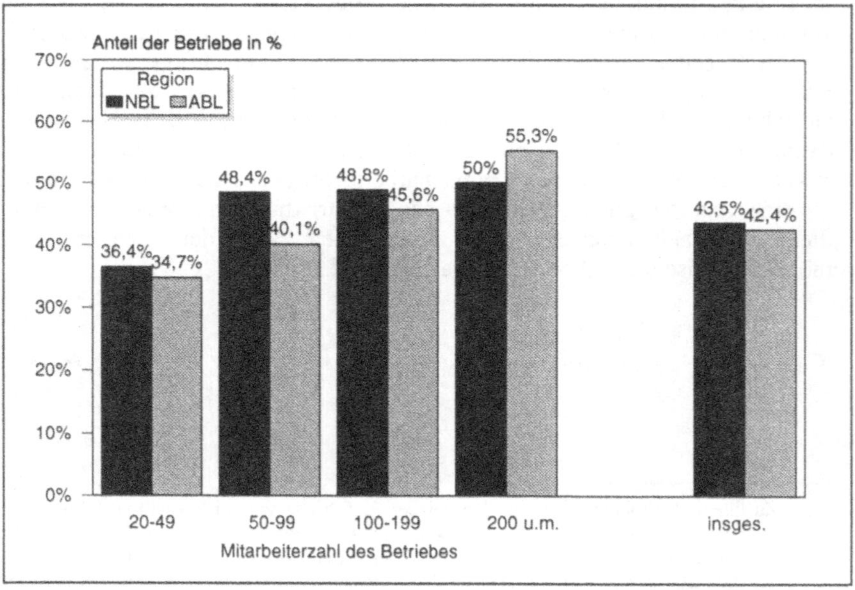


Dies ist, vor dem Hintergrund der höheren Bedeutung objektorientierter Fertigungsorganisationsformen in den neuen Bundesländern, kein überraschendes Ergebnis. Betrachtet man den Anteil objektorientierter Fertigungsorganisationsformen in den Betrieben, so ist sogar zu erwarten, daß die Bedeutung der Gruppenarbeit im ostdeutschen Maschinenbau noch ansteigen könnte. In den ostdeutschen Betrieben, in denen Gruppenarbeit derzeit nicht praktiziert wird, liegt der Anteil objektorientierter Fertigungsorganisationsformen bei durchschnittlich 34,1%, während der Anteil dieser Fertigungsorganisationsformen in den westdeutschen Betrieben, die Gruppenarbeit nicht einsetzen, lediglich 25% ausmacht.

Wie Abbildung 30 zeigt, lassen sich auch im Hinblick auf den Einsatz von Gruppenarbeit die Thesen von der Pfad- und Ressourcenabhängigkeit innerbetrieblicher Strukturen belegen.

*Abbildung 30: Die Diffusion von Gruppenarbeit im ostdeutschen Maschinenbau unter Berücksichtigung von Betriebsstatus und Eigentumsverhältnissen (1994; Anteil der Betriebe mit Gruppenarbeit in %)*

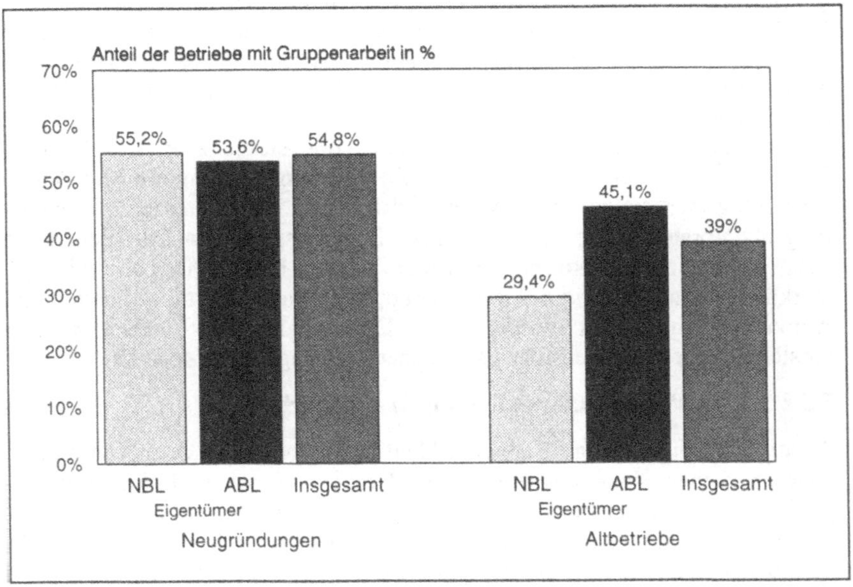


Während im ostdeutschen Maschinenbau 54,8% der neugegründeten Betriebe Gruppenarbeit einsetzen, praktizieren nur 39% der Altbetriebe diese Arbeitseinsatzform, was, insbesondere wenn zusätzlich die unterschiedliche Betriebsgrößenstruktur ins Kalkül gezogen wird, dafür spricht, daß arbeitsorganisatorische Gestaltungsformen in bestehenden Betrieben gewissermaßen widerspenstig gegenüber Neustrukturierungen sind (vgl. Fußnote 171).

In bezug auf die neugegründeten Betriebe sind die Eigentumsverhältnisse insofern kein wesentliches Differenzierungsmerkmal, als die Herausbildung und Etablierung organisatorischer und arbeitsorganisatorischer Strukturen in allen Betrieben gleichermaßen notwendig und unumgänglich ist, und Arbeitseinsatzkonzepte wie die Gruppenarbeit ohne hohen Aufwand in diesen Evolutionsprozeß integriert werden können.

Jedoch ist ein deutlicher Einfluß der Eigentumsverhältnisse auf den Einsatz von Gruppenarbeit in den Altbetrieben auszumachen. Insgesamt 45,1% der Betriebe, die sich im Besitz westdeutscher Eigentümer befinden, setzen Gruppenarbeit ein, aber nur knapp 30% der Altbetriebe, die im Besitz ostdeutscher Eigentümer sind. Dieser Unterschied ist durch strukturelle Einflußfaktoren nicht zu erklären, weshalb die Interpretation naheliegt, daß hier in gewisser Weise wieder das Problem der Ressourcenknappheit ins Gewicht fällt. Jede Veränderung organisatorischer Strukturen ist mit (hohen) monetären, aber auch nicht monetären Kosten verbunden, die abzuschätzen sind, und denen die aus der Reorganisation erwartbaren Kostenvorteile gegenüberzustellen sind. Selbst wenn freilich eine solche Kosten-Nutzen-Kalkulation positiv ausfallen sollte, so müssen die Betriebe doch erst einmal in der Lage sein, die Anfangsinvestitionen aufzubringen, was möglicherweise in den Altbetrieben, die sich im Besitz ostdeutscher Eigentümer befinden, nicht immer der Fall ist.

Der Nutzen oder, anders ausgedrückt, die Effizienzvorteile, die dem Einsatz von Gruppenarbeit[173] zugeschrieben werden, sind eng mit bestimmten Gestaltungsmerkmalen dieser Arbeitseinsatzform verbunden, deren Realisierung als Voraussetzung für die positive Beeinflussung von Durchlaufzeiten oder Produktionsstückkosten betrachtet werden kann. Diese Gestaltungsmerkmale können unter die Begriffe Gruppenstruktur, Selbstkoordination und Autonomie subsumiert werden. Die Eigenschaften der Arbeitsgruppen hinsichtlich dieser Dimensionen sind daher nachfolgend darzustellen.

### 5.3.2.3.2. Gestaltungsmerkmale von Gruppenarbeit

Als erste Voraussetzung für eine nachhaltige Wirkung von Gruppenarbeit im angesprochenen Sinne sind eine stabile Gruppenstruktur und eine Gruppengröße, die die Selbstkoordination der Gruppenmitglieder ermöglicht, zu betrachten. Wie Abbildung 31 zeigt, sind beide Merkmale in beinahe 9 von 10 ostdeutschen Betrieben, die Gruppenarbeit einsetzen, gegeben. Auch die Überschaubarkeit der Gruppe, die erfordert, daß sie in der Regel nicht mehr als 15 Mitglieder umfaßt, ist gewährleistet.

Die Selbstkoordination der Gruppe wird vom AWF, einem der prominentesten Promotoren des Gruppenarbeitskonzeptes in Deutschland, als weiteres wesentliches Merkmal für die Entwicklung in Richtung auf eine konsequente Umsetzung von Gruppentechnolgie in Fertigungsinseln betrach-

---

173 Genaugenommen ist es nicht der Einsatz von Arbeitsgruppen, dem deutliche Effizienzvorteile zugeschrieben werden, sondern die Gruppenfertigung resp. Gruppentechnologie; der Einsatz von Arbeitsgruppen ist allerdings gewissermaßen der vorletzte Teilschritt auf dem Wege zur Realisierung von Gruppenfertigung in teilautonomen Fertigungsinseln. Vgl. dazu Brödner (1986: 145 ff.).

tet. Die Voraussetzungen für eine solche Selbstkoordination sind hinsichtlich der Gruppenstruktur weitgehend gegeben.

*Abbildung 31: Eigenschaften von Arbeitsgruppen in der Fertigung im Ost-West-Vergleich (1994; Anteil der Betriebe in %)*

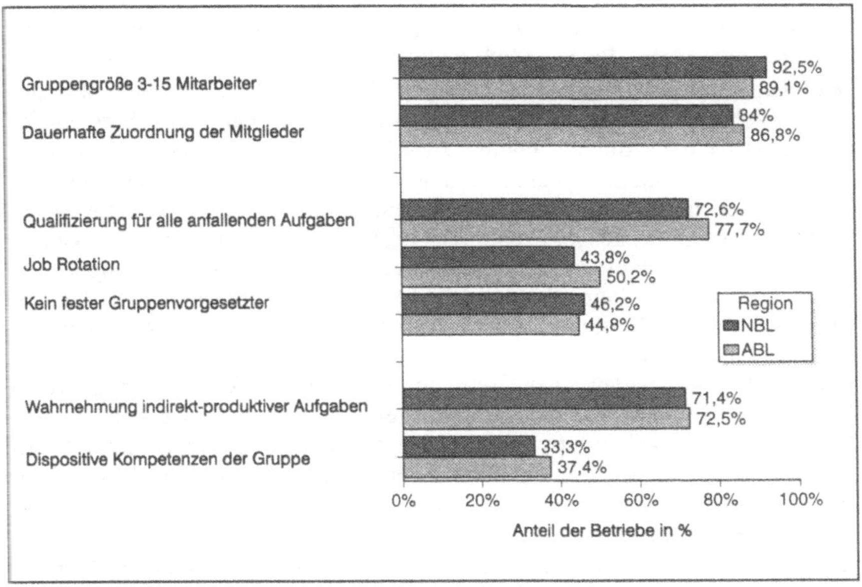


Kriterien für den Umfang, in dem eine Selbststeuerung der Gruppe erfolgt, sind beispielsweise die Qualifizierung der Mitarbeiter innerhalb der Gruppe, der Wechsel von Arbeitsaufgaben innerhalb der Gruppe (Job Rotation) sowie insbesondere das Fehlen eines festen Vorgesetzten, das darauf hindeutet, daß im Prinzip alle Gruppenmitglieder an Koordinations- und Abstimmungsprozessen teilhaben können. Wie Abbildung 31 zeigt, erfolgt die Qualifizierung für anfallende Aufgaben in immerhin drei Vierteln der Betriebe innerhalb der Gruppe, wohingegen nur in jeweils weniger als der Hälfte der betrieblichen Arbeitsgruppen in den ostdeutschen Maschinenbaubetrieben auch Job Rotation praktiziert wird bzw. kein fester Gruppenvorgesetzter benannt ist. In bezug auf die bisher angesprochenen Gestaltungsmerkmale von Gruppenarbeit ist, abgesehen von dem geringeren Ausmaß, in dem die ostdeutschen Betriebe auch Job Rotation praktizieren, kein wesentlicher Unterschied in den Gestaltungsmerkmalen der Arbeitsgruppen in Ost und West festzustellen.

Das letzte, aber wesentlichste Gestaltungsmerkmal ist die Autonomie der Gruppe innerhalb gegebener Rahmenbedingungen, die in der Wahrnehmung indirekt-produktiver Aufgaben durch die Gruppe sowie dispositiver Kompetenzen der Gruppe zum Ausdruck kommt. Werden indirekt-produktive Aufgaben nicht dem Aufgabenbereich der Gruppe zugeordnet, ist die Gruppe also beispielsweise auf betriebliche Instandhaltungspezialisten angewiesen, ist es nur in geringem Maße möglich, die Arbeitsabläufe innerhalb der Gruppe unabhängig von den allgemeinen Betriebsabläufen zu organisieren. Dies gilt auch, wenn die Gruppe nicht über dispositive Kompetenzen verfügt, sondern die Abläufe zentral geplant werden: „Produktivitätspotentiale der Gruppenarbeit sind auf der Ebene der Produktion allein nicht zu erschließen. Sie entfalten sich erst, wenn die Gruppenarbeit mit einer Veränderung der betrieblichen Strukturen insgesamt einhergeht. [...] Ohne neue Formen der Kooperation und Aufgabenteilung zwischen den verschiedenen Funktionsbereichen und ohne Dehierarchisierung von betrieblichen Strukturen bleiben die Veränderungen auf der Prozeßebene isoliert und stoßen bei ihrer Entwicklung rasch auf Grenzen.“ (Gerst et al. 1994: 22). Beide Merkmale, also die Wahrnehmung indirekt-produktiver Aufgaben durch die Gruppe, vor allem aber die Zuordnung dispositiver Kompetenzen zur Gruppe, werden von den ostdeutschen Betrieben, die Gruppenarbeit einsetzen, in etwas geringerem Umfang realisiert, als dies in westdeutschen Betrieben zutrifft. Nur etwa ein Drittel der ostdeutschen Betriebe ordnet ihren Arbeitsgruppen auch dispositive Kompetenzen zu. Dies ist allerdings vor allem vor dem Hintergrund der Ausgestaltung der funktionalen Arbeitsteilung in den ostdeutschen Betrieben überraschend, da die überwiegende Zahl der Maschinenbaubetriebe in den neuen Bundesländern zu dem Typ von Betrieben zu zählen ist, die bei zentraler Rahmenplanung eine eher dezentrale Feinplanung praktizieren, also zumindest einen Teil der dispositiven Kompetenzen prinzipiell an betriebliche Arbeitsgruppen delegieren könnten. Generell ist nämlich „Bei den Formen von Gruppenarbeit etwa [...] die Frage des Ausmaßes und der Modalitäten der Selbstorganisation höchst umstritten. Hier spielt für die Betriebe auch eine Rolle, ob sich der Anspruch auf Selbstorganisation, wenn er an einer Stelle eingelöst wird, begrenzen läßt; diese Unsicherheit läßt die Betriebe ausgesprochen zögerlich reagieren.“ (Wittke 1996: 854). Für Betriebe, die ohnehin schon einen nicht unerheblichen Teil der Feinplanungskompetenzen der Werkstatt zugeordnet haben, sollte eine solch begrenzte Gruppenautonomie prinzipiell jedoch eher zu realisieren sein, als für Betriebe, die durch eine eher zentralistische Handhabung von Planungskompetenzen gekennzeichnet sind.

Abbildung 32 zeigt die Zuordnung dispositver Kompetenzen für die betrieblichen Arbeitsgruppen in Abhängigkeit von der Art der innerbetrieblich praktizierten funktionalen Arbeitsteilung.

*Abbildung 32: Dispositve Kompetenzen der Gruppen und funktionale Arbeitsteilung im Ost-West-Vergleich (1994; Anteile der Betriebe in %)*[174]

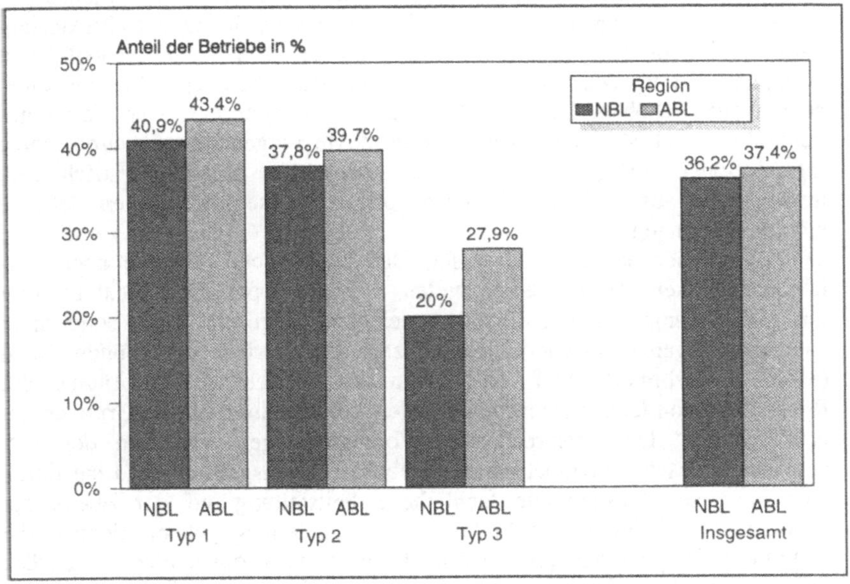


Die Betriebe, die eine insgesamt geringe funktionale Arbeitsteilung in allen Dimensionen praktizieren (Typ 1), ordnen den Arbeitsgruppen - in neuen und alten Bundesländern gleichermaßen - erwartungsgemäß in höchstem Maße dispositive Kompetenzen zu; die Betriebe, die durch eine ausgeprägte funktionale Arbeitsteilung gekennzeichnet sind (Typ 3), tun dies in geringstem Umfang. Betriebe schließlich, die eine zentrale Rahmenplanung bei dezentraler Feinplanung realisieren (Typ 2), liegen in bezug auf die Zuordnung dispositiver Gruppenkompetenzen zwischen diesen beiden Betriebstypen.

Abbildung 32 verdeutlicht jedoch auch, daß die Betriebe in den neuen Bundesländern unabhängig von der Ausgestaltung der funktionalen Arbeitsteilung in den Betrieben ihren Arbeitsgruppen durchweg in geringerem Umfang dispositive Kompetenzen zuordnen als vergleichbare westdeutsche Betriebe. Ob sich die hier andeutenden Unterschiede zwischen ost- und westdeutschen Betrieben durch divergierende Strategien in neuen und alten ostdeutschen Betrieben oder auch durch unterschiedliche Gestaltungsvarianten in Betrieben mit ost- resp. westdeutschen Eigentümern erklären lassen, kann aufgrund der geringen Fallzahlen nicht weiter geklärt werden.

174 Zur Typisierung vgl. Abschnitt 5.3.2.1.4.

#### 5.3.2.3.3. Zwischenfazit

Gruppenarbeit scheint prinzipiell ein wichtiges Gestaltungselement der arbeitsorganisatorischen Strukturierung in den ostdeutschen Maschinenbaubetrieben zu sein. Aufgrund der vergleichsweise hohen Bedeutung objektorientierter Fertigungsorganisationsformen könnte sich der Anteil von Gruppenarbeit im Maschinenbau der neuen Bundesländer zukünftig sogar noch weiter erhöhen. Da über das Ausmaß, in dem z.B. eine Teilefamilienbildung und Modularisierung der Produkte vorgenommen wurde, keine Informationen vorliegen, ist es jedoch nur schwer möglich abzuschätzen, inwiefern hieraus in Zukunft Effizienzvorteile für die ostdeutschen Betriebe erwachsen könnten.

Es ist aber darauf hinzuweisen, daß sich solche Vorteile nach vorliegenden Erkenntnissen nur einstellen, wenn Gruppenarbeit nicht als rein fertigungsorganisatorisches Gestaltungselement eingesetzt wird, sondern in das arbeitsorganisatorische Gesamtkonzept der Betriebe eingebunden wird (Moldaschl/Schmierl 1994: 68), wenn also bestehende Spielräume der Rücknahme von fachlicher in funktionaler Arbeitsteilung für die Gruppen genutzt werden. Die entsprechenden Voraussetzungen wären in den ostdeutschen Maschinenbaubetrieben gegeben. Wie ausgeführt, sind sie durch eine nicht sehr ausgeprägte fachliche Arbeitsteilung auf der Ebene der Produktion und durch eine funktionale Arbeitsteilung gekennzeichnet, die zumindest Feinplanungsfunktionen häufig im Produktionsbereich beläßt. Die Darstellung der Gestaltungsmerkmale der Gruppenarbeit verdeutlichte allerdings, daß die Spielräume, die sich aus diesen spezifischen Voraussetzungen ergeben, im Vergleich zu den westdeutschen Betrieben in geringerem Maße genutzt werden. So ist sowohl die Arbeitsteilung innerhalb der Gruppen, als deren Kriterium beispielsweise ein Aufgabenwechsel zwischen den Gruppenmitgliedern (Job Rotation) herangezogen werden kann, als auch die Einbindung in die funktionale Arbeitsteilung (Zuordnung dispositiver Aufgaben in den Kompetenzbereich der Gruppen) im Vergleich zu den westdeutschen Betrieben bisher in geringerem Maße für die betrieblichen Arbeitsgruppen realisiert worden. Insofern ist zukünftig weiter zu beobachten, ob die ostdeutschen Betriebe eine gezielte Feinabstimmung von Fertigungs- und Arbeitsorganisation vornehmen werden.

### 5.3.2.4. Innerbetriebliche Arbeitsteilung: Eine zusammenfassende Typisierung

Zum Abschluß soll eine zusammenfassende Typisierung der innerbetrieblichen Arbeitsteilung erfolgen, die auf die beiden zentralen Dimensionen der innerbetrieblichen Arbeitsorganisation, die funktionale und fachliche Arbeitsteilung in den Betrieben, Bezug nimmt. Dazu wurden die beschriebenen Typen funktionaler und fachlicher Arbeitsteilung miteinander in Beziehung gesetzt, um auf dieser Grundlage eine Beurteilung der arbeitsorganisatorischen Gestaltungsvarianten vorzunehmen (Tabelle 25).

*Tabelle 25: Typisierung der innerbetrieblichen Arbeitsteilung*[175]

| | Funktionale Arbeitsteilung | | |
|---|---|---|---|
| Fachliche Arbeitsteilung | Typ 1 | Typ 2 | Typ 3 |
| Gering | Integrativ (Typ A) | | Uneindeutig |
| Mittel | | Strukturoffen (Typ B) | |
| Hoch | Uneindeutig | | Arbeitsteilig (Typ C) |

Zu unterscheiden sind drei Typen der innerbetrieblichen Arbeitsteilung: eine integrative Form der Arbeitsorganisation (Typ A), eine tendenziell auf Arbeitsteilung abstellende Gestaltung der innerbetrieblichen Arbeitsorganisation (Typ C) und schließlich ein dritter arbeitsorganisatorischer Typ, der als strukturoffen bezeichnet werden soll (Typ B).[176] Diese Typen arbeitsorganisatorischer Gestaltung sind wie folgt zu charakterisieren:

Typ A: Betriebe mit einer integrativen Form der arbeitsorganisatorischen Gestaltung sind durch eine geringe bis mittlere fachliche Arbeitsteilung bei gleichfalls geringer funktionaler Arbeitsteilung oder durch eine geringe fachliche Arbeitsteilung bei einer Form der funktionalen Arbeitsteilung, die als zentrale Rahmenplanung bei dezentraler Feinplanung beschrieben werden kann, gekennzeichnet.

Typ B: Als strukturoffene Form der Arbeitsorganisation kann ein mittleres Niveau der fachlichen Arbeitsteilung in Kombination mit Typ 2 der funktionalen Arbeitsteilung betrachtet werden.

Typ C: Diese Form der innerbetrieblichen Arbeitsteilung ist durch eine ausgeprägte funktionale Arbeitsteilung bei gleichzeitig mittlerem oder geringem Aufgabenspektrum der Maschinenbediener oder

175 Zur Typisierung der funktionalen Arbeitsteilung vgl. Abschnitt 5.3.2.1.4.

176 Die Verwendung von Typologien zur Klassifizierung der arbeitsorganisatorischen Gestaltung in den Betrieben hat in der industriesoziologischen Forschung eine längere Tradition. Die hier vorgestellte Typisierung wird daher sicherlich manchen Leser an die vom ISF entwickelte Unterscheidung von strukturkonservativen/tayloristischen, strukturinnovativen und struktursuchenden Betrieben erinnern (vgl. bspw. Hirsch-Kreinsen 1992b). Wenngleich ein Nachvollzug dieser Typologie anhand quantitativer Daten (vgl. etwa Hauptmanns 1995a) sicherlich aus forschungspragmatischer Sicht sinnvoll sein kann, ist er an dieser Stelle nicht angestrebt, so daß vorhandene Ähnlichkeiten eher sprachlicher Natur sein sollten. Unterschiede bestehen vor allem insofern, als die vorgestellte Typologie eher deskriptiven Charakter hat, und insbesondere nicht auf die Intentionalität betrieblichen Handelns bzw. der betrieblichen Akteure (Struktur„suche“) abstellt.

durch eine Kombination von Typ 2 der funktionalen Arbeitsteilung bei geringem Aufgabenspektrum der Maschinenbediener gekennzeichnet.

Nicht berücksichtigt wurden in dieser Typisierung die Kombinationen einer ausgeprägten funktionalen Arbeitsteilung bei geringer fachlicher Arbeitsteilung sowie eine geringe funktionale Arbeitsteilung bei vergleichsweise stark ausgeprägter fachlicher Arbeitsteilung, da diese Gestaltungsvarianten keine einheitliche Zielsetzung erkennen lassen.[177]

*Abbildung 33: Strukturen innerbetrieblicher Arbeitsteilung im Ost-West-Vergleich (1994; nach Betriebsgröße; Anteil der Betriebe in %)*

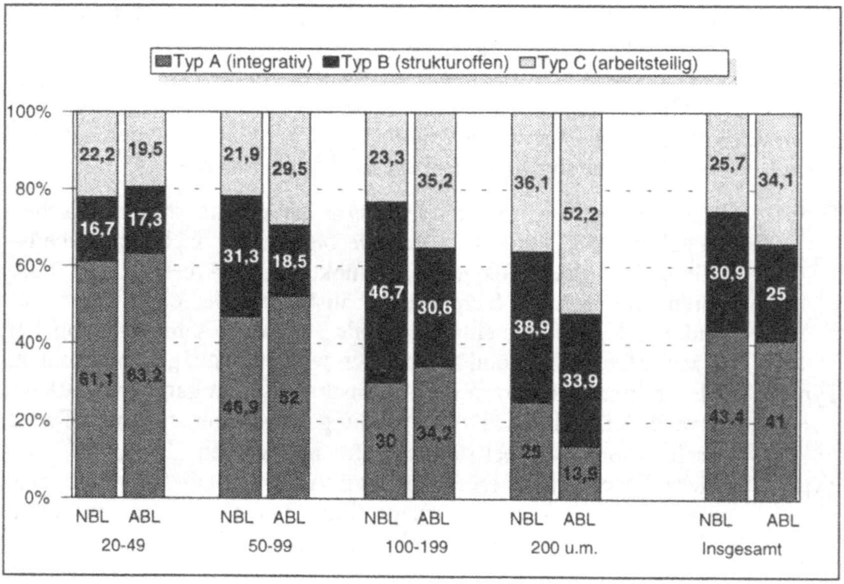


Abbildung 33 zeigt die Verteilung dieser Typen im Ost-West-Vergleich unter Berücksichtigung des Merkmals Betriebsgröße. Eine integrative Form der arbeitsorganisatorischen Gestaltung haben demnach 43,4% der ostdeutschen und 41% der westdeutschen Betriebe realisiert, wobei die Häufigkeit dieser arbeitsorganisatorischen Gestaltungsvariante deutlich betriebsgrößenabhängig ist; sie wird mit zunehmender Betriebsgröße um so seltener praktiziert. Auffällig ist, daß eine integrative Form der arbeitsorganisatorischen Gestaltung in den ostdeutschen Maschinenbaubetrieben mit bis zu 200

177 Insgesamt realisieren 6% der (ost- und westdeutschen) Betriebe eine solch uneindeutige Form der arbeitsorganisatorischen Gestaltung.

Mitarbeitern in geringerem Maße realisiert wird als in vergleichbaren westdeutschen Betrieben, während die größeren ostdeutschen Betriebe mit 200 und mehr Beschäftigten sie deutlich häufiger praktizieren; in einem Viertel dieser ostdeutschen Betriebe läßt sich die Form der Arbeitsorganisation als integrativ charakterisieren. Weiterhin ist bemerkenswert, daß die Betriebe in den neuen Bundesländern in geringerem Umfang auf Arbeitsteilung zielende Organisationsformen realisieren. Der Anteil der Betriebe, deren Arbeitsorganisation als arbeitsteilig zu bezeichnen ist (Typ C), liegt unter den ostdeutschen Betrieben bei lediglich gut 25%, während knapp 35% der betrachteten westdeutschen Betriebe diese arbeitsorganisatorische Gestaltungsvariante praktizieren. Auch diese Form der arbeitsorganisatorischen Gestaltung ist - spiegelbildlich zu Typ A - sehr deutlich betriebsgrößenabhängig, indem die Häufigkeit, mit der sie realisiert wird, mit steigender Betriebsgröße zunimmt.

Die interessantesten Unterschiede zwischen ost- und westdeutschen Betrieben in bezug auf die innerbetriebliche Arbeitsorganisation bestehen jedoch in der unterschiedlichen Häufigkeit, in der der dritte Typ (Typ B) der arbeitsorganisatorischen Gestaltung realisiert wird. Etwa jeder dritte ostdeutsche, aber nur jeder vierte westdeutsche Betrieb ist durch diese als strukturoffen bezeichnete Gestaltungsvariante gekennzeichnet. Unter den mittelgroßen Betrieben in den neuen Bundesländern (100-199 Mitarbeiter) ist dieser Typ der Gestaltung der innerbetrieblichen Arbeitsorganisation mit einer Häufigkeit von 46,7% der mit Abstand bedeutsamste, aber auch von den größeren ostdeutschen Betrieben mit 200 und mehr Mitarbeitern realisieren fast 40% eine strukturoffene Form der Arbeitsorganisation.

Mit dem Begriff „strukturoffen" wurde diese Form der Arbeitsorganisation bezeichnet, weil sie einerseits die größten Gestaltungspielräume für arbeitsorganisatorische „Experimente" innerhalb bestehender arbeitsorganisatorischer Strukturen beinhaltet und andererseits den Betrieben eine hohe Zahl von Optionen für die zukünftige Entwicklung bietet, insbesondere im Vergleich zu den Betrieben, deren innerbetriebliche Arbeitsorganisation den Typen A oder C zuzuordnen ist.

Betriebe des Typs C beispielsweise, die durch eine ausgeprägte funktionale und fachliche Arbeitsteilung gekennzeichnet sind, haben ihre Ablauforganisation in der Regel unter hohem Aufwand implementiert und die notwendigen Kompetenzabgrenzungen vorgenommen. Ihre Entwicklungsoptionen liegen a priori entweder in einer weiteren Forcierung der innerbetrieblichen Arbeitsteilung, der aber Grenzen gesetzt sind, oder in der Realisierung alternativer arbeitsorganisatorischer Gestaltungsformen, die jedoch, wie in bezug auf Gruppenarbeit ausgeführt, die Neustrukturierung der arbeitsorganisatorischen Basiselemente erfordern würde. Diese Entwicklungsoption scheint insofern im Hinblick auf zu erwartende innerbetriebliche Widerstände als zumindest problematisch. Betriebe des Typs B haben dagegen die Möglichkeit, innerhalb der derzeit bestehenden Strukturen mit neuen arbeitsorganisatorischen Formen zu experimentieren, ohne nachhaltige innerbetriebliche Konflikte erwarten und in Kauf nehmen zu müssen.

Zuletzt ist noch die Frage der Stabilität dieser Gestaltungsform anzusprechen. Streng genommen erlaubt eine zeitpunktbezogene, und daher statische Betrachtungsweise natürlich keine Prognose hinsichtlich der zukünftigen Entwicklung im Bereich der innerbetrieblichen Arbeitsorganisation. Dazu sind weitere (Längsschnitt-) Analysen erforderlich. Es scheint jedoch plausibel anzunehmen, daß die beschriebenen betrieblichen Strukturen, die zur hohen Bedeutung strukturoffener arbeitsorganisatorischer Gestaltungsvarianten geführt haben, nicht nur kurzlebiges Kennzeichen einer Übergangsperiode sind, sondern persistent sein werden, da auch in technischer Hinsicht die hard- und softwaremäßigen Voraussetzungen für die Realisierung dieses arbeitsorganisatorischen Strukturtyps vorliegen.

### 5.3.3. Zwischenbetriebliche Arbeitsorganisation: Interorganisationsbeziehungen im ostdeutschen Maschinenbau

Die zwischenbetriebliche Arbeitsorganisation ist in den letzten Jahren ein Dauerthema, das für die Betriebe in den neuen Bundesländern nach Abschluß des Privatisierungsprozesses und vor dem Hintergrund der hohen Zahl neugegründeter Betriebe eine besondere Brisanz besitzt. Bevor es im folgenden um die Darstellung und Analyse von Formen zwischenbetrieblicher Arbeitsorganisation im ostdeutschen Maschinenbau geht, sind einige begriffliche Klärungen vorzunehmen, um zu verdeutlichen, was im Rahmen der vorliegenden Arbeit unter zwischenbetrieblicher Arbeitsorganisation verstanden werden soll, und um zwei zentrale Formen zwischen betrieblicher Interaktion, Unternehmensnetzwerke und zwischenbetriebliche Kooperationsbeziehungen, voneinander abzugrenzen.

#### 5.3.3.1. Analytischer Bezugsrahmen und begriffliche Abgrenzung

Ganz allgemein kann hierunter die Art und Weise verstanden werden, in der Interaktionsbeziehungen zwischen Betrieben organisiert sind. Sydow/Windeler (1994: 2) definieren solche Interorganisationsbeziehungen, als die zwischenbetriebliche Interaktionsbeziehungen zu betrachten sind, wie folgt: „Als *Interorganisationsbeziehungen* werden [...] all jene Beziehungen bezeichnet, die zwei oder mehr Organisationen, seien es Unternehmungen, Behörden, private oder öffentliche Forschungseinrichtungen, miteinander unterhalten.“ Solche Interaktionsbeziehungen werden aus theoretischer Sicht vor allem von der neuen Institutionenökonomik behandelt; diese Perspektive hat sich auch in der sozialwissenschaftlichen Literatur zum Phänomen zwischenbetrieblicher Arbeitsteilung weitgehend durchgesetzt und als fruchtbar erwiesen (Voskamp/Wittke 1994: 215),[178] weshalb im folgenden auf sie rekuriert werden soll.

Während die neoklassische Schule der Ökonomie die Existenz von Unternehmungen als gegeben hinnimmt, war ein Ansatzpunkt der Institutionenökonomik die Frage nach ihren Entstehungsbedingungen und -gründen, und somit die Frage nach Existenzbedingungen nicht-marktmäßiger Formen ökonomischer Koordination. In dieser Sichtweise ist die Entstehung von Unternehmungen dadurch bedingt, daß sie eine im Vergleich zu einer rein marktmäßigen Organisation effizientere Abwicklung und Koordination wirtschaftlicher Tätigkeiten (Transaktionen) erlauben. Innerhalb von Unternehmen ist Hierarchie die grundlegende Form der Koordination wirtschaftlicher Tätigkeiten, weshalb Markt und Hierarchie als die beiden prinzipiellen Koordinierungsmechanismen für die Abwicklung von Transaktionen betrachtet werden (Coase 1937). Dabei hängt es im wesentlichen von den Charakteristika der Transaktionen ab, welches institutionelle Arrangement besonders effizient ist. Markt und Hierarchie - zwischen diesen beiden polaren Formen institutioneller Arrangements sind intermediäre, sogenannte hybride Formen der Interaktion zwischen Unternehmungen konzeptionell anzusiedeln (Riordan/Williamson 1985: 376). Dabei sind zwei Entstehungsgründe für Interorganisationsbeziehungen zu unterscheiden, die zwei Facetten der zwischenbetrieblichen Arbeitsorganisation widerspiegeln: Unternehmensnetzwerke und zwischenbetriebliche Kooperation.

Leistungen, die zur Erstellung organisationsintern produzierter Güter benötigt werden, werden am Markt beschafft, ein Großteil der Güter auch am Markt abgesetzt,[179] wobei Partner dieser Transaktionen häufig andere Betriebe resp. Unternehmungen, also andere Organisationen sind. Insofern ergibt sich die Mehrzahl von Interorganisationsbeziehungen im ökonomischen Bereich durch die Logik des Produktionsprozesses, aus der heraus Geschäftsbeziehungen entstehen. Vielfach verfestigen sich diese zwischenbetrieblichen Beziehungen, und es entstehen hybride institutionelle Arrangements. Solche Formen von Interorganisationsbeziehungen, populärerweise mit dem Begriff der Unternehmensnetzwerke belegt, weisen - wie Formen zwischenbetrieblicher Kooperationen übrigens auch - zugleich Eigenschaften von Unternehmen (Hierarchien) und Märkten auf.

Siebert (1991) nennt als marktliche Eigenschaften von Unternehmensnetzwerken die Funktionsspezialisierung und einen marktlichen Effizienz-

178 Eine kritische Auseinandersetzung mit diesem Ansatz aus soziologischer Sicht findet sich beispielsweise in Monse (1992), Mill/Weißbach (1992) sowie Lundvall (1993).

179 Von den Austauschbeziehungen zwischen den Betrieben eines Unternehmens und zwischen Unternehmen, die zum selben Konzern gehören sei an dieser Stelle abgesehen, da die Entstehung dieser Art von Austauschbeziehungen im wesentlichen auf rechtliche Verflechtungen zurückzuführen ist.

druck, als hierarchische Eigenschaften erwähnt er Vertrauensbeziehungen zwischen den Netzwerkpartnern und die Informationsintegration bzw. -verknüpfung zwischen den Partnern (durch Mittel der elektronischen Datenverarbeitung).[180]

Die Entstehung solcher Beziehungen ist u.a. durch spezifische Investitionen erklärbar. Nicht bei jeder Entscheidung über den Einkauf bestimmter Vorprodukte wird beispielsweise erneut auf dem anonymen Markt gesucht, der (Markt-)Preis ist für Austauschbeziehungen innerhalb von Netzwerken nurmehr mittel- bis langfristiger Richtwert, von dem der zwischen den Unternehmen ausgehandelte Preis jedoch nicht systematisch und dauerhaft nach oben oder unten abweichen darf. Auf diesem Wege werden Such- und Anbahnungskosten mininiert, die Abhängigkeit vom Markt verringert sich, allerdings um den Preis einer sich möglicherweise entwickelnden längerfristigen Abhängigkeitsbeziehung vom Netzwerkpartner. Der langfristige Aufbau von Vertrauensbeziehungen zwischen den Interaktionspartnern kann zur Reduktion von Kontrollkosten beitragen und ermöglicht es erst, die Vorteile, die sich aus einer über Marktbeziehungen hinausgehenden Verbindung ergeben, auszunutzen (Wurche 1994).

In den letzten Jahren wurde eine Veränderung der interorganisatorischen Beziehungen in Unternehmensnetzwerken konstatiert, die in industriesoziologischer Sichtweise als neuer Rationalisierungstyp erschien, als „systemische" Rationalisierung des Produktionsprozesses unter Überschreitung der traditionellen Grenzen von Rationalisierung - der Unternehmensgrenzen (vgl. Altmann et al. 1986; Altmann/Sauer 1989, Sauer/Döhl 1994a,b). Auch aus ökonomischer Sicht wurde dieser Entwicklung eine neue Qualität zugeschrieben, eine „zweite (industrielle) Revolution" (Womack et al. 1992) versprach möglicherweise dramatische Produktivitätssprünge, wobei die (Re-) Organisation der Zulieferbeziehungen einen entscheidenden Stellenwert hatte (vgl. dazu auch Wildemann 1992b).

Als Ursache, so die gemeinsame Einschätzung, führt ein massiver Kosten-, Flexibilisierungs- und Innovationsdruck auf den Märkten dazu, daß eine Reorganisation des Produktionsprozesses entlang der gesamten Wertschöpfungskette stattfindet, die inbesondere mit einer vertikalen Desintegration und einer Neuordnung der Zulieferbeziehungen einhergeht (Sauer/Döhl 1994a,b; Hirsch-Kreinsen 1996). Überbetriebliche Arbeitsteilung wird so zu einer neuen Quelle von Wertschöpfung, indem Produktivitäts- und Kostenvorteile sowie ein höheres Flexibilitätspotential ausgeschöpft werden. Dabei geht „Die Durchsetzung neuer Formen zwischenbetrieblicher Arbeitsteilung und die Koordination der stofflich aufeinander bezogenen Teilprozesse und darüber vermittelt die *Beherrschung der Produktionskette* [...] von Unternehmen aus, die wir [...] als *„fokale Unternehmen"* bezeichnet haben.

180 Dieser Aspekt von Unternehmensnetzwerken wurde resp. wird auch unter dem Stichwort der zwischenbetrieblichen Vernetzung diskutiert (vgl. Sauer/Altmann 1989).

[...] In der Regel sind es solche Unternehmen, die das fertige Produkt auf den Markt bringen, d.h. den Markterfordernissen unmittelbar ausgesetzt sind. Dies können die großen Finalproduzenten (wie beispielsweise Automobilendhersteller in der Automobilindustrie), aber auch große Handelshäuser (wie sie beispielsweise in der Möbelindustrie den Markt beherrschen) oder aber auch solche Unternehmen sein, die das Produkt über spezifisches Verfahrens-Know-How oder Werkstoffe bestimmen." (Sauer/Döhl 1994a: 199).

Insofern ist der Maschinenbau, dessen Produkte zu einem großen Teil klassische Zulieferprodukte sind, von dieser Entwicklung in der Regel aus einer anderen Perspektive betroffen als die „fokalen Unternehmen" und andererseits selbst kaum in der Lage, ähnliche Strategien gegenüber den eigenen Zulieferern zu verfolgen.[181]

Im ostdeutschen Maschinenbau mußten sich nach der Kombinatsauflösung und Privatisierung sowie infolge der Neugründung zahlreicher Betriebe Strukturen zwischenbetrieblicher Arbeitsteilung zum großen Teil neu etablieren, da Beziehungen zu Zulieferern und Abnehmern nicht aufrechterhalten werden konnten oder sollten bzw. erst neu aufgebaut werden mußten. Es fand somit eine umfassende Neukonstituierung von Unternehmensnetzwerken statt (vgl. Belau/Schreiber 1995). Wie dargestellt, ist es eine empirisch nach wie vor offene Frage, welche Formen zwischenbetrieblicher Arbeitsteilung sich in Unternehmensnetzwerken hier etablieren konnten,[182] wie eng die Verflechtungen zwischen den Betrieben sind und ob sich aus strukturellen Gründen neue Dependenzbeziehungen insbesondere von westdeutschen Unternehmen ergeben haben (vgl. Kapitel 3.3.). Gerade vor dem Hintergrund, daß, wie an anderer Stelle bereits ausgeführt, sich infolge des spezifischen Verlaufs des Privatisierungsprozesses in Ostdeutschland nicht notwendigerweise (unmittelbar) transaktionskostenminimale institutionelle Arrangements herausgebildet haben (Kubon-Gilke 1992), ist die derzeitige Ausgestaltung dieser Interorganisationsbeziehungen von großem Interesse.

Ein anderer Entstehungsgrund von Interorganisationsbeziehungen liegt in aufgabenbezogenen und/oder sozialen Interaktionen (Sydow/Windeler 1994: 3). Diese Form von Interaktionsbeziehungen wird in der Regel mit dem Begriff der Kooperationsbeziehungen belegt, die ebenfalls unter Stichworten wie joint ventures und Strategische Allianzen (Bowersox 1991; Hagedoorn

181 Zu strategischen Optionen von Zulieferbetrieben vgl. Wildemann (1993).

182 Auf Ausführungen zur regionalwirtschaftlichen Bedeutung von Unternehmensnetzwerken wird an dieser Stelle verzichtet; statt dessen sei exemplarisch auf die Beiträge in Benko/Dunford (1991) sowie den thematischen Schwerpunkt in Grabher (1993) verwiesen. Eine allgemeinere Auseinandersetzung mit der Bedeutung innerregionaler Unternehmensverflechtungen findet sich auch in Kilper/Rehfeld (1991); regionenbezogene Analysen für die neuen Bundesländer bieten etwa Gornig (1992), Nolte et al. (1992), Nolte/Ziegler (1994) sowie Grabher (1991b).

1993, Sydow 1992) in den letzten Jahren auf breites Interesse stießen.[183] Im Unterschied zu den oben beschriebenen Formen zwischenbetrieblicher Interaktion ist Ausgangspunkt dabei also nicht ein Auftragsverhältnis, sondern eine aufgabenbezogene Zusammenarbeit außerhalb einer Geschäftsbeziehung. Auf einer allgemeinen Ebene können Kooperationsbeziehungen als „Instrument, durch die Organisation gleichartiger Interessen Engpässe zu überwinden oder Ziele durch Zusammenarbeit besser und schneller zu erreichen" (Hilbert et al. 1991: 10) charakterisiert werden. Eine erweiterte Definition gibt Tröndle (1987: 23) „Kooperation bedeutet Interaktion insofern, als der eigene Zielerreichungsgrad - bewußt freiwillig herbeigeführt - auch von Maßnahmen anderer abhängt. Diese Interdependenz kann entweder über Tauschbeziehungen, über die Ressourcenzusammenlegung für ein oder mehrere Projekte sowie über beide Arten gleichzeitig hervorgerufen werden." Solche Kooperationen können hinsichtlich verschiedener Kriterien kategorisiert werden. So können beispielsweise die Zahl der Interaktionspartner, der Grad der Abhängigkeit zwischen den Beteiligten, aber auch die Art der Interaktionsform zur Typisierung von Kooperationsbeziehungen herangezogen werden (vgl. Belzer 1993).

Unterscheidbar sind zum einen horizontale Kooperationsbeziehungen, d.h. Interaktionen zwischen Betrieben/Unternehmen der gleichen Produktionsstufe, zum anderen Kooperationen entlang der vertikalen Achse des Produktionsprozesses, mit Zulieferern oder Abnehmern, die sich aber nicht aus Auftragsverhältnissen ergeben. Die in den letzten Jahren konstatierte Neuorientierung in der Gestaltung der Beziehungen zwischen Zulieferern und Abnehmern (Herstellern) kann dabei, zum Beispiel durch Ansiedlung von Entwicklungs-Know-How bei den Zulieferen, tendenziell auch zur Entwicklung von Kooperationsbeziehungen zwischen beiden Interaktionspartnern führen. Beispielhaft sei hier auf Kooperationen zwischen Investitionsgüterherstellern und sogenannten „lead usern" hingewiesen (Kleinaltenkamp/ Staudt 1991). Bei den horizontalen Kooperationen wiederum kann es sich einerseits um Kooperationen mit Betrieben/Unternehmen der gleichen Branche handeln, andererseits aber auch um Kooperationen mit Partnern aus anderen Branchen, die über komplementäres Wissen verfügen.

Für die ostdeutschen Betriebe ist wiederholt auf die Potentiale hingewiesen worden, die in Kooperationen mit anderen Betrieben liegen können (vgl. u.a. Semlinger 1994, Becker 1994), indem ressourcenbedingte

183 Für den gesamten Bereich der zwischenbetrieblichen Arbeitsorganisation und für seine theoretische Fassung im Rahmen der neuen Institutionenökonomie ist zu konstatieren, daß wenig Wert auf begriffliche Präzision gelegt wird. Was Voskamp/Wittke (1994: 215) für den Netzwerkbegriff konstatieren, nämlich zum einen eine inflationäre Verwendung, zum anderen die Subsumierung „höchst unterschiedlicher Formen zwischenbetrieblicher Austauschbeziehungen" unter diesem Begriff, kann auf Kooperationsbeziehungen unmittelbar übertragen werden (vgl. dazu auch Belzer 1993). Die referierte Abgrenzung ist daher als eine von zahlreichen möglichen anderen zu betrachten.

Hemmnisse beispielsweise bei Innovationsvorhaben ausgeglichen werden können (Manz 1993: 172).

Die zwischenbetriebliche Arbeitsteilung soll im folgenden aus den beiden skizzierten Perspektiven - also der Gestaltung der Abnehmer-/Zulieferbeziehungen einerseits und der zwischenbetrieblichen Kooperation andererseits - diskutiert werden, wobei jeweils zunächst eine Beschreibung der relevanten Dimensionen erfolgt, an die sich eine eingehendere Analyse anschließt, die die sich aus Kapitel 4.3.2.1. ergebenden Hypothesen berücksichtigt. Dabei ist vorab anzumerken, daß im Hinblick auf die Analyse der Betriebs-/Unternehmensnetzwerke strukturellen Rahmenbedingungen, die sich aus dem betrieblichen Aufgaben- und Produktspektrum ergeben, eine höhere Bedeutung zukommt als bei der Betrachtung betrieblichen Kooperationsverhaltens, da die Motive für das Zustandekommen zwischenbetrieblicher Kooperationen im wesentlichen nicht in Zusammenhang mit dem betrieblichen Produktionsprogramm stehen.

Notwendigerweise erfolgt die Beschreibung der zwischenbetrieblichen Arbeitsteilung aus der Sicht der einzelnen Betriebe. Dies ist jedoch unvermeidbar und bedeutet nicht, daß die berechtigte Kritik an der Betriebsdominanz industrie- und organisationssoziologischer, aber auch ökonomischer Analysen (vgl. Pohlmann 1989), die besonders vor dem Hintergrund einer wachsenden Bedeutung interorganisationaler Beziehungen problematisch wird, negiert würde. Zur vollständigen Analyse der Interaktionsbeziehungen innerhalb von Netzwerken wäre ein anderer methodischer Zuschnitt erforderlich (vgl. zur Methode etwa Albach 1993, eine exemplarische Analyse einer Zulieferkette findet sich beispielsweise in Dreher et al. 1995).[184] Dennoch ist auch mit einem betriebszentrierten Ansatz ein wichtiger Beitrag zur empirischen Annäherung an das Phänomen zwischenbetrieblicher Arbeitsteilung zu leisten (vgl. etwa Rogalski et al. 1992).

---

184 Die angesichts dieser Entwicklungen wachsende Problematik der sozialwissenschaftlichen Orientierung an der Untersuchungseinheit „Betrieb“ läßt sich mit Bieber (1992: 273) etwa wie folgt resümieren: "...mit der Zunahme unternehmensübergreifender Arbeitsteilung [werden, die Verf.] traditionelle Vorgehensweisen der Industriesoziologie defizitär [...], weil durch die Konzentration der Analyse auf Kernbranchen bzw. Kernunternehmen die oftmals verdeckt auftretenden Folgen von Rationalisierungsmaßnahmen für vor- und nachgelagerte Produktionsstufen systematisch vernachlässigt [werden; die Verf.]“.

### 5.3.3.2. Interorganisationsbeziehungen I: Unternehmensnetzwerke

#### 5.3.3.2.1. Umsatz- und Auftragsstruktur

Ein zentrales Charakteristikum der von Maschinenbaubetrieben produzierten Güter ist, daß es sich nicht ausschließlich um unmittelbar gebrauchsfähige Endprodukte handelt, sondern vielfach um Zulieferprodukte, die vom Endproduzenten zu funktionsfähigen Produkten zusammengebaut oder aber weiterverarbeitet werden.[185] Zulieferbetriebe stehen zwar in Abhängigkeit von der Art der Produkte und den Märkten, in denen sie hauptsächlich aktiv sind,[186] aber doch tendenziell unter starkem Druck von Vorleistungsproduzenten (Stahlindustrie, Elektro-/Elektronikindustrie) und Abnehmern. Abbildung 34 zeigt, daß die ostdeutschen Maschinenbaubetriebe im Durchschnitt des Jahres 1993 ein gutes Viertel ihres Umsatzes mit Weiterverarbeitern erzielten.[187] Etwa die Hälfte des Umsatzes wurde mit industriellen Endverbrauchern erzielt.

---

185 Eine Abschätzung der Bedeutung der Zulieferfunktion des Maschinenbaus ist aufgrund der 95er Daten des NIFA-Panels möglich; demnach charakterisieren sich im ostdeutschen Maschinenbau 26,6% der Betriebe als Hersteller von Komplettanlagen, 32,4% der Betriebe als Hersteller von Einzelmaschinen/Aggregaten, 18,9% der Betriebe produzieren vorwiegend einzelne Module/Baugruppen und 9,3% geben an, überwiegend Einzelteile zu produzieren. Weitere 12,9% der Betriebe konnten sich keinem dieser Typen zuordnen. Ein weiteres Indiz für die Zuliefererfunktion von Maschinenbaubetrieben sind die mit bestimmten Abnehmerbranchen erzielten Umsatzanteile. So gehörte für über 40% der ostdeutschen Maschinenbaubetriebe der Fahrzeugbau zu den drei wichtigsten Abnehmerbranchen, für knapp 70% der Betriebe gehörten andere Maschinenbaubetriebe zu den drei wichtigsten Abnehmern; hier wurden durchschnittlich jeweils 34,4% bzw. 51,6% des Umsatzes erzielt. Während für die Hersteller von Komplettanlagen der Fahrzeugbau in 74,6% der Betriebe nicht zu den drei wichtigsten Abnehmerbranchen gehörte (Umsatzanteil 0%), traf dies nur für 1/3 der Einzelteilproduzenten zu. Ein ähnliches Bild ergibt sich für die Abnehmerbranche Maschinenbau. Für 37,3% der Betriebe, die Komplettanlagen herstellen, gehörte der Maschinenbau nicht zu den drei wichtigsten Abnehmerbranchen, jedoch nur für 12,5% der Einzelteilproduzenten.

186 Daten zur regionalen Umsatzverteilung wurden in der zugrunde liegenden vierten Welle des NIFA-Panels nicht erhoben, wohl aber in der 93er als auch in der 95er Welle. Im Jahr 1995 gaben die Betriebe (mit mehr als 20 Beschäftigten) in den neuen Bundesländern an, durchschnittlich 85% ihres Umsatzes im Inland erzielt zu haben, 6,8% in Westeuropa, 4,5% in Osteuropa und durchschnittlich 3,7% des Umsatzes weltweit (außerhalb Europas). Im Vergleich zu den westdeutschen Maschinenbauern ist somit eine deutlich stärkere Orientierung am inländischen Markt zu konstatieren, bei den Exporten kann zudem von Fühlungsvorteilen auf den osteuropäischen Märkten nicht (mehr) gesprochen werden. Vgl. hierzu auch Ruhr-Universität Bochum (Hrsg.) (1996). Einen Hinweis auf den regionalen Bezug von Vorleistungen gibt die 93er Welle des NIFA-Panels (Ost); vgl. dazu Ostendorf (1995).

187 Die Daten zur Umsatzstruktur werden im NIFA-Panel retrospektiv, jeweils für das vorangegangene Jahr erhoben.

Unterschiede zur Umsatzstruktur der westdeutschen Betriebe bestehen beim Umsatzanteil, der mit öffentlichen Einrichtungen erzielt wird. Dieser Anteil ist im ostdeutschen Maschinenbau mit 7,5% deutlich höher als in den alten Bundesländern (4,2%) und wird von einem t-Test auf Unterschiedlichkeit der Mittelwerte als signifikant ausgewiesen ($t = 2{,}91$; $p = 0{,}004$[188]). Geringer ist dagegen mit durchschnittlich 52,9% der Umsatzanteil, der von den ostdeutschen Betrieben mit industriellen Endverbrauchern erzielt wird; er liegt im Durchschnitt der westdeutschen Betriebe bei 56,3%.[189] Es scheint jedoch plausibel anzunehmen, daß die höhere Bedeutung öffentlicher Nachfrager für die Branche in den neuen Bundesländern temporär ist und mit nachlassendem Modernisierungsbedarf der öffentlichen Infrastruktur (Wasserwerke, Kläranlagen usf.) rückläufig sein wird.

*Abbildung 34: Umsatzstruktur des Maschinenbaus im Ost-West-Vergleich (1993; durchschnittliche Umsatzanteile)*

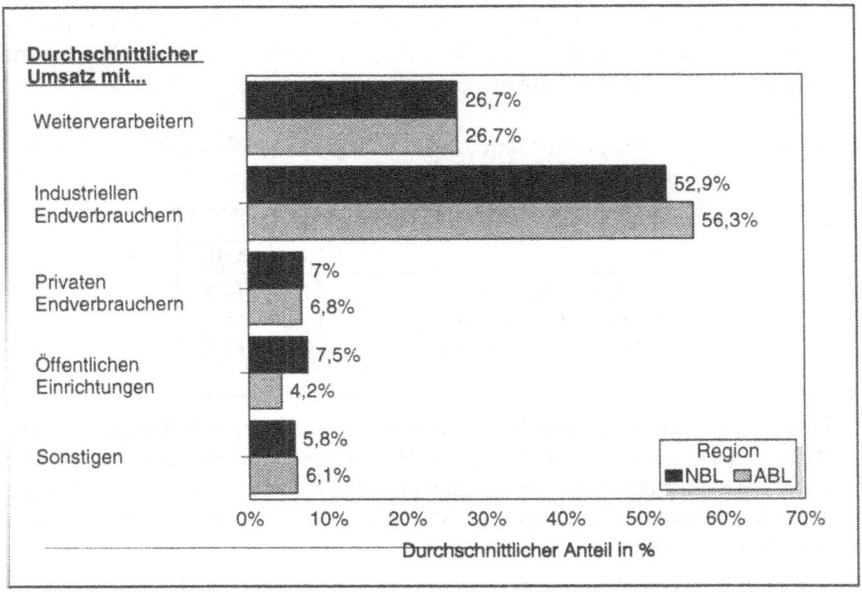


Darüber hinaus bestehen keine strukturellen Unterschiede zwischen neuen und alten Bundesländern, so daß zumindest durch die Umsatzstruktur die These von der Entstehung industrieller Werkbänke, die sich in einem erhöhten Umsatzanteil mit Weiterverarbeitern ausdrücken könnte, nicht

188 - bei Annahme unterschiedicher Varianzen -
189 Dieser Unterschied wird jedoch nicht als signifikant ausgewiesen.

gestützt wird. Andererseits weist diese Struktur auf die geringen Handlungsspielräume hin, die für die Betriebe hinsichtlich der Strategien zur Reorganisation ihrer Abnehmer-/Zulieferbeziehungen bestehen.

Ein weiteres wichtiges Kriterium zur Charakterisierung der Beziehungen zu den Abnehmern liegt in der betrieblichen Auftragsstruktur. Hier kann zwischen Einzel- und Rahmenaufträgen unterschieden werden, wobei sich die Fertigstellung eines Einzelauftrages zwar auch über einen längeren Zeitraum erstrecken kann, prinzipiell jedoch davon auszugehen ist, daß der zeitliche Horizont bei der Abwicklung von Rahmenaufträgen wesentlich ausgedehnter und für den Betrieb mit einer deutlich höheren Planungssicherheit verbunden ist. Tabelle 26 gibt einen Überblick über die Bedeutung dieser Auftragsarten. Darüber hinaus ist der Anteil der Produktion ausgewiesen, dessen Fertigung ohne vorherigen konkreten Auftrag erfolgte. Er liegt in den Maschinenbaubetrieben in den neuen Bundesländern in etwa in der gleichen Größenordnung wie in den westdeutschen Betrieben. Bemerkenswert ist jedoch, daß die ostdeutschen Betriebe einen deutlich (und signifikant) höheren Anteil von Rahmenaufträgen verzeichnen können. Der Anteil dieser Auftragsart liegt, bezogen auf alle Produktgruppen, im Durchschnitt der Betriebe bei 18,9%, während in den westdeutschen Betrieben lediglich 14,1% der Produktion aufgrund von Rahmenaufträgen gefertigt werden.

*Tabelle 26: Auftragsarten im Ost-West-Vergleich (1994:durchschnittliche prozentuale Werte)*

| | Region | |
|---|---|---|
| | NBL | ABL |
| Anteil Einzelaufträge | 71,1 | 74,5 |
| Anteil Rahmenaufträge | 19,9 | 14,1 |
| Anteil ohne Auftrag | 9,9 | 11,0 |

Dieser Unterschied ist möglicherweise insofern ein erster Hinweis auf die Andersartigkeit der Beziehungen zu den Abnehmern, als sich eine höhere Stabilität der Interorganisationsbeziehungen im ostdeutschen Maschinenbau andeutet. Dieser Gesichtspunkt soll daher einer näheren Betrachtung unterzogen werden.

#### 5.3.3.2.2. Die Stabilität der Netze

Die Stabilität der Beziehungen in den Betriebs-/Unternehmensnetzen ist als wesentliches Kriterium für ihrer Charakterisierung zu betrachten, da sich nur über Stabilität langfristig eine Andersartigkeit der interorganisationalen Beziehungen im Vergleich zu rein marktvermittelten Transaktionen ergeben kann.

Wie Abbildung 35 zeigt, haben insgesamt 25,9% der ostdeutschen Betriebe angegeben, einen bedeutenden Teil ihres Umsatzes mit einer begrenzten Anzahl von Abnehmern im Rahmen längerfristig vertraglich gesicherter Lieferbeziehungen erzielt zu haben.[190]

Im Vergleich zum westdeutschen Subsample, wo 18,5% der Betriebe die Frage nach einer solchen Einbindung in langfristige Lieferbindungen bejahten, ist der Anteil somit deutlich höher. Dieser höhere Anteil von ostdeutschen Betrieben, die langfristige Lieferbeziehungen unterhielten, erklärt zumindest zum Teil die beschriebenen Unterschiede in der Auftragsstruktur zwischen den Maschinenbaubetrieben in den alten und neuen Bundesländern. Betriebe, die solcherart in Unternehmensnetze eingebunden sind, fertigen - in Ost- und Westdeutschland gleichermaßen - einen wesentlich höheren Anteil ihrer Produktion aufgrund von Rahmenaufträgen, nämlich 36,6% (NBL) bzw. 37% (ABL), während die Betriebe, bei denen eine engere Bindung an wenige Abnehmer nicht besteht, lediglich 12,8% (NBL) bzw. 9% der Produktion über Rahmenaufträge abwickeln. Die höhere Bedeutung von Rahmenaufträgen für die ostdeutschen Maschinenbaubetriebe ist also zum Teil durch den größeren Anteil der Betriebe zu erklären, die relativ enge Beziehungen zu wenigen Abnehmern unterhalten.

Daraus läßt sich zunächst eine höhere Sicherheit hinsichtlich des Produktionsprogrammes ableiten. Auf einer anderen Ebene ergeben sich jedoch auch weitergehende organisatorische Konsequenzen und ein zum Teil höherer Flexibilitätsbedarf. Abbildung 35 stellt Charakterisierungen der Lieferbeziehungen für diejenigen ostdeutschen Betriebe gegenüber, die langfristige Lieferbindungen haben und für solche, für die dies nicht zutrifft.[191]

---

190 Diese Frageformulierung erlaubt, dies muß eingeräumt werden, nur eine erste Annäherung an das Phänomen Unternehmensnetzwerk, da gerade die personale Ebene ausgeblendet und die „social embeddedness" der Beziehungen außer acht gelassen wird. Um im folgenden die etwas umständliche Formulierung „Betriebe, die einen erheblichen Anteil des Umsatzes im Rahmen langfristig vertraglich gesicherter Lieferbeziehungen erzielen" zu vermeiden, wird synomym von der Einbindung in langfristige Lieferbeziehungen gesprochen, die als Anhaltspunkt für die Einbindung in ein Unternehmensnetzwerk interpretiert wird.

191 Es ergeben sich an dieser Stelle keine grundlegenden Unterschiede zur westdeutschen Situation, so daß auf einen Vergleich an dieser Stelle verzichtet werden kann.

*Abbildung 35: Die Gestaltung von Lieferbeziehungen im ostdeutschen Maschinenbau (1994)*

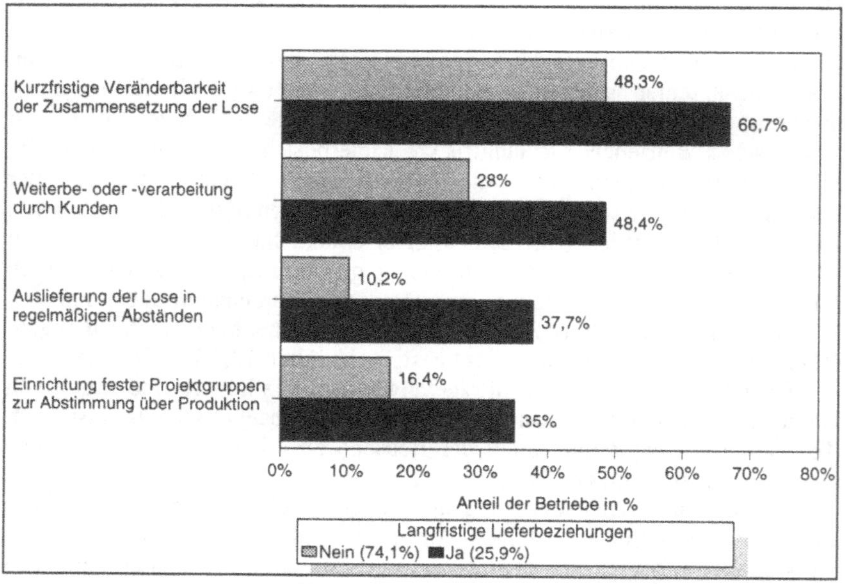


Für die erste Gruppe von Betrieben trifft in deutlich höherem Maße zu, daß die gelieferten Produkte durch die Kunden weiterbe- oder -verarbeitet werden. Die Lose werden zudem häufiger in regelmäßigen Zeitabständen ausgeliefert. Andererseits kann die genaue Zusammensetzung der Lose in zwei Dritteln der Fälle von den Abnehmern kurzfristig verändert werden, was einen größeren Flexibilitätsbedarf mit sich bringt.[192] In 35% der ostdeutschen Betriebe mit langfristigen Lieferbeziehungen sind mit den Abnehmern Projektgruppen (unternehmensübergreifende Arbeitsgruppen) eingerichtet, in denen eine Abstimmung über Aspekte der Konstruktion, Fertigung oder Qualitätssicherung erfolgt. Der Begriff der Arbeitsgruppe und die Formulierung „Abstimmung" sagen noch wenig über die Abhängigkeitsverhältnisse in den Beziehungen zwischen den Betrieben aus. Allerdings wird durch eine zusätzliche Information ein mehr oder weniger deutliches Dependenzverhältnis von den Kunden nahegelegt.

---

192 Einen zukünftig noch höheren Flexibilitätsbedarf erwarten 46,6% der Betriebe, die in langfristige Lieferbeziehungen involviert sind, indem sie davon ausgehen, daß der Umfang der Lieferung von Produkten nach dem „just-in-time" (JIT) Prinzip noch ansteigen wird. Betriebe, die nicht in langfristige Lieferbeziehungen integriert sind, erwarten nur zu 38%, daß die Lieferung nach dem JIT-Prinzip von der Bedeutung her zunehmen wird.

Die ostdeutschen Betriebe, die einen wesentlichen Teil ihres Umsatzes im Rahmen längerfristig vertraglich gesicherter Lieferbeziehungen erzielen, gaben zu 38,3% an, daß technische oder organisatorische Veränderungen in der Fertigung des Betriebes durch Kundenvorgaben festgelegt werden. Dies trifft nur auf 29,1% der Betriebe zu, für die solche langfristigen Bindungen nicht bestehen. Insgesamt gaben 31,4% der ostdeutschen Betriebe an, daß technische oder organisatorische Veränderungen durch Kundenvorgaben bedingt sind.

Im Vergleich zu den westdeutschen Betrieben ist insofern von einem geringeren Handlungsspielraum der Betriebe in den neuen Bundesländern auszugehen. Nur 23,8% aller westdeutschen Betriebe gaben an, daß technische oder organisatorische Veränderungen in der Fertigung durch Vorgaben von Kunden verursacht seien. Dabei ist dies nicht durch die (s.o.) geringere Häufigkeit der Einbindung in langfristige Lieferbeziehungen erklärbar. Von den westdeutschen Betrieben, die nicht in langfristige Lieferbeziehungen eingebunden sind, gaben 21,7% an, daß technische oder organisatorische Veränderungen nach Kundenwünschen vorgenommen wurden. Unter den westdeutschen Betrieben, die einen wesentlichen Teil ihres Umsatzes aufgrund langfristiger Lieferbeziehungen erzielen, bejahten diese Frage jedoch auch nur 33,2% der Betriebe, also ein deutlich geringerer Anteil als in den neuen Bundesländern.

Bevor nun die Ausgestaltung der Lieferbeziehungen unter Berücksichtigung struktureller Rahmenbedingungen genauer analysiert wird, soll überprüft werden, ob ein Zusammenhang zwischen dem Betriebsstatus sowie den Eigentumsverhältnissen und der Einbindung in Unternehmensnetzwerke hergestellt werden kann.

#### 5.3.3.2.3. Lieferbeziehungen, Betriebsstatus und Eigentumsverhältnisse

Ein Zusammenhang zwischen dem Betriebsstatus und der Einbindung in langfristige Lieferbeziehungen könnte insofern existieren, als neugegründete Betriebe sämtliche Außenbeziehungen neu aufbauen müssen, und sich die Beziehungen zu ihren Abnehmern möglicherweise noch nicht stabilisieren konnten. Allerdings ist zu berücksichtigen, daß dies auch für eine Vielzahl von ausgegründeten Betrieben der Fall ist und selbst Betriebe, die nach der Entflechtung und Privatisierung durch die Treuhandanstalt an ihren traditionellen Geschäftsfeldern anknüpfen konnten, hierdurch betroffen waren. Dennoch ist überraschend, daß gerade die neugegründeten ostdeutschen Betriebe in signifikant höherem Maße angegeben haben, wesentliche Umsatzanteile im Rahmen langfristig vertraglich gesicherter Lieferbeziehungen zu erzielen; 33,9% der neugegründeten Betriebe gaben dies an, jedoch nur 22% der Betriebe, die bereits vor der Wende existiert hatten.

In bezug auf einen möglichen Einfluß der Eigentumsverhältnisse legen etwa die Analysen von Albach (1993) nahe, daß Betriebe, die sich im Besitz westdeutscher Eigentümer befinden, relativ reibungslos in die Netzwerkstrukturen ihrer Eigentümer eingebunden wurden, insofern eine geringere Ressourcenknappheit besteht, und zu erwarten ist, daß unter den Betrieben, die sich in Westeigentum befinden, ein geringerer Anteil in langfristige Lieferbeziehungen eingebunden ist. Diese Erwartung bestätigt sich. Während nur 22% der Betriebe mit Westeigentümern wesentliche Umsatzanteile im Rahmen langfristig vertraglich gesicherter Lieferbeziehungen erzielten, waren es 29,6% der Betriebe mit Eigentümern aus den neuen Bundesländern. Allerdings muß dieser Zusammenhang im Hinblick auf den Betriebsstatus kontrolliert werden, da es sich bei den Betrieben mit ostdeutschen Besitzern häufiger um Neugründungen handelt. Nach Berücksichtigung des Betriebstatus ergibt sich, daß die angesprochenen Unterschiede in bezug auf die Eigentumsverhältnisse tatsächlich zum Teil über diesen Effekt zu erklären sind. Während von den Altbetrieben, die sich im Besitz westdeutscher Eigentümer befinden, 17,2% der Betriebe langfristig vertraglich gesicherte Lieferbeziehungen unterhalten, sind es 28,4% der Altbetriebe mit ostdeutschen Besitzern. In den neugegründeten Betrieben liegt der Anteil aber jeweils deutlich höher. Eine abschließende Beurteilung der skizzierten Unterschiede ist jedoch erst nach Berücksichtigung struktureller Rahmenbedingungen möglich, die sich aus dem betrieblichen Aufgabenspektrum ergeben.

#### 5.3.3.2.4. Netzwerke und strukturelle Rahmenbedingungen: Eine transaktionskostentheoretische Interpretation

Aus theoretischer Sicht[193] sind es Häufigkeit, Unsicherheit und Spezifität von Transaktionen, die den Ausschlag für eine organisationsinterne oder -externe Erstellung von Leistungen geben (Picot 1991). Je häufiger eine bestimmte Transaktion benötigt wird und je spezifischer sie ist, desto sinnvoller wird es, sie nicht am Markt zu beziehen, sondern organisationsintern zu erstellen. Die folgende Argumentation thematisiert nun vor allem die Wirkung der Häufigkeit von Transaktionen.

193 Eine kritische Darstellung und Auseinandersetzung mit der Transaktionskostentheorie findet sich beispielsweise in Picot (1982) oder Ebers/Gotsch (1993).

*Abbildung 36: Der Einfluß von Transaktionsmenge und Zahl der Transaktionspartner auf die Transaktionsstückkosten bei gegebenem Niveau transaktionsspezifischer Investitionen*

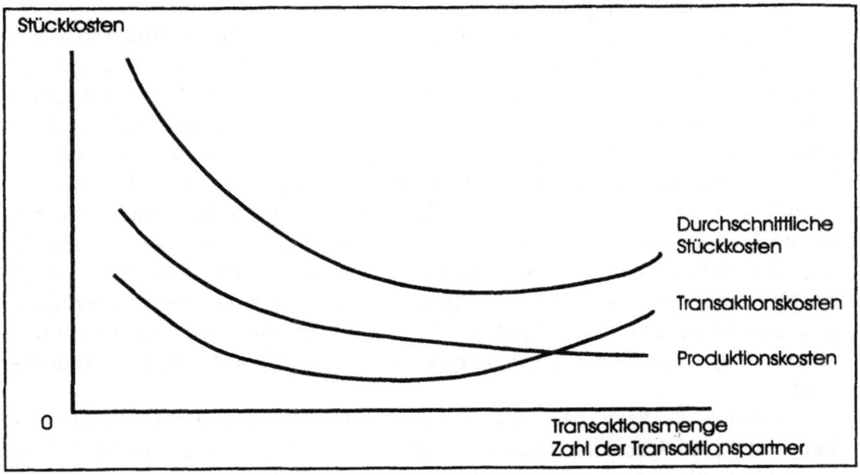


*nach: Ebers (1994: 39)*

Den Zusammenhang zwischen der Transaktionsmenge, der Zahl der Transaktionspartner und den Transaktionsstückkosten bei gegebenem Niveau transaktionsspezifischer Intervestitionen veranschaulicht Abbildung 36. Evident ist zunächst der negative Zusammenhang zwischen der Zahl gleichartiger Transaktionen und der Höhe der Produktionsstückkosten; diese sinken durch Skaleneffekte (z.B. durch einen sinkenden Fixkostenanteil pro Stück) mit steigender Produktionsmenge. Auch die Transaktionskosten sinken mit steigender Transaktionsmenge, da bestimmte Transaktionskosten ex ante (Such- und Informationskosten) nur einmal anfallen (Williamson 1985: 39). Der Anstieg der Transaktionskosten bei Überschreitung einer bestimmten Menge von Transaktionen erklärt sich im wesentlichen durch das höhere Risiko opportunistischen Verhaltens, das zur Etablierung von Sicherungsmechanismen führt, die dann zu einer Erhöhung der Transaktionskosten führen. Den Zusammenhang zwischen der Zahl der Interaktionspartner und der Höhe der Produktions- bzw. Transaktionskosten begründet Ebers (1994) wie folgt: Mit einer steigenden Zahl von Transaktionspartnern wird in der Regel eine Erhöhung der Zahl gleichartiger Transaktionen einhergehen, so daß ceteris paribus die Produktionskosten pro Stück sinken. Erhöht sich die Zahl der Transaktionen mit steigender Zahl der Transaktionspartner nicht, so bleiben die Produktionskosten hiervon unberührt. Die Höhe der Transaktionskosten wird mit steigender Zahl von Transaktionspartnern bei gleichbleibender Zahl von Transaktionen steigen und bei einer steigenden Zahl von Transaktionen entweder gleichbleiben oder aber - wegen des möglicherweise überproportionalen Anstiegs von Transaktionskosten (z.B. Koordinationskosten) - trotzdem steigen.

Dieser Erklärungsansatz ist daher um die Betrachtung der Produktstruktur zu erweitern, da diese kurz- und mittelfristig nicht veränderbar ist. Für Betriebe, die überwiegend Unikate oder kleine Serien produzieren bedeutet eine Beschränkung der Zahl der Transaktionspartner in der Regel zugleich eine Reduktion der Zahl der Transaktionen, so daß es für sie wenig rational ist, sich auf wenige Interaktionspartner zu beschränken. Für Betriebe, die vorwiegend in Großserien- oder Massenfertigung produzieren, geht eine Beschränkung der Zahl der Interaktionspartner dagegen mit einer Reduktion von Transaktionskosten einher, bei gleichzeitig konstanten Produktionsstückkosten. Auch auf seiten der Abnehmer von „Massenware" besteht ein Interesse an der Reduktion der Zahl der Transaktionspartner, da auch für sie über diesen Weg Koordinations-, Kontroll- und Verhandlungskosten minimierbar sind.

Tabelle 27 zeigt, daß die Wahrscheinlichkeit für die Einbindung in langfristige Lieferbeziehungen mit der Seriengröße, und das heißt mit der Häufigkeit gleichartiger Transaktionen, zunimmt. Betriebe, die vorwiegend Unikate fertigen, sind nur in wesentlich geringerem Maße in langfristige Lieferbeziehungen eingebunden als etwa Betriebe, die Kleinserien fertigen. Der höchste Anteil von Betrieben, die in langfristige Lieferbeziehungen eingebunden sind, findet sich in der Gruppe der Großserien- und Massenfertiger. Der Tabelle ist auch zu entnehmen, daß dieser Effekt sich von der Richtung her sowohl für die Betriebe in den neuen als auch in den alten Bundesländern ausmachen läßt. Allerdings ist ein größerer Teil der ostdeutschen Unikat- und Kleinserienfertiger in langfristige Lieferbeziehungen eingebunden, was auf die Andersartigkeit der interorganisationalen Beziehungen schließen läßt.

*Tabelle 27: Langfristige Lieferbeziehungen und Seriengröße im Ost-West-Vergleich (1994; Anteil der Betriebe in %)*

| | Einbindung in langfristige Lieferbeziehungen | | |
|---|---|---|---|
| Seriengröße (Schwerpunkt) | NBL | ABL | Insgesamt |
| Unikatfertiger | 19,4 | 10,7 | 12,3 |
| Einzel-/Kleinserienfertiger | 26,5 | 15,8 | 17,2 |
| Großserien-/Massenfertiger | 33,3 | 38,5 | 38,0 |

Abbildung 37 verdeutlicht schließlich noch einmal, daß diese Andersartigkeit der Außenbeziehungen der ostdeutschen Unternehmen zwar einerseits insbesondere für die neugegründeten Betriebe besteht, andererseits aber auch die fortgeführten Betriebe unter Berücksichtigung struktureller Rahmenbedingungen hiervon betroffen sind.[194]

*Abbildung 37:* *Längerfristig vertraglich gesicherte Lieferbeziehungen und dominante Seriengröße im Ost-West-Vergleich unter Berücksichtigung des Betriebsstatus (1994; Anteil der Betriebe in %)*

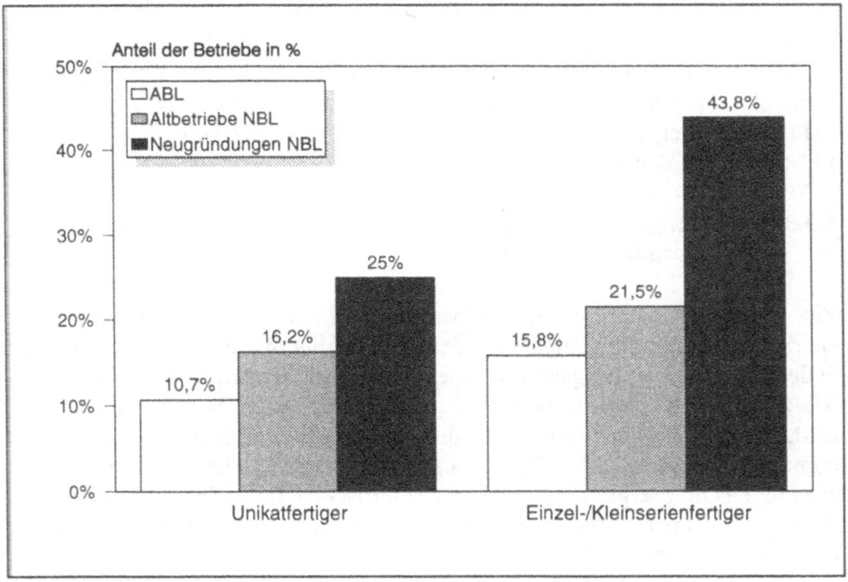


### 5.3.3.2.5. Zwischenfazit

Es ist davon auszugehen, daß sich in den neuen Bundesländern eine spezifische Form interorganisationaler Beziehungen entwickelt hat. Insbesondere die neugegründeten Betriebe sind, unabhängig vom Produktspektrum, ökonomisch eng mit einer relativ beschränkten Zahl von Abnehmern verbunden; aber auch für die Altbetriebe konnte gezeigt werden, daß sie im Vergleich zu den westdeutschen Betrieben in höherem Maße Beziehungen zu einer begrenzten Zahl von Abnehmern unterhalten.[195] Dieses

194 In Abbildung 37 werden allein die Unikat- und Kleinserienfertiger berücksichtigt, da die Zahl der neugegründeten Betriebe, die vorwiegend Großserien- und Massenfertigung betreiben, sehr gering und eine Differenzierung daher nicht in sinnvoller Weise möglich ist.

195 Es könnte eingewendet werden, daß sich die beschriebenen Unterschiede allein deshalb ergeben, weil für die westdeutschen Betriebe die Umsatzanteile aus den längerfristig

Phänomen sollte im Rahmen anderer Untersuchungen unter Berücksichtigung regionaler Aspekte von Unternehmensnetzwerken genauer analysiert werden.

Diese Strukturen sind einerseits mit einer Reihe von Vorteilen verbunden, die für die Betriebe u.a. in einer höheren Planungssicherheit aber auch in der Reduktion von Kosten bestehen. Andererseits ist für eine Branche, die vornehmlich Zulieferprodukte herstellt, die Einbindung in Unternehmensnetze immer auch mit hohen Risiken verbunden, die nicht allein in der Einschränkung der betrieblichen Autonomie, die im Einfluß der Abnehmer auf innerbetriebliche Veränderungen zum Ausdruck kommt, bestehen, sondern auch im ökonomischen Bereich liegen. Im Vergleich zu rein marktförmigen Arten der Koordination sind alle hybriden Koordinationsformen durch eine wesentlich stärkere Interdependenz gekennzeichnet, die im Falle von Mißerfolg und Krisen alle Interaktionspartner betrifft und in ihrer Existenz gefährden kann.[196]

#### 5.3.3.3. Interorganisationsbeziehungen II: Zwischenbetriebliche Kooperation

Zur Operationalisierung des Kooperationsverhaltens wurde erfaßt, ob der Betrieb in bestimmten Aufgabenfeldern regelmäßig mit anderen Unternehmen außerhalb eines Auftragsverhältnisses zusammenarbeitet.[197] Wie Abbildung 38 zeigt, trifft dies insgesamt für mehr als die Hälfte (51,9%) der ostdeutschen Betriebe zu. Von den befragten westdeutschen Betrieben arbeiten dagegen nur 37,9% regelmäßig mit anderen Unternehmen zusammen. Im Vergleich zu anderen empirischen Befunden ist dieser hohe Anteil von kooperierenden Betrieben als frappierend zu betrachten. So stellen etwa Belzer/Hilbert (1996: 155) auf der Basis einer empirischen Untersuchung des Kooperationsverhaltens von Betrieben des verarbeitenden Gewerbes in Nordrhein-Westfalen fest: „Nur wenige Unternehmen unterhalten re-

---

vertraglich gesicherten Lieferbeziehungen keinen „wesentlichen Teil" des Umsatzes ausmachen. Für die Unterschiede zwischen neugegründeten und fortgeführten Betrieben könnte man das analoge Argument anführen. Gegen diese Interpretation spricht jedoch, daß sich jeweils entsprechende Unterschiede der Auftragsstruktur, also ein höherer Anteil von Rahmenaufträgen, ausmachen lassen, und sich diese Angaben allein auf das Produktionsvolumen beziehen.

196 Dies veranschaulichen etwa die Niedergangsprozesse in altindustriellen Regionen, wo die Krise einer Branche (Kohle) zu Mitnahmeeffekten in den Zulieferbetrieben geführt hat. Diese Fragilität netzwerkförmiger Strukturen stellt Struktur- und Industriepolitik vor neue Herausforderungen (vgl. Heinze/Schmid 1994: 86).

197 Bei der Interpretation der Ergebnisse sind insbesondere zwei Umstände zu berücksichtigen: Zum einen wird „Zusammenarbeit" im folgenden sprachlich umstandslos mit „Kooperation" gleichgesetzt; zum anderen ist durch die Frageformulierung die Form der Kooperation nicht exakt abgrenzbar, da nicht erfaßt wird, ob es sich bei der Zusammenarbeit um eine Kooperation mit Zulieferern oder Abnehmern oder um eine horizontale Kooperation handelt.

gelmäßige Kooperationsbeziehungen." Und: zwar „...scheinen Kooperationen derzeit [...] in aller Munde zu sein, in der Unternehmenspraxis handelt es sich aber um ein Randphänomen." (ebd.: 157).

*Abbildung 38: Betriebliche Kooperation außerhalb von Auftragsverhältnissen im Ost-West-Vergleich (1994; Anteil der kooperierenden Betriebe in %)*

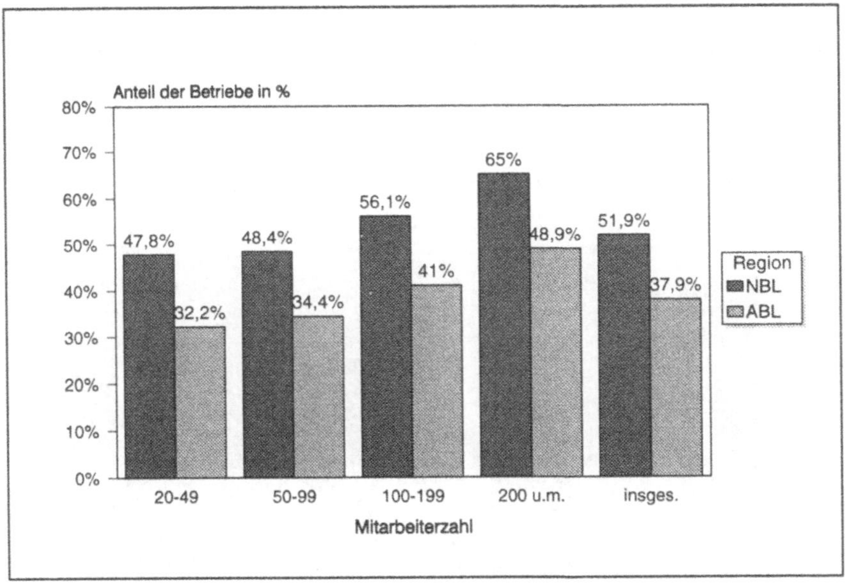


Als ein Randphänomen kann die zwischenbetriebliche Kooperation vor dem Hintergrund dieses empirischen Tatbestandes nicht betrachtet werden. Es bleibt daher zu überprüfen, inwieweit die Zahlen durch unterschiedliche Bezugseinheiten beeinflußt werden. Wie in Kapitel 4 dargestellt, ist die Erhebungseinheit des NIFA-Panels der Betrieb; in den meisten Studien zum Kooperationsverhalten geht es jedoch um die Unternehmensebene, und in der oben referierten Definition von Tröndle - und auch anderen einschlägigen Definitionsversuchen (vgl. Büchs 1991) - wird die Handlungsautonomie der Partner als ein wesentliches konstituierendes Element von Kooperationen betrachtet. Beschränkt man die Betrachtung auf diejenigen Betriebe, die zugleich Unternehmen sind, schließt also diejenigen Betriebe aus, die angaben, zu einem Unternehmen mit mehreren Betrieben zu gehören, so sind es dennoch 46,9% der selbständigen ostdeutschen und 30,2% der selbständigen westdeutschen Betriebe, die die Frage nach der Kooperation außerhalb bestehender Auftragsverhältnisse bejahten. Wie Abbildung 38 ebenfalls zeigt, besteht offenbar bei den größeren Betrieben eine höhere Kooperationsbereitschaft als bei den kleineren Betrieben. Dies kann insofern nicht verwundern, als die Anzahl der Außenbeziehungen eines Betriebes mit seiner Größe wächst. Ein Vergleich des Kooperationsverhaltens von Betrieben unterschiedlicher Größe müßte sich insofern nicht auf den Tatbestand der Kooperation an sich, sondern auf die Zahl der Kooperationen im Verhältnis zur Betriebsgröße, also auf die relative Kooperationsintensität der Betriebe beziehen.[198]

*Abbildung 39: Kooperationsbereiche im Ost-West-Vergleich (Anteil der Betriebe in %)*[199]

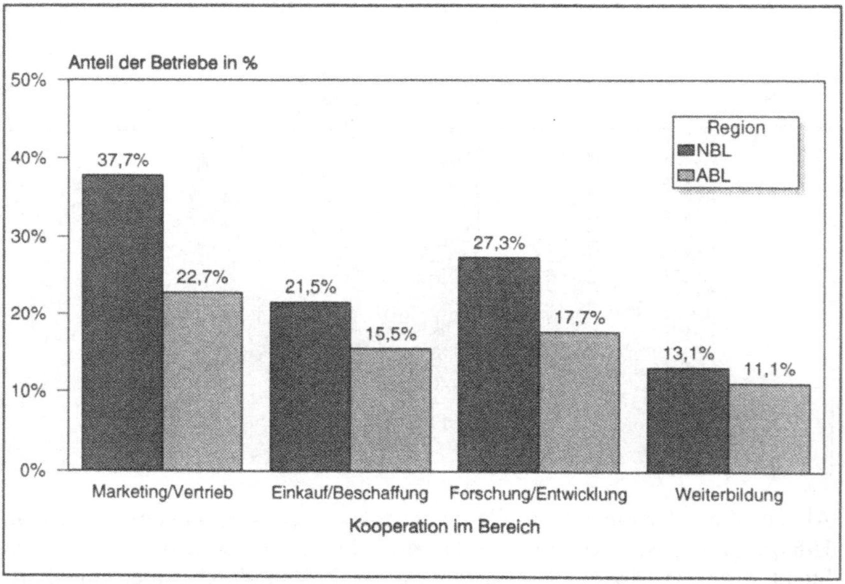


Abbildung 39 stellt dar, auf welche Betriebsbereiche sich die Kooperationen beziehen. Das weitaus wichtigste Kooperationsfeld ist der Vertriebs- und Marketingbereich; für den fast jeder vierte ostdeutsche Betrieb angibt, eine Kooperation zu betreiben. Ein weiterer Brennpunkt besteht für die Betriebe in der F&E, was ebenfalls in einer hohen Zahl von Kooperationen zum Ausdruck kommt. Mehr als ein Viertel der ostdeutschen Betriebe kooperiert in diesem Bereich mit einem oder mehreren anderen Betrieben.

198 Nicht zu widerlegen ist anhand der Daten auch die Hypothese, daß Kooperationen besonders sinnvoll sind, wenn sie zwischen kleinen und großen Betrieben vorgenommen werden. Vor dem Hintergrund der Tatsache, daß die Zahl kleiner Betriebe wesentlich höher ist als die der großen Betriebe, ist eine geringere Häufigkeit von Kooperationen bei kleinen Betrieben durchaus mit der genannten Hypothese vereinbar.

199 Bezugsgruppe sind alle Betriebe.

Für die anderen beiden erfaßten Bereiche besteht in den neuen Bundesländern zwar auch eine jeweils höhere Zahl von Kooperationen, jedoch sind die Unterschiede zu den westdeutschen Betrieben weniger ausgeprägt. Die insgesamt deutlichen Unterschiede zwischen ost- und westdeutschen Betrieben hinsichtlich des Kooperationsverhaltens stützen die These, daß eine zwischenbetriebliche Zusammenarbeit in vielen Fällen durch das Ziel der Überwindung eigener Defizite und Ressourcenengpässe motiviert ist. Ob sich ein solcher Zusammenhang auch bei einer Binnendifferenzierung der ostdeutschen Betriebe zeigt, wird im folgenden näher betrachtet.

#### 5.3.3.3.1. Kooperation und Ressourcenknappheit

Aus der in Abschnitt 4.3.2.1. vorgestellten Argumentation der Ressourcenabhängigkeit der Kooperationsbereitschaft könnte man schlußfolgern, daß die Betriebe, die sich in ostdeutschem Besitz befinden, in stärkerem Maße auf Kooperationen angewiesen sind. Überraschenderweise ist jedoch festzustellen, daß unter den Betrieben in den neuen Bundesländern diejenigen Betriebe häufiger kooperieren, die sich im Besitz von Personen oder Unternehmen aus den alten Bundesländern befinden. Von ihnen kooperieren 59,3% mit Unternehmen außerhalb bestehender Auftragsverhältnisse, während es unter den Betrieben mit ostdeutschen Eigentümern nur 41,7% sind ($p = 0,0083$).[200] Dieses - vor dem Hintergrund der Annahme, daß die Betriebe in ostdeutschem Besitz in besonderer Weise von der Knappheit notwendiger Ressourcen betroffen sind - zunächst erstaunliche Ergebnis, wird jedoch plausibel, wenn in Betracht gezogen wird, daß zur Anbahnung und Vorbereitung von Kooperationen hohe ex ante Transaktionskosten anfallen, die diese Betriebe möglicherweise nicht aufzubringen in der Lage sind.
Von Aldrich/Mindlin (1978: 158) war die ebenfalls bereits in Abschnitt 4.3.2.1. referierte Hypothese formuliert worden, daß kooperierende und nichtkooperierende Betriebe sich hinsichtlich verschiedener Merkmale voneinander unterscheiden. Dies sind etwa der Grad der Professionalisierung der Beschäftigten, der Zentralisierung der Entscheidungsstrukturen sowie die interne Kommunikation und die Innovationsintensität. Dem letztgenannten Punkt soll nun näher nachgegangen werden, da im Bereich der betrieblichen Innovationsfähigkeit eine wichtige Voraussetzung für Wettbewerbsfähigkeit gesehen werden kann, und im Bereich der Forschung und Entwicklung, wie in Abschnitt 3.3.2.1. dargestellt, besondere Problemlagen bestehen.

200 Dieser Unterschied ist nicht allein durch den höheren Anteil kleiner - und daher tendenziell seltener kooperierender - Betriebe mit ostdeutschem Besitzer erklärbar.

#### 5.3.3.3.2. Kooperation und Innovationsverhalten

Abbildung 40 verdeutlicht, daß der Anteil der Betriebe, die angaben, im vergangenen Jahr[201] kein neues Produkt auf den Markt gebracht zu haben, in den neuen Bundesländern bei gut einem Viertel liegt. Damit stehen die ostdeutschen Betriebe im Hinblick auf ihre Innovationsaktivität den westdeutschen zunächst nicht nach. Eine genauere Betrachtung zeigt jedoch, daß nur etwa die Hälfte der innovierenden ostdeutschen Betriebe auch Produkte auf den Markt bringen konnte, die nicht nur für den Betrieb, sondern auch für den Markt neu waren. In Westdeutschland ist jedoch ein Verhältnis von 2:1 zugunsten marktlicher Innovationen auszumachen. Bezogen auf alle westdeutschen Betriebe lag der Anteil der Betriebe, die für den Markt neue Produkte anboten, bei annähernd 50%, während er unter den ostdeutschen Betrieben lediglich 36% erreichte.

Von Interesse ist nunmehr, inwiefern betriebliche Kooperationen im allgemeinen, im besonderen aber Kooperationen im Bereich der Forschung und Entwicklung positiv auf die Innovationsaktivität der Betriebe wirken. Ein zweiter Blick auf Abbildung 40 zeigt, daß der Anteil der nicht-innovativen Betriebe in der Gruppe der nicht-kooperierenden deutlich höher liegt als in der Gruppe der kooperierenden Betriebe. Eine gezielte F&E-Kooperation wirkt der Tendenz nach - wie zu erwarten - natürlich noch in stärkerem Maße positiv auf die Innovationsaktivität. So sind nur jeweils etwa 15% der Betriebe, die im Bereich der Forschung und Entwicklung kooperieren, nicht innovativ. Keine systematische Wirkung hat eine Kooperation resp. eine F&E-Kooperation auf den Anteil von Innovationen, die für den Betrieb neu sind. Jedoch variiert der Anteil von Marktinnovationen deutlich mit den Kooperationsaktivitäten: So steigt der Anteil von Betrieben, die Marktinnovationen hervorgebracht haben, in den neuen Bundesländern von 26,2% (Betriebe ohne Kooperation) auf 48,6% (Betriebe mit F&E-Kooperation). Ein identischer Effekt zeigt sich bei den westdeutschen Betrieben, allerdings auf anderem Niveau; hier konnten 44,4% der nicht-kooperierenden Betriebe mit einer Marktinnovation aufwarten, unter den Betrieben, die eine F&E-Kooperation eingegangen waren, lag der Anteil bei 57,1%.

201 - also im Jahr 1993 -

*Abbildung 40: Kooperation und Innovationsverhalten im Ost-West-Vergleich (1994; Anteile der Betriebe in %)*

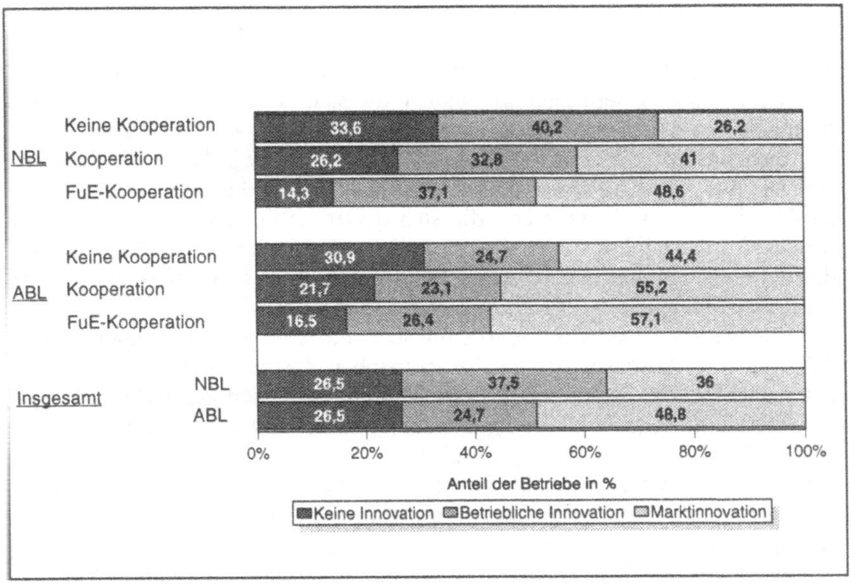


### 5.3.3.3.3. Zwischenfazit

Empirisch hat sich gezeigt, daß die ostdeutschen Maschinenbaubetriebe in deutlich höherem Maße kooperieren als die westdeutschen Betriebe. Dies ist mit der Hypothese vereinbar, daß die Betriebe in den neuen Bundesländern in stärkerem Maße mit dem Problem knapper Ressourcen konfrontiert sind, das sie durch zwischenbetriebliche Kooperationen auszugleichen versuchen. Dabei zeigen die Unterschiede zwischen den ostdeutschen Betrieben, daß die Voraussetzungen für diese Strategie, insbesondere das notwendige Know-how, zum Teil aber auch personelle und finanzielle Kapazitäten zur Anbahnung von Kontakten, offenbar nicht in allen Betrieben gleichermaßen vorliegen.

Der aufgezeigte Zusammenhang zwischen Kooperation und Innovation ist aber nicht als kausal zu betrachten; Kooperation führt nicht an sich zu einem höheren Maß betrieblicher Innovation. Sowohl Kooperation als auch Innovation sind Strategien, um einen hohen Wettbewerbsdruck betrieblich zu bewältigen. Der erfolgreiche Abschluß von Innovationsprozessen, d.h. die Markteinführung neuer Produkte, ist ein wesentlicher Schritt in diese Richtung, der durch kooperative Strategien unterstützt werden kann (vgl. Schmidt 1995).

### 5.3.3.4. Interorganisationsbeziehungen im ostdeutschen Maschinenbau: Ein Resümee

Als zentrales Ergebnis der Analyse der zwischenbetrieblichen Arbeitsteilung kann festgehalten werden, daß sich in den neuen Bundesländern spezifische Interaktionsmuster herausgebildet haben, die sich hinsichtlich Häufigkeit und Intensität von denen des westdeutschen Maschinenbaus unterscheiden.

Dabei ist zu differenzieren nach Beziehungen zwischen Betrieben, die sich aus ihrer Stellung in der Wertschöpfungskette ergeben, also Beziehungen zu Abnehmern und Zulieferern, die sich derart stabilisieren können, daß sie für den Fortbestand des Betriebes zentral werden, und solchen Beziehungen, die in beiderseitigem Interesse zu bestimmten vorher definierten Zwecken gebildet werden.

Für beide Formen von Interorganisationsbeziehungen ist zu konstatieren, daß sich ihre Ausgestaltung im Maschinenbau der neuen und alten Länder unterscheidet. Die ostdeutschen Betriebe sind zum einen wesentlich häufiger in Unternehmensnetzwerke eingebunden, was darin zum Ausdruck kommt, daß sie in höherem Maße angaben, einen bedeutenden Teil ihres Umsatzes mit einer begrenzten Zahl von Abnehmern im Rahmen längerfristig vertraglich gesicherter Lieferbeziehungen zu erzielen. Sie unterhalten zum anderen aber auch häufiger Kooperationsbeziehungen zu anderen Unternehmen.

Diese Unterschiede sind sowohl positiv als auch negativ zu bewerten. Im Hinblick auf die Einbindung in Unternehmensnetzwerke ist darauf hingewiesen worden, daß das höhere Maß gegenseitiger Dependenz in Abhängigkeit von der wirtschaftlichen Situation sowohl positive als auch negative Mitnahmeeffekte induzieren kann. Darüber hinaus sind derart enge Beziehungen zu den Abnehmern auch insofern ambivalent zu beurteilen, als sie - und auch dies konnte empirisch gezeigt werden - tendenziell zu einer Einschränkung der betrieblichen Autonomie führen, indem die Kunden Vorgaben für die technische und organisatorische Gestaltung in den Betrieben formulieren. Auch eine solche Einschränkung der betrieblichen Autonomie ist in den ostdeutschen Maschinenbaubetrieben, sogar unabhängig von der Einbindung in Unternehmensnetzwerke, in stärkerem Maße gegeben als für die Betriebe in den alten Bundesländern. Diese Ausführungen sollten nicht dahingehend mißverstanden werden, daß sich grundsätzlich keine positiven Effekte intensivierter Hersteller-Lieferanten-Beziehungen ergeben könnten. Es hängt jedoch wesentlich von „technologischer Kompetenz und Problemlösungsfähigkeit“ von Zulieferbetrieben, als die ein großer Teil der Maschinenbaubetriebe zu charakterisieren ist, ab, ob es den Betrieben möglich sein wird, sich zum „Entwicklungs- oder Wertschöpfungspartner“ ihrer Abnehmer zu entwickeln. Die Gefahren der Entwicklung einer „Zwei-Klassen-Gesellschaft im Zuliefererbereich“ sind jedenfalls unübersehbar (vgl. dazu König/Spielkamp 1995: 42).

Die durchweg höhere Bedeutung betrieblicher Kooperationen in den neuen Bundesländern ist dagegen insgesamt positiv zu beurteilen, da sie zur Überwindung ressourcenbedingter Defizite führen kann. Dies wurde am Beispiel der positven Wirkung von Kooperationen auf das betriebliche Innovationsverhalten verdeutlicht.

Kritisch zu beurteilen sind allerdings die skizzierten Unterschiede zwischen den ostdeutschen Betrieben, die vor allem mit den Eigentumsverhältnissen korrespondieren. Während der Anteil der Betriebe, die in Unternehmensnetzwerke eingebunden sind, unter den Betrieben, die sich im Eigentum ostdeutscher Besitzer befinden, höher liegt als bei den ostdeutschen Betrieben, die sich in westdeutschem Besitz befinden, ist in bezug auf Kooperationsbeziehungen ein gegenteiliger Zusammenhang zu konstatieren. Dies könnte mittel- bis langfristig zu einer Verstärkung der divergierenden Entwicklungstendenzen zwischen diesen beiden Gruppen von Betrieben führen.

# 6. Resümee und Ausblick

Ziel dieser Arbeit ist es, einen Beitrag zur Beantwortung der Frage zu leisten, ob sich spezifische Gestaltungsformen von Technik und Arbeit in der ostdeutschen Industrie, also Konturen eines ostdeutschen Produktionsmodells, ausmachen lassen. Dazu wurden exemplarisch die Produktionsstrukturen des ostdeutschen Maschinenbaus betrachtet und analysiert. Die eingangs formulierte Forschungsfrage ist zu bejahen, dies zeigen die zentralen Ergebnisse der Untersuchung - allerdings fällt die Bewertung dieser Befunde nicht durchgängig positiv, sondern eher ambivalent aus.

Im Hinblick auf die Betriebsstrukturen in den neuen Bundesländern ist zunächst festzuhalten, daß die Betriebe im hier allein betrachteten privaten Sektor in der Folge des durch den Transformationsprozeß induzierten Personalabbaus auf ein Größenniveau zusammengeschrumpft sind, das unter dem westdeutschen liegt. Auch bei den nach der Wirtschafts- und Währungsunion neugegründeten Betrieben handelt es sich vor allem um kleine und mittlere. Allein hieraus ergibt sich schon eine besondere Problematik. Im Vergleich zu den nach wie vor mit staatlichen Mitteln gestützten industriellen Kernen haben kleine und mittlere Unternehmen nur ein geringes Ressourcenpotential und zugleich eine geringe Verhandlungsmacht, beispielsweise gegenüber den relevanten politischen Akteuren. Auch erscheinen sie aufgrund der geringeren Beschäftigungssicherheit und zahlreicher struktureller Probleme nicht mehr in demselben Maße als „Hoffnungsträger der Beschäftigungspolitik“ (Cramer 1987) wie noch vor wenigen Jahren.

Aus den produktstrukturellen Gegebenheiten, die sich im Hinblick auf Kundenorientierung und Seriengröße in noch stärkerem Maße als Nischenproduktion darstellen als im westdeutschen Maschinenbau, erwachsen für die Betriebe enge Restriktionen hinsichtlich ihrer zukünftigen Entwicklung. Wie Längsschnittanalysen für den westdeutschen Maschinenbau zeigten (vgl. Niggemann/Widmaier 1996), konnten in den (Krisen-) Jahren 1991-94 gerade die Betriebe „Erfolg“ realisieren, deren Produktionsprogramm durch einen hohen Anteil standardisierter Produkte charakterisiert war. Allerdings haben die ostdeutschen Maschinenbaubetriebe einen vergleichsweise hohen Anteil ihrer Fertigung nach dem Objektprinzip organisiert, was darauf hindeutet, daß sie zumindest perspektivisch die Überwindung dieser, gemeinhin als Rationalisierungshemmnis betrachteten produktionsstrukturellen Anforderungen durch kompensatorische Strategien (Modularisierung) anstreben.

Die technische Ausstattung der ostdeutschen Maschinenbaubetriebe hat, insbesondere in bezug auf den Einsatz computergestützter Produktionstechniken, entgegen anderslautender Befunde noch nicht das Niveau vergleichbarer westdeutscher Betriebe erreicht. Dies wurde, in Übereinstimmung mit anderen Autoren, als Ausdruck mangelnder (finanzieller) Ressourcen interpretiert. So stellen beispielsweise Felder et al. (1995: 8) fest: „Über eine fehlende Verfügbarkeit von finanziellen Ressourcen klagen insbesondere auch die Unternehmen, bei denen eine Modernisierung der Produktionsanlagen zur Erhöhung der Arbeitsproduktivität besonders notwendig ist." Das vergleichsweise bessere Niveau der Technikausstattung derjenigen ostdeutschen Betriebe, die im Besitz westdeutscher Eigentümer sind, spricht für diese These. In bezug auf den Einsatz von Produktionsplanungs- und Steuerungstechniken ist zu vermerken, daß der Trend im ostdeutschen Maschinenbau zu geringer dimensionierten Systemen geht, die infolge der technischen Entwicklung in vielen Bereichen die Großrechnertechnologie ablösen konnten. Diese neuen Technikgenerationen sind sowohl flexibler einsetzbar als auch benutzerfreundlicher, weshalb das Gewicht zentraler DV-Abteilungen und generell die Zentralisierung von Planungs- und Steuerungskompetenzen im Maschinenbau der neuen Länder weniger stark ausgeprägt ist.

Dies schlägt auch auf die innerbetriebliche Arbeitsorganisation durch. Die funktionale Arbeitsteilung in den ostdeutschen Maschinenbaubetrieben ist in besonderer Weise dadurch gekennzeichnet, daß eine zentrale Rahmenplanung erfolgt, der Werkstatt jedoch in größerem Umfang Feinplanungskompetenzen zugeordnet werden. Auch hinsichtlich der Ausgestaltung der fachlichen Arbeitsteilung ist die in der Literatur formulierte These von einer Verschärfung und Rigidisierung nicht zu bestätigen.

Durch diese spezifischen Formen der innerbetrieblichen Arbeitsorganisation bestehen insgesamt relativ große Spielräume für die Einführung alternativer Formen der Arbeitsorganisation. Diese werden von den Betrieben auch genutzt, was etwa durch die hohe Bedeutung von Gruppenarbeit zum Ausdruck kommt. Allerdings ist die Ausgestaltung der Gruppenarbeit nicht durch die konsequente Umsetzung aller für die Realisierung von Effizienzvorteilen als zentral erachteten Gestaltungselemente gekennzeichnet. Dies kann darauf hindeuten, daß die Betriebe allein die Vorteile nutzen wollen, die sich aus einer fertigungsorganisatorischen Umstrukturierung ergeben, und sich in bezug auf die Arbeitsorganisation bewußt „konservativ" verhalten, um diese „riskante Rationalisierungsstrategie" (Saurwein 1996) auf bestimmte betriebliche Teilbereiche begrenzen zu können. Wird jedoch unterstellt, daß zumindest ein Teil der Arbeitnehmer ein Interesse an der Implementation weitergehender Gestaltungselemente besitzt, die mit höherer Selbstverantwortung sowie Aufgabenerweiterung oder -anreicherung verbunden sind, so wird es vor allem auf die Interessenvertretungen der Arbeitnehmer ankommen, deren Realisierung auch einzufordern: „Gewerkschaften müssen erreichen, daß die Potentiale der neuen Technologien für die Gestaltung innovativer arbeitsorganisatorischer Lösungen - wie z.B. Gruppenarbeit - genutzt werden. Dabei geht es nicht zuletzt um attraktive und sozialverträgliche Arbeitsplätze." (Widmaier 1993: 177).

Auch im Bereich der zwischenbetrieblichen Arbeitsorganisation zeichnen sich im ostdeutschen Maschinenbau interessante Gestaltungsvarianten ab, die jedoch in gleicher Weise ambivalent zu beurteilen sind. Einerseits besteht für einen im Vergleich zu Westdeutschland höheren Teil der Betriebe eine starke Abhängigkeit von wenigen Abnehmern, die zum Teil auch mit einer Einschränkung der betrieblichen Autonomie verbunden ist, und sich insofern als kritisch erweisen kann. Andererseits unterhalten die Betriebe in einem höheren Maße Kooperationsbeziehungen zu anderen Unternehmen, die sich, dies verdeutlichte der positive Zusammenhang mit der Innovationsaktivität, ausgesprochen vorteilhaft auf die betriebliche Entwicklung auswirken können.

Nicht nur für den Bereich der betrieblichen Kooperation, sondern insgesamt - dies kann in der Rückschau festgehalten werden - lassen sich die Thesen von einer Ressourcen- und auch Pfadabhängigkeit des Transformationsverlaufes bestätigen.

Während Ressourcenabhängigkeit als Erklärungsfaktor der technischen Ausstattung der Betriebe unmittelbar eine hohe Evidenz besitzt, ist der Zusammenhang zwischen der Ressourcenverfügbarkeit und betrieblichen Organisationsstrategien, wie beispielsweise dem betrieblichen Kooperationsverhalten, mit ex ante anfallenden hohen Such-, Informations- und Koordinationskosten in Verbindung zu bringen. Diese wirken gerade für kleine Unternehmen mit knapper Personaldecke und, im Falle ostdeutscher Eigentümerbetriebe, begrenzter Erfahrung mit marktwirtschaftlichen Verhältnissen, als Hemmnis, diesen prinzipiell erfolgversprechenden Weg einzuschlagen.

Das Engagement westdeutscher resp. westlicher Firmen bei ostdeutschen Unternehmen könnte in einer solch ressourcenbezogenen Betrachtungsweise insofern ein „wichtiger Sonderfaktor" (Felder et al. 1995: 7) bei der Stabilisierung des industriellen Bestandes in den neuen Bundesländern sein.

Als weiteres Interpretationsmuster der technisch-organisatorischen Gestaltung des Produktionsprozesses ist die Pfadabhängigkeit betrieblicher Entwicklung angeführt worden. Auch sie ist in bezug auf die technische Ausstattung der Betriebe ein naheliegendes Argument; so finden sich in den Altbetrieben eine Reihe von computergestützten Produktionstechniken, die offenbar noch aus DDR-Zeiten stammen und nach der Veränderung des Produktprogramms nicht mehr sinnvoll einsetzbar sind. Belege für eine Pfadabhängigkeit lassen sich aber auch im Hinblick auf die organisatorische Strukturierung der Betriebe anführen, was am Beispiel der insgesamt stärkeren funktionalen Differenzierung der ostdeutschen Altbetriebe gezeigt werden konnte.

Summarisch lassen sich die Ergebnisse der Untersuchung dahingehend zusammenfassen, daß für die populäre und als Schreckgespenst dienende These von der Reduktion der ostdeutschen Industrie auf Werkbänke der westdeutschen Betriebe wenig Evidenz gefunden werden kann.

Beispielsweise betreibt von den untersuchten privatisierten ostdeutschen Betrieben ein größerer Teil eigene Produktentwicklung, und wenngleich diese häufiger in Imitation denn in echte „Innovation" mündet, bestehen somit nach wie vor wichtige Potentiale für eine eigenständige Entwicklung. Auch eine durchgängige Reduktion auf reine Zulieferfunktionen läßt sich anhand der Daten nicht ablesen. Und schließlich ist darüber hinaus die formale Qualifikationsstruktur der Beschäftigten in den Betrieben als wichtiges Potential im weiteren Verlauf der industriellen Entwicklung zu bewerten.

Dies gilt für die ostdeutschen Betriebe insgesamt. Die beobachtbaren Divergenzen zwischen Betrieben, die westdeutsche Eigentümer haben und Betrieben, die sich in ostdeutschem Besitz befinden, die die Waagschale eher zugunsten ersterer senken, sollten darüber hinaus die Befürchtungen, daß sich in den neuen Bundesländern eine „Dependenzökonomie" Westdeutschlands etabliert, relativieren. Das günstigere Bild ergibt sich nämlich nicht nur hinsichtlich der Gestaltung von Technik und Arbeit, sondern auch für die ökonomische Situation der Betriebe.

Demonstrieren läßt sich dies beispielsweise anhand der Produktivitätsunterschiede zwischen Betrieben mit ost- und westdeutschen Eigentümern (Abbildung 41).[202] Andere Einflußfaktoren betrieblicher Produktivität einmal außer acht lassend, zeigt sich, daß die Produktivität in den ostdeutschen Maschinenbaubetrieben im Jahr 1993[203] gerade einmal 55% des westdeutschen Niveaus erreichte. Der durchschnittliche Pro-Kopf-Umsatz bei den westdeutschen Betrieben des Samples lag bei 200.432 DM, der der ostdeutschen Betriebe bei 110.190 DM.

Zwischen den ostdeutschen Betrieben bestanden jedoch deutliche Unterschiede bei einer Differenzierung nach den Eigentumsverhältnissen: Betriebe mit Besitzern aus den alten Bundesländern erzielten im Durchschnitt einen Pro-Kopf-Umsatz von 114.738 DM, Betriebe mit Eigentümern aus den neuen Ländern konnten pro Mitarbeiter einen Umsatz von 104.300 DM, gemessen am Durchschnittsumsatz der ersten Gruppe also etwa 90%, erzielen.

---

202 Die Messung der betrieblichen Produktivität durch den pro Beschäftigtem erzielten Umsatz ist insofern ungenau, als es durch unterschiedlich hohe Wertschöpfungsquoten zu einer Verzerrung des Indikators kommen kann. Vgl. auch Bernien (1994).

203 Die Umsatzzahlen werden im NIFA-Panel retrospektiv erhoben.

*Abbildung 41: Produktivitätsunterschiede im deutschen Maschinenbau (1993; Angaben in TDM)*

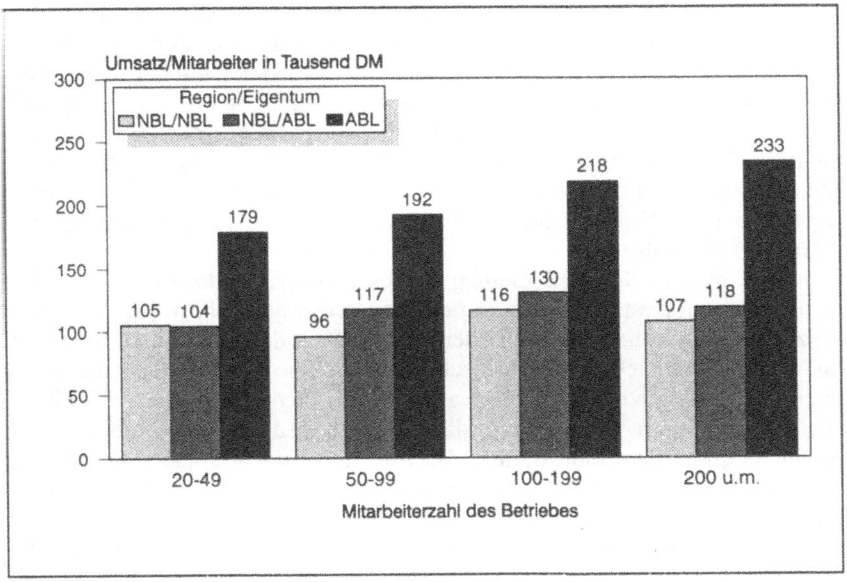


Unter den ostdeutschen Betrieben mit westdeutschen Eigentümern stehen dabei die Betriebe, die zu einem Unternehmen gehören, also Tochtergesellschaften westdeutscher Firmen, noch einmal besser da. Hier liegt der durchschnittliche Pro-Kopf-Umsatz sogar bei 129.351 DM, also etwa bei 65% des westdeutschen Niveaus.[204]

Problematisch erscheinen diese Unterschiede, insbesondere aber die Produktivitätslücke zwischen den ost- und westdeutschen Maschinenbaubetrieben, wenn berücksichtigt wird, daß das Lohnniveau zwischen neuen und alten Bundesländern zunehmend angeglichen wird. Der weitere Fortbestand einer Vielzahl von ostdeutschen Betrieben, und zwar auch der ostdeutschen Tochtergesellschaften westdeutscher Konzerne, deren Zukunft auf der Grundlage der realisierten betrieblichen Produktivität derzeit noch am positivsten zu beurteilen ist, erscheint vor diesem Hintergrund dieser drastischen Diskrepanzen fraglich.

Die Gefahr einer verstärkten Abhängigkeit der ostdeutschen Industrie von der Prosperität der westdeutschen Wirtschaft, die sich aufgrund der

204 Diese Unterschiede hinsichtlich der technisch-arbeitsorganisatorischen Gestaltung, aber auch hinsichtlich der ökonomischen Situation (und Effizienz) der Betriebe, erinnern frappierend an die von Womack et al. (1992) aufgezeigten Unterschiede zwischen japanischen Firmen und japanischen Transplants in Nordamerika und Europa sowie amerikanischen Firmen und ihren jeweiligen Zweigwerken in anderen Kontinenten.

nichtsdestotrotz günstigeren Bedingungen für die ostdeutschen Töchter westdeutscher Unternehmen abzeichnet, ist sicherlich gesellschaftspolitisch als nicht wünschenswert zu betrachten, allerdings jedoch mindestens mittelfristig als kleineres Übel einzuschätzen, da die Sicherung von Arbeitsplätzen in westdeutschen „Werkbänken" dem Verlust weiterer Beschäftigungsmöglichkeiten allemal vorzuziehen ist. Im übrigen wurden in der Bundesrepublik auch vor der Wiedervereinigung hinlänglich Erfahrungen mit dieser Art von Wirtschaftsstrukturen gesammelt. Die Zonenrandförderung ist in diesem Zusammenhang nur ein Beispiel. Sie hat jedoch auch verdeutlicht, daß in wirtschaftlichen Krisensituationen die Gefahr für solche hochsubventionierten Standorte am größten ist.

Eine weitere Subventionierung der ostdeutschen Industrie scheint aber dennoch zumindest kurz- bis mittelfristig unvermeidlich, wobei die Zielsetzung, hier mit industriepolitischen Mitteln auch Sozialpolitik zu betreiben, möglicherweise nicht als so kritisch zu beurteilen ist, wie es in der allgemeinen Diskussion häufig nahegelegt wird (vgl. dazu von Einem 1991: 27).

Es ist davon auszugehen, daß Erhaltungssubventionen allein nicht geeignet sind, den industriellen Bestand in Ostdeutschland zu sichern. Notwendig ist es daher, die Exportbasis der Region mittels geeigneter Maßnahmen weiterzuentwickeln und zu stabilisieren. Dabei ist neben Aktivitäten, die auf die Sicherstellung geeigneter Rahmenbedingungen unternehmerischen Handelns abzielen, solchen Maßnahmen der Vorzug zu geben, die geeignet erscheinen, die betriebliche Produktivität zu erhöhen und die Entwicklungsperspektiven der Betriebe insgesamt zu verbessern.

Falls Produktivitätssteigerungen nicht realisiert und über diesen Weg Betriebsstandorte gesichert werden können, kann der Abbau regionaler Disparitäten, der sich als Zielsetzung aus dem grundgesetzlich festgelegten Prinzip der Herstellung der Einheitlichkeit der Lebensverhältnisse in allen Regionen Deutschlands ableiten läßt, nur durch anhaltende massive staatliche Umverteilung gewährleistet werden: „Die Anpassung der Lebensverhältnisse wird nur bei rasch steigender Produktivität und Produktion ohne schmerzhafte Umverteilungsprozesse ablaufen." (Seiter 1993: 217). Schon der bisherige Anpassungsprozeß ist zweifelsfrei nicht schmerzfrei verlaufen, was in der Verschärfung des sozialen Klimas im geeinten Deutschland klar zum Ausdruck kommt, und gerade deshalb muß die Steigerung der Produktivität als Mittel der Wahl betrachtet werden, um die Einheitlichkeit der Lebensverhältnisse nicht auf Gleichheit im Konsum zu beschränken.

Dabei ist sicherlich zu berücksichtigen, daß nicht jede Produktivitätssteigerung zu Beschäftigungszuwächsen führt. Andererseits muß beispielsweise der produktivitätssteigernde Einsatz von Informations- und Kommunikationstechniken in der Fertigung bzw. Produktion aber auch nicht notwendigerweise zu Beschäftigungsabbau führen, sondern kann sich im Gegenteil - kontextabhängig - auch positiv auswirken (vgl. Widmaier/Dye

1992). Die Steigerung der betrieblichen Produktivität und die Senkung des hohen Lohnstückkostenniveaus scheinen insofern unabdingbare Voraussetzungen zur Sicherung des Wirtschaftsstandortes (Ost-) Deutschland zu sein, da es derzeit „mit Abstand weltweit keinen Produktionsstandort gibt, der im Durchschnitt gleichzeitig so teuer, so leistungsschwach und infrastrukturell so schlecht ausgestattet wäre“ (Klinger 1994: 77).

Ohne an dieser Stelle noch einmal vertieft in die Debatte um die Wirksamkeit regionalpolitischer Instrumente wie der „Gemeinschaftsaufgabe Verbesserung der Wirtschaftsstruktur“ (GRW) eintreten zu wollen, lassen sich vor dem Hintergrund der im Rahmen dieser Arbeit erzielten Ergebnisse dennoch zumindest zwei Ansatzpunkte benennen, die als gangbare „Wege aus der Krise“ erscheinen:

Zunächst ist an Investitionshilfen im technischen Bereich, die gezielt auf die Bedürfnisse kleiner und mittlerer Unternehmen zugeschnitten sind, zu denken, da in Anbetracht der durch Technikeinsatz potentiell noch erzielbaren Produktivitätsfortschritte „kapitalarme“ Rationalisierungsstrategien (Demmer/Kleinow 1992) für den ostdeutschen Maschinenbau allein nicht zum Ziel führen können.

Der zweite Ansatzpunkt, der sich aufweisen läßt, liegt im Bereich der Förderung betrieblicher Innovation durch Kooperation. Dies kann durch eine gezielte Verbesserung von Informationsangeboten über mögliche Kooperationspartner geschehen (König et al. 1994). Durch gezielte, auch temporäre Zusammenlegung von Ressourcen lassen sich positive Synergieeffekte auch zwischen Kooperationspartnern erschließen, deren Voraussetzungen sehr unterschiedlich sind, also etwa solchen Betrieben, die selbst keine F&E betreiben, und jenen ostdeutschen Betrieben, die zwar in hohem Maße F&E-Know-How besitzen, welches aber nicht oder nur in unzureichender Weise an Produktionsprozesse rückgebunden ist.

Dabei könnte die Auswahl betrieblicher Kooperationsbereiche sich auch auf andere hier nicht betrachtete betriebliche Engpaßbereiche, wie etwa die Qualitätssicherung, erstrecken, bei deren Lösung sich ein kooperatives Vorgehen, wie etwa Semlinger (1994) am Beispiel der Region Mansfeld illustriert hat, bereits bewährte. Zudem kann neben einer direkten Förderung betrieblicher Kooperationen auch die weitere Intensivierung der finanziellen Unterstützung von Beratungsdienstleistungen und Technologietransfers zur Bewältigung noch bestehender Strukturprobleme beitragen (Wagner et al. 1994).

Die notwendigen Fördermaßnahmen sollten nicht sektoral[205] orientiert sein; es gilt vielmehr, „ein regional- und sektoralorientiertes Verflechtungs-

205 So stellt etwa Grabher fest, die „Quintessenz der Regionalförderung in den traditionellen Industrieregionen in den sechziger und siebziger Jahren“ sei, daß sektoral orientierte Programme die „Herausbildung entwicklungshemmender regionaler Hegemonien“ förderten und kommt daher zu dem Schluß: „Der Entfaltung redundanter Beziehungsgeflechte viel

konzept", das die „industriepolitischen Ansätze der ostdeutschen Länder konsequenter auf ihre regions- sowie betriebsspezifischen Bedürfnisse miteinander verzahnt" (Nolte/ Ziegler 1994: 66), zu entwickeln.

Nicht blinder Subventionismus ist also gefragt, sondern Strategien, die langfristig die endogenen Potentiale der Region stärken können. Eine solche Industriepolitik kann dann auch als Chance der Integration von Wirtschafts- und Gesellschaftspolitik (Krumbein 1991) betrachtet werden und zugleich zu einer „Entlastung des Staates durch organisierte Interessen" (Voelzkow/ Heinze 1995) führen, indem auf regionaler Ebene die Aktivitäten der relevanten Akteure gebündelt und aufeinander abgestimmt werden. Die Ausgestaltung solch mesokorporatistischer Strategien, die sich in den neuen Bundesländern bereits ansatzweise entwickelt haben, ist dabei durchaus variabel.[206]

Allerdings ist in jedem Falle nur ein begrenzter Optimismus angebracht. Die neuen Bundesländer werden sich, dies dürfte mittlerweile unstrittig sein, nicht über Nacht und auch nicht in kurzer Frist in „blühende Landschaften" verwandeln, und unabhängig davon, ob „Bocksprungstrategien" (Kern/Voskamp 1994) greifen und langfristig sogar vielleicht eine „überholende" Modernisierung gelingt - wobei diesbezüglich Skepsis angebracht bleibt -, wird es noch Jahre in Anspruch nehmen, bis wieder ein Licht am Ende des Tunnels und nicht ein „Tunnel am Ende des Lichts" (Offe 1994) sichtbar wird.

zuträglicher sind Programme, die in gewisser Weise quer zur Logik der Wertschöpfungskette liegen und nicht auf einzelne *Branchen* der Region, sondern primär auf spezifische betriebliche *Funktionen* abstellen. Eine derartige Orientierung erlaubt eine Verflechtung von Betrieben weit über Branchengrenzen hinaus und erweitert damit Informationshorizonte und Diversifikationspotentiale gleichermaßen." (Grabher 1994: 121f., Hervorhebung im Original).

206 So ist der „situative Korporatismus" (Heinze/Schmid 1994) in Sachsen deutlich stärker betriebszentriert als das eher regionenbezogene industriepolitische Konzept Brandenburgs (Voelzkow/Heinze 1995). Zu Erfahrungen mit dem Konzept regionalisierter Strukturpolitik in den alten Bundesländern vgl. u.a. Krafft/Ulrich (1993).

# 7. Literatur


Aderhold, Jens et al. (1994): Von der Betriebs- zur Zweckgemeinschaft. Berlin; edition sigma

Albach, Horst (1993): Zerrissene Netze. Eine Netzwerkanalyse des ostdeutschen Transformationsprozesses. Berlin; edition sigma

Albach, Horst/Witt, Peter (1993): Transformationsprozesse in ehemals volkseigenen Betrieben. Stuttgart; Schäffer-Poeschl

Aldrich, Howard E. (1979): Organizations and Environments. Englewood Cliffs N.J.; Prentice Hall

Aldrich, Howard E./Mindlin, Sergio (1978): Uncertainty and Dependence: Two Perspectives on Environment. In: Karpik, Lucien (ed.): Organization and Environment. Theory, Issues and Reality. London; Sage, pp. 149-170

Altmann, Norbert/Sauer, Dieter (Hrsg.) (1989): Systemische Rationalisierung und Zulieferindustrie. Sozialwissenschaftliche Aspekte zwischenbetrieblicher Arbeitsteilung. Frankfurt/Main [u.a.]; Campus

Altmann, Norbert et al. (1978): Betrieb - Technik - Arbeit. Elemente einer soziologischen Analytik technisch-organisatorischer Veränderungen. München; Campus

Altmann, Norbert et al. (1986): Ein „Neuer Rationalisierungstyp" - neue Anforderungen an die Industriesoziologie. In: Soziale Welt 37, S. 191-207

Arndt, Helmut (1992): Die evolutorische Wirtschaftstheorie in ihrer Bedeutung für die Wirtschafts- und Finanzpolitik. Berlin; Duncker & Humblot

AWF (Hrsg.) (1984): Flexible Fertigungsorganisation am Beispiel von Fertigungsinseln. Eschborn; Ausschuß für wirtschaftliche Fertigung

Bandemer, Stephan von et al. (1991): Prospects for Anthropocentric Production Systems in West Germany. Gelsenkirchen; IAT-FAST-APS-Study, Report No. 2

Bechtle, Günter/Lutz, Burkart (1989): Die Unbestimmtheit post-tayloristischer Rationalisierungsstrategie und die ungewisse Zukunft industrieller Arbeit. In: Düll, Klaus/Lutz, Burkart (Hrsg.): Technikentwicklung und Arbeitsteilung im internationalen Vergleich. Frankfurt/Main [u.a.]; Campus, S. 9-91.

Becker, Carsten (1994): Zur Kooperationsintensität von ostdeutschen Unternehmen: Neuere empirische Evidenz aus dem Bereich der Mikroelektronik. In: Fritsch, Michael (Hrsg.): Potentiale für einen 'Aufschwung Ost'. Wirtschaftsentwicklung und Innovationstransfer in den Neuen Bundesländern. Berlin; edition sigma, S. 201-229

Belau, Detlef/Schreiber, Erhard (1995): Vom Kombinat zu neuen Zuliefer-Netzwerken - zur Transformation der sächsischen Autozulieferindustrie. In: Lutz, Burkart/Schröder, Harry (Hrsg.): Entwicklungsperspektiven von Arbeit im Transformationsprozeß. München [u.a.]; Hampp, S. 321-379

Bell, Daniel (1975): Die nachindustrielle Gesellschaft. Frankfurt/Main [u.a.]; Campus

Belzer, Volker (1993): Unternehmenskooperationen: Erfolgsstrategien und Risiken im industriellen Strukturwandel. München [u.a.]; Hampp
Belzer, Volker/Hilbert, Josef (1996): Virtuelle Unternehmen: Schlank aber innovativ. In: Brödner, Peter/Pekruhl, Ulrich/Rehfeld, Dieter (Hrsg.): Arbeitsteilung ohne Ende? Von den Schwierigkeiten inner- und überbetrieblicher Zusammenarbeit. München [u.a.]; Hampp, S. 149-167
Benko, Georges/Dunford, Mick (eds.) (1991): Industrial change and regional development: the transformation of new industrial spaces. London [u.a.]; Belhaven
Bergmann, Joachim et al. (1986): Rationalisierung, Technisierung und Kontrolle des Arbeitsprozesses. Frankfurt/Main [u.a.]; Campus
Bergstermann, Jörg/Manz, Thomas (1992) (Hrsg.): Technik gestalten, Risiken beherrschen: Befunde der Sozialforschung zur Entwicklung moderner Produktionstechnik. Berlin; edition sigma
Bernien, Maritta (1994): Produktivitätsniveau und Produktivitätsentwicklung von Treuhand- und bereits privatisierten Unternehmen in den neuen Bundesländern. In: Fritsch, Michael (Hrsg.): Potentiale für einen 'Aufschwung Ost'. Wirtschaftsentwicklung und Innovationstransfer in den Neuen Bundesländern. Berlin; edition sigma, S. 47-66
Bersa (Beratungsagentur für Struktur- und Arbeitsmarktinnovation e.V.) (1992): Die Veränderung der betrieblichen Personalstruktur im Transformationsprozeß seit 1989 am Beispiel des Kombinates Nahrungsgütermaschinenbau. Halle; Graue Reihe der KSPW Nr. 128
Beyreuther, Wolfgang (1984): Wissenschaftlich-technischer Fortschritt und Entwicklungstendenzen der Arbeit in der entwickelten sozialistischen Gesellschaft. In: Sozialistische Arbeitswissenschaften 1/1984, S. 1-10
Bieber, Daniel (1992): Systemische Rationalisierung und Produktionsnetzwerke. In: Malsch, Thomas/Mill, Ulrich (Hrsg.): ArBYTE. Berlin; edition sigma, S. 271-293
Binkelmann, Peter et al. (Hrsg.): Entwicklung der Gruppenarbeit in Deutschland. München; Campus
Binus, Gretchen/Groß, Johanna (1992): Veränderungen der betrieblichen Personalstruktur im Transformationsprozeß seit 1989 - dargestellt am Beispiel eines privatisierten und eines noch der Treuhand unterstellten Maschinenbauunternehmens. KSPW Kurzstudie 1/31
Bischoff, Martin (1995): Zur Problematik der Repräsentativität in der empirischen Sozialforschung. Bochum; Diskussionspapiere der Fakultät für Sozialwissenschaft 95-14
Blau, Peter M. (1964): Exchange and Power in Social Life. New York [u.a.]; John Wiley
Blau, Peter M. (1970): A Formal Theory of Differentiation in Organizations. In: American Sociological Review, Vol. 35, pp. 201-218
Bluhm, Katharina (1992a): Vom gescheiterten zum nachholenden Fordismus? In: Senghaas-Knobloch, Eva/Lange, Hellmuth (Hrsg.): DDR-Gesellschaft von innen: Arbeit und Technik im Transformationsprozeß, Bonn, S. 44-56
— (1992b): Strukturelle und soziale Mitgegebenheiten in der Transformation der ostdeutschen Industrie. In: Ipsen, Dirk/Nickel, Egbert: Ökonomische und rechtliche Konsequenzen. Probleme der Einheit Band 8. Marburg; Metropolis, S. 23-39

Böhle, Fritz/Rose, Helmut (1992): Technik und Erfahrung. Arbeit in hochautomatisierten Systemen. München; Campus
Böltken, Ferdinand (1976): Auswahlverfahren. Eine Einführung für Sozialwissenschaftler. Stuttgart; Teubner
Bohnet, Armin/Ohly, Claudia (1992): Zum gegenwärtigen Stand der Transformationstheorie. Eine Literaturstudie. In: Zeitschrift für Wirtschaftspolitik 1/92, S. 27-49
Bosch, Aida (1996): Die politische Kultur innerbetrieblicher Austauschbeziehungen. In: Clausen, Lars (Hrsg.): Gesellschaften im Umbruch. Verhandlungen des 27. Kongresses der Deutschen Gesellschaft für Soziologie in Halle an der Saale 1995. Frankfurt/Main [u.a.]; Campus, S. 881-890
Bowersox, Donald J. (1991): Logistische Allianzen machen Furore. In: HARVARD Manager, S. 34-42
Brezinski, Horst/Fritsch, Michael (1995): Bottom-Up Transformation: Prerequisites, Scope and Impediments. Freiberger Arbeitspapiere 1/95
Britzke, B. (1990): Arbeitsgestaltung und Arbeitsorganisation in den Betrieben der ehemaligen DDR. In: Angewandte Arbeitswissenschaft 126, S. 1-10
Brödner, Peter (1986): Fabrik 2000. Alternative Entwicklungspfade in die Zukunft der Fabrik. Berlin; edition sigma, 3. durchges. Auflage
Brosius, Gerhard/Brosius, Felix (1995): SPSS Base System und Professional Statistics. Bonn [u.a.]; International Thomson Publishing
Brüstle, Alena et al. (1990): Die Einbindung der DDR in den Rat für Gegenseitige Wirtschaftshilfe. In: RWI-Mitteilungen 1/2, S. 53-65
Büchs, Matthias (1991): Zwischen Markt und Hierarchie - Kooperationen als alternative Koordinationsform. In: ZfB-Ergänzungsheft 1/91, S. 1-37
Busch, Ulrich (1991): Konsequenzen der Umgestaltung der Eigentums- und Geldordnung für die soziale Differenzierung in den neuen Bundesländern. In: ders. (Hrsg.): Monetäre Probleme. Probleme der Einheit Band 3. Marburg; Metropolis, S. 11-30
Clapham, Ronald (1992): Anforderungen an die Theorie der Systemtransformation. In: Görgens, Egon/Tuchtfeld, Egon (Hrsg.): Die Zukunft der wirtschaftlichen Entwicklung - Perspektiven und Probleme. Bern [u.a.]; Paul Haupt, S. 111-130
Coase, Ronald H. (1937): The Nature of the Firm. In: Economica 4, pp. 368-405
Cochran, William G. (1972): Stichprobenverfahren. Berlin; de Gruyter
Cornelsen, Doris (1983): Die Wirtschaft der DDR in den achtziger Jahren, In: Die DDR vor den Herausforderungen der achtziger Jahre. Köln; Verlag Wissenschaft und Politik, S. 33-41
Cornelsen, Doris (1988a): Die Wirtschaft der DDR in der Honecker-Ära. In: Glaeßner, Gert-Joachim (Hrsg.): Die DDR in der Ära Honecker. Politik - Kultur - Gesellschaft. Opladen; Westdeutscher Verlag, S. 357-370
— (1988b): Wirtschaftsentwicklung in der DDR - Handlungsbedarf für Reformen. In: Forschungsstelle für gesamtdeutsche wirtschaftliche und soziale Fragen (Hrsg.): Glasnost und Perestrojka auch in der DDR? Berlin; Berlin Verlag, S. 46-64
Cramer, Ulrich (1987): Klein- und Mittelbetriebe: Hoffnungsträger der Beschäftigungspolitik, In: MittAB 1/87, S. 15-29
Czada, Roland (1993): Die Treuhandanstalt im Umfeld von Politik und Verbänden. In: Fischer, Wolfram et al. (Hrsg.): Treuhandanstalt. Das Unmögliche wagen. Berlin; Akademie Verlag, S. 148-173

Demmer, Bettina/Kleinow, Beate (1992): Aufbruch in die Marktwirtschaft. Chancen und Restriktionen betrieblicher Modernisierungsprozesse in den neuen Bundesländern am Beispiel der Maschinenbau- und Elektro-/Elektronikindustrie. In: Senghaas-Knobloch, Eva/Lange, Hellmuth (Hrsg.): DDR-Gesellschaft von innen: Arbeit und Technik im Transformationsprozeß. Bonn, S. 57-67

Denisow, Karin/Stieler, Brigitte (1993): Der Funktions- und Organisationswandel von der Kaderpolitik zur Personalwirtschaft. Kurzstudie im Auftrag der Kommission für die Untersuchung des sozialen und politischen Wandels in den neuen Bundesländern. Halle; Graue Reihe der KSPW Nr. 301

Denisow, Karin (et al.) (1995): Personalarbeit im Umbruch. Bedingungen, Wirkungen, Konsequenzen. In: Schmidt, Rudi/Lutz, Burkart (Hrsg.): Chancen und Risiken der industriellen Restrukturierung in Ostdeutschland. Berlin; Akademie Verlag, S. 273-297

Deppe, Rainer (1991): Bilanz der verlorenen Zeit. Industriearbeit, Leistung und Herrschaft in der DDR. In: Dubiel, Helmut/Rödel, Ulrich (Hrsg.): Demokratischer Umbruch in Osteuropa. Frankfurt/Main; Suhrkamp, S. 126-150

Deppe, Rainer/Hoß, Dietrich (1980): Sozialistische Rationalisierung. Leistungspolitik und Arbeitsgestaltung in der DDR. Frankfurt/Main [u.a.]; Campus

Deppe, Rainer/Hoß, Dietrich (1989): Arbeitspolitik im Staatssozialismus, Frankfurt/ Main [u.a.]; Campus

Dörr, Gerlinde (1991): Die Lücken der Arbeitsorganisation. Berlin; edition sigma

Dörr, Gerlinde/Schmidt, Stefan (1992a): Aspekte des betrieblichen Wandels in ehemaligen Kombinatsbetrieben - Eine Problemskizze aus dem Maschinenbau. In: Heidenreich, Martin (Hrsg.): Krisen, Kader, Kombinate: Kontinuität und Wandel in ostdeutschen Betrieben. Berlin; edition sigma, S. 59-73

— (1992b): La qualification: un potentiel des entreprises est-allemendes dans leur processus de transformation. In: Allemagne d'Aujourdhui, No. 121, Paris, pp. 208-223

Domeyer, Volker/Funder, Maria (1991): Kooperation als Strategie. Eine empirische Studie zu Gründungsprozessen, Organisationsformen, Bestandsbedingungen von Kleinbetrieben. Opladen; Westdeutscher Verlag

Dreher, Carsten et al. (1995): Neue Produktionskonzepte in der deutschen Industrie. Bestandsaufnahme, Analyse und wirtschaftspolitische Implikationen. Unter Mitarbeit von Barbara Ostendorf, Hiltrud Niggemann und Ulrich Widmaier. Heidelberg; Physica

Dreher, Carsten/Michler, Thomas (o.J.): Die Entwicklung und Chancen der mittels MBO/MBI entstandenen mittelständischen Industrieunternehmen in Ostdeutschland. Karlsruhe; FhG-ISI, Beitrag zum siebten Bericht des Projektes „Beobachtung gesamtwirtschaftlicher und unternehmerischer Anpassungsprozesse in Ostdeutschland“

Ebers, Mark (1994): Die Gestaltung interorganisationaler Informationssysteme - Möglichkeiten und Grenzen einer transaktionskostentheoretischen Erklärung. In: Sydow, Jörg/Windeler, Arnold (Hrsg.): Mangement interorganisationaler Beziehungen. Vertrauen, Kontrolle und Informationstechnik. Opladen; Westdeutscher Verlag, S. 22-48

Ebers, Mark/Gotsch, Wilfried (1993): Institutionenökonomische Theorien der Organisation. In: Kieser, Alfred (Hrsg.): Organisationstheorien. Stuttgart [u.a.]; Kohlhammer, S. 193-242

Eckhardt, Karl-Heinz (1981): Demokratie und Planung im Industriebetrieb der DDR. Opladen; Leske + Budrich

Edeling, Thomas (1992a): Zwischen bürokratischer Organisation und Gemeinschaftskultur: der Januskopf des DDR-Betriebes. In: Soziologie in Deutschland und die Transformation großer gesellschaftlicher Systeme. Berlin; Akademie Verlag, S. 981-987

— (1992b): Organisationssoziologische Ansätze in der Industriesoziologie der DDR. In: Berliner Journal für Soziologie, S. 323-332

Eickelpasch, Alexander/Görzig, Bernd (1993): Die statistische Erfassung des verarbeitenden Gewerbes in den neuen Bundesländern. In: Allgemeines Statistisches Archiv 77, S. 333-342

Einem, Eberhard von (1991): Industriepolitik: Anmerkungen zu einem kontroversen Begriff. In: Jürgens, Ulrich/Krumbein, Wolfgang (Hrsg.): Industriepolitische Strategien. Bundesländer im Vergleich. Berlin; edition sigma, S. 11-33

Esser, Hartmut et al. (1977): Wissenschaftstheorie 1, Grundlagen und Analytische Wissenschaftstheorie. Stuttgart; Teubner

Ettrich, Frank (1993): „Modernisierung ohne Entwicklung" - Transformation als „Überlagerung"? In: BISS Public 10, S. 43-53

Faulbaum, Frank (1988): Panelanalyse im Überblick. In: ZUMA-Nachrichten Nr. 23, S. 26-44

Felder, Johannes et al. (1995): Innovationsverhalten der deutschen Wirtschaft. Ein Vergleich zwischen Ost- und Westdeutschland. Mannheim; Zentrum für Europäische Wirtschaftsforschung, Dokumentation 95-03

Fischer, Ute Luise/Weißbach, Hans-Jürgen (1993): Personalstrategien - eine Herausforderung für Unternehmen im Transformationsprozeß der neuen Bundesländer. Querschnittsstudie zu den KSPW-Kurzstudien aus der ersten Untersuchungswelle 1992. Dortmund; IuK-Institut

Fix-Sterz, Jutta et al. (1986): Flexible Fertigungssysteme und Fertigungszellen - Stand und Entwicklungstendenzen in der Bundesrepublik Deutschland. In: VDI-Z, Band 128, Nr. 11, S. 369-379

Flimm, Carl (1990): Arbeitsorganisation in der flexibel automatisierten Produktion. Bochum; Diplomarbeit

Flimm, Carl/Saurwein, Rainer (1992): Aufbau und Struktur des NIFA-Panels. In: Schmid, Josef/Widmaier, Ulrich (Hrsg.): Flexible Arbeitssysteme im Maschinenbau. Opladen; Leske + Budrich, S. 15-33

Freriks, Rainer (1992): Die Struktur kontingenztheoretischer Ansätze. In: Lehner, Franz/Schmid, Josef (Hrsg.): Technik - Arbeit - Betrieb - Gesellschaft. Opladen; Leske + Budrich, S. 47-69

— (1996a): Theoretische Modelle der Betriebsgröße im Maschinenbau. Koordination und Kontrollmechanismen bei organisatorischem Wachstum. Opladen; Leske + Budrich

— (1996b): Neue institutionelle Ökonomie und interne Organisation. In: Widmaier, Ulrich (Hrsg.): Betriebliche Rationalisierung und ökonomische Rationalität. Opladen; Leske + Budrich, S. 21-46

Freriks, Rainer/Niggemann, Hiltrud (1996): Betriebsgröße als Prozeß. In: Widmaier, Ulrich (Hrsg.): Betriebliche Rationalisierung und ökonomische Rationalität. Opladen; Leske + Budrich, S. 75-92

Freriks, Rainer/Schmid, Josef (1992): Strategische Optionen und situative Adäquatheit industrieller Produktionsmodernisierung - Konzeptionelle und theoretische Perspektiven. In: Schmid, Josef/Widmaier, Ulrich (Hrsg.): Fexible Arbeitssysteme im Maschinenbau. Opladen; Leske + Budrich, S. 219-237

Freriks, Rainer/Widmaier, Ulrich (1992): Strukturierte Vielfalt - Determinanten von Arbeitsorganisation. In: Schmid, Josef /Widmaier, Ulrich (Hrsg.): Flexible Arbeitssysteme im Maschinenbau. Opladen; Leske + Budrich, S. 141-158

Fritsch, Michael (1991): Die Übernahme neuer Techniken durch Industriebetriebe. In: Ifo-Studien, S. 1-18

Fritsch, Michael et al. (1993): Die Beschäftigtenstatistik als Betriebspanel - Ansatz, Probleme und Analysepotentiale -. Freiberg; Bergakademie, Discussion Paper 93/2

Fritsch, Michael/Werker, Claudia (1994): Die Transformation des Unternehmensbestandes in Ostdeutschland. Freiberger Arbeitspapiere 94/14

Fritze, Lothar (1993): Kommandowirtschaft: Ein wissenschaftlicher Erlebnisbericht über Machtverhältnisse, Organisationsstrukturen und Funktionsmechanismen im Kombinat. In: Leviathan 21, S. 174-204.

Fürstenberg, Friedrich (1970): Wirtschaftssoziologie. Berlin; de Gruyter

— (1977): Einführung in die Arbeitssoziologie. Darmstadt; Wissenschaftliche Buchgesellschaft

Geistlinger, Michael (1986): Staat. In: Pipers Wörterbuch zur Politik, Band 4: Sozialistische Systeme. München; Piper, S. 469-473

Geppert, Mike/Kachel, Petra (1995): Die Treuhandanstalt am Ende. Historischer Abriß und kritische Beurteilung aus volkswirtschaftlicher und organisationstheoretischer Perspektive. In: Schmidt, Rudi/Lutz, Burkart (Hrsg.): Chancen und Risiken der industriellen Restrukturierung in Ostdeutschland. Berlin; Akademie Verlag, S. 69-106

Geppert, Mike/Schmidt, Stefan (1993): Von der „DDR-AG" zur Treuhandanstalt in Liquidation? Anmerkungen zum Umgang mit dem ehemaligen „Volksvermögen". Berlin; WZB, FS II 93-203

Gerst, Detlef et al. (1994): Gruppenarbeit in der betrieblichen Erprobung - ein „Modell" kristallisiert sich heraus. In: Angewandte Arbeitswissenschaft, Nr. 142, S. 5-30

Geyer, Michael (1994): Industriepolitik der DDR. Von der großindustriellen Nostalgie zum Zusammenbruch. In: Kocka, Jürgen/Sabrow, Martin (Hrsg.): Die DDR als Geschichte. Fragen - Hypothesen - Perspektiven. Berlin; Akademie Verlag, S. 122-134

Gornig, Martin (1992): Ökonomische Perspektiven Ostdeutschlands und mögliche regionale Konsequenzen. In: Häußermann, Hartmut (Hrsg.): Ökonomie und Politik in alten Industrieregionen Europas. Berlin; Birkhäuser, S. 232-250

Grabher, Gernot (1991a): Rumpfindustrialisierung? In: WZB-Mitteilungen 54, S. 5-9

— (1991b): Eastern Conquista - The „Truncated Industrialization" of East European Regions by Large Western Corporations. In: Ernste, Huib/Meier, Verena (eds.): Regional Development and Contemporary Industrial Response. London; Belhaven Press, pp. 194-212

— (ed.) (1993): The embedded firm. On the socioeconomies of industrial networks. London [u.a.]; Routledge

— (1994): Lob der Verschwendung. Redundanz in der Regionalentwicklung: Ein sozioökonomisches Plädoyer. Berlin; edition sigma

Graf, Horst/Miethe, Hans-Werner (1992): Wechselwirkungen zwischen Produktionskonzeptionen und subjektiven Verhaltenspotentialen der Beschäftigten in der ehemaligen DDR und Konsequenzen für den Transformationsprozeß. In: Soziologie in Deutschland und die Transformation großer gesellschaftlicher Systeme. Berlin; Akademie Verlag, S. 988-1008

Grootings, Peter (1989): New Forms of Work Organization in Europe: East-West Comparisons. In: Grootings, Peter et al. (eds.): New forms of work organization in Europe. New Brunswick/New Jersey; Transactions Publishers, pp. 217-245

Grünert, Holle (1993): Handlungszwänge und Handlungsressourcen ostdeutscher Betriebe. Ansätze einer Typologie. In: Schmidt, R. (Hrsg.): Zwischenbilanz. Analysen zum Transformationsprozeß der ostdeutschen Industrie. S. 155-168

— (1995): Arbeit und Beschäftigung - Schlüsselthemen der Transformationsforschung. In: Soziologische Revue, S. 138-146

Gude, Dietmar et al. (1996): Instandhaltung als Gemeinschaftsaufgabe - Anforderungen und Unterstützungsmöglichkeiten. In: Zimolong, Bernhard (Hrsg.): Kooperationsnetze, flexible Fertigungsstrukturen und Gruppenarbeit. Opladen; Leske + Budrich, S. 277-307

Hagedoorn, John (1993): Strategic technology alliances and modes of cooperation in high-technology industries. In: Grabher, Gernot (ed.) (1993): The embedded firm. On the socioeconomies of industrial networks. London [u.a.]; Routledge, pp. 116-137

Halstrick-Schwenk, Marianne et al. (1990): Die sektoralen Wirtschaftsstrukturen der Bundesrepublik und der DDR. In: RWI-Mitteilungen, Jg. 41, S. 11-28

Hamel, Hannelore (Hrsg.) (1977): BRD - DDR. Die Wirtschaftssysteme. München; Beck

Hansen, Jochen (1982): Das Panel. Opladen; Westdeutscher Verlag

Hartfiel, Günter/Hillmann, Karl-Heinz (1982): Wörterbuch der Soziologie. Stuttgart; Kröner

Hartmann, Peter H./Schimpl-Neimanns, Bernhard (1993): Affirmative Repräsentativitätstests. „Beweise“ oder Test konkreter Hypothesen zu Verteilungsabweichungen? In: KZfSS 2/93, S. 359-365

Hauptmanns, Peter (1991): Das NIFA-Panel: Untersuchungsanlage und methodische Konzeption. Arbeitspapier des SFB 187

— (1995a): Rationalisierung und Qualifikationsentwicklung. Opladen; Leske + Budrich

— (1995b): Nonresponse in a German Enterprise Panel Survey. Problems and Findings. Bochum; SFB 187 Arbeitspapier

Hauptmanns, Peter/Ostendorf, Barbara (1994): Methodische Erfahrungen und Probleme bei Betriebsbefragungen. Anmerkungen nach drei Wellen des NIFA-Panels im deutschen Maschinenbau. Bochum; SFB 187 Arbeitspapier

Hauptmanns, Peter/Rogalski, Wolfgang (1992): Fallstudien in der Industriesoziologie. Zur Kritik der dominanten Methode sozialwissenschaftlicher Technikforschung. In: Lehner, Franz/Schmid, Josef (Hrsg.): Technik - Arbeit - Betrieb - Gesellschaft. Opladen; Leske + Budrich, S. 205-224

Hauptmanns, Peter/Seitz, Beate (1992): Betriebspanel: Ein alternativer Weg industriesoziologischer Forschung? Zur methodischen Konzeption der ersten Welle

des NIFA-Panels. In: Schmid, Josef/Widmaier, Ulrich (Hrsg.): Flexible Arbeitssysteme im Maschinenbau. Opladen; Leske + Budrich, S. 35-53
Hauptmanns, Peter et al. (1992): Die Diffusion rechnergestützter Technik im deutschen Maschinenbau. In: Schmid, Josef/Widmaier, Ulrich (Hrsg.): Flexible Arbeitssysteme im Maschinenbau. Opladen; Leske + Budrich, S. 57-73
Heering, Walter/Schroder, Klaus (1995): Vom Kollektiv zur Sozialpartnerschaft? Arbeitsbeziehungen im ostdeutschen Transformationsprozeß. In: Schmidt, Rudi/Lutz, Burkart (Hrsg.): Chancen und Risiken der industriellen Restrukturierung in Ostdeutschland. Berlin; Akademie Verlag. S. 159-182
Heidenreich, Martin (1991a): Zur Doppelstruktur planwirtschaftlichen Handelns in der DDR. In: Zeitschrift für Soziologie, 20. Jg., Heft 6, S. 411-429
— (1991b): Plan und Flexibilität. Zur institutionellen Struktur sozialistischen Wirtschaftens. Bielefeld, Forschungsschwerpunkt Zukunft der Arbeit, Arbeitsberichte und Forschungsmaterialien Nr. 59
— (1993): Vom volkseigenen Betrieb zum Unternehmen. Transformationsprobleme betrieblicher Produkt-, Organisations- und Personalkonzepte in Ostdeutschland. In: KZfSS, Heft 1, S. 76-96
— (1994): Die mitteleuropäische Großindustrie im Transformationsprozeß. In: ZfS 1/94, S. 3-21
Heinze, Rolf G./Schmid, Josef (1994): Mesokorporatistische Strategien im Vergleich. Industrieller Strukturwandel und die Kontingenz politischer Steuerung in drei Bundesländern. In: PVS-Sonderheft 25, S. 65-99
Herzog, Hans-Henning (1991): Eine Exportbranche - ins Abseits manövriert. In: Technische Rundschau 83, Mai 91, S. 104-106
Hilbert, Josef et al. (1991): Können Konkurrenten Partner werden? Eine Einführung in die Chancen und Schwierigkeiten partnerschaftlicher Formen zwischenbetrieblicher Kooperation. In: Hilbert, Josef et al. (Hrsg.): Können Konkurrenten Partner werden? Opladen; Leske + Budrich, S. 9-21
Hildebrandt, Eckhart (1990): Annäherung an einen untergehenden Betrieb. In: Blanke, Thomas/Erd, Rainer (Hrsg.): DDR. Ein Staat vergeht. Frankfurt/Main; Fischer, S. 92-113
Hildebrandt, Eckart/Seltz, Rüdiger (1989): Wandel betrieblicher Sozialverfassung durch systemische Kontrolle? Die Einführung computergestützter Produktionsplanungs- und -steuerungssysteme im bundesdeutschen Maschinenbau. Berlin; edition sigma
Hinz, Siegfried/Schmickler, Sonja (1993): Entwicklung neuer Produktionskonzepte in den neuen Bundesländern. In: Binkelmann, Peter et al. (Hrsg.): Entwicklung der Gruppenarbeit in Deutschland. Frankfurt/Main [u.a.]; Campus, S. 204-235
Hinz, Thomas/Ziegler, Rolf (1994): Neugegründete Betriebe in Ostdeutschland: Wirtschaftliche Aktivität und investiertes Kapital. In: Fritsch, Michael (Hrsg.): Potentiale für einen 'Aufschwung Ost' Wirtschaftsentwicklung und Innovationstransfer in den Neuen Bundesländern. Berlin; edition sigma, S. 115-144
Hirsch, Joachim/Roth, Roland (1986): Das neue Gesicht des Kapitalismus. Vom Fordismus zum Post-Fordismus. Hamburg; VSA-Verlag
Hirsch-Kreinsen, Hartmut (1987): Rechnerintegrierte Produktion und Konsequenzen für die Arbeitsgestaltung. In: IGM (Hrsg.): CIM oder die Zukunft der Arbeit in rechnerintegrierten Fabrikstrukturen. Frankfurt/Main; Union, S. 55-69

— (1989): Zur Geschichte der NC-Technik - Verschiedene Pfade der Entwicklung. In: Technische Rundschau 6/89, S. 15-22
— (1992a): Modernisierungsrisiken im ostdeutschen Maschinenbau. In: WSI-Mitteilungen 5/92, S. 293-300
— (1992b): Entwicklungsmuster industrieller Arbeit. In: Lehner, Franz/Schmid, Josef (Hrsg.): Technik - Arbeit - Betrieb - Gesellschaft. Opladen; Leske + Budrich, S. 71-84
— (1996): Internationalisierung der Produktion. Strategien, Organisationsformen und Folgen für die Industriearbeit. In: WSI-Mitteilungen 1/96, S. 11-18
Hirsch-Kreinsen, Hartmut/Wolf, Harald (1987): Neue Produktionstechniken und Arbeitsorganisation. In: Soziale Welt, Nr.2, S. 181-196
Hoffmann, Peter/Ramke, Ralf (1990): Management-Buy-Out als Instrument zur Schaffung eines neuen Mittelstandes in der DDR. In: Wirtschaftswissenschaft, 38. Jg. Heft 7, S. 1036 ff
Hogrebe, Petra/Krüger, Michael (1993): Unternehmenstypisierung in den neuen Bundesländern aus regionalwirtschaftlicher Sicht. In: WSI-Mitteilungen 1/93, S. 22-29.
Hübner, Werner (1992): Betriebliche Anpassungsqualifizierung in den neuen Bundesländern - Erfahrungen aus dem Maschinenbau - Arbeitsgemeinschaft Betriebliche Weiterbildungsforschung e.V. Bochum, verf. Manuskript
Kaiser, Manfred (1992): Gesellschaften zur Arbeitsförderung, Beschäftigung und Strukturentwicklung (ABS-Gesellschaften) als Träger arbeitsmarktpolitischer Maßnahmen. Ein Zwischen- und Sachstandsbericht. Nürnberg; IAB-Werkstattbericht
Kalkowski, Peter (1994): Reorganisation und Computereinsatz in ostdeutschen Maschinenbaubetrieben. In: SOFI-Mitteilungen Nr. 21. S. 64-76
Kayser, Gunter/Schwarting, Uwe (1981): Definitorische Ansätze zur Klärung des Begriffs „kleine und mittlere Unternehmen". In: Institut für Mittelstandsforschung, Unternehmensgrößenstatistik 1981/82
Kern, Horst (1989): Über die Gefahr, das Allgemeine im Besonderen zu sehr zu verallgemeinern. Zum soziologischen Zugang zu Prozessen der Industrialisierung. In: Soziale Welt 1/2, S. 259-268
Kern, Horst/Sabel, Charles F. (1993): Die Treuhandanstalt: Experimentierfeld zur Entwicklung neuer Unternehmensformen. In: Fischer, Wolfram et al. (Hrsg.): Treuhandanstalt: Das Unmögliche wagen. Berlin; Akademie Verlag, S. 481-504
— (1994): Verblaßte Tugenden. Zur Krise des deutschen Produktionsmodells. In: Beckenbach, Niels/van Treeck, Werner (Hrsg.): Umbrüche gesellschaftlicher Arbeit. Soziale Welt Sonderband, S. 605-624
Kern, Horst/Schumann, Michael (1990): Das Ende der Arbeitsteilung? Rationalisierung in der industriellen Produktion. München; Beck
Kern, Horst/Voskamp, Ulrich (1994): Bocksprungstrategie - Überholende Modernisierung zur Sicherung ostdeutscher Industriestandorte. In: SOFI-Mitteilungen Nr. 21, S. 98-138
Kieser, Alfred (1975): Der Einfluß der Umwelt auf die Organisationsstruktur der Unternehmung. In: Türk, Klaus (Hrsg.): Organisationstheorie. Hamburg; Hoffmann und Campe, S. 32-52
Kilper, Heiderose/Rehfeld, Dieter (1991): Vom Konzept der Agglomerationsvorteile zum Industrial District. Überlegungen zur Bedeutung innerregionaler Ver-

flechtungen und Kooperationsbeziehungen für die Stabilität von Regionen. Gelsenkirchen; Institut Arbeit und Technik, IAT - PS 03
Kimberly, John R. (1976): Organizational Size and the Structuralist Perspective. In: Administrative Science Quarterly, Vol. 21, pp. 428-438
Kleinaltenkamp, Michael/Staudt, Meike (1991): Kooperation zwischen Investitionsgüter-Herstellern und führenden Anwendern („Lead User"). In: Hilbert, Josef et al. (Hrsg.): Können Konkurrenten Partner werden? Opladen; Leske + Budrich, S. 59-70
Klinger, Fred (1987): Die Krise des Fortschritts in der DDR. Innovationsprobleme und Mikroelektronik. In: APuZ 3/87, S. 3-19
— (1988a): Ordnungstheoretische und soziologische Aspekte der Fabrikautomatisierung in der Bundesrepublik Deutschland und in der DDR. In: Forschungsstelle für gesamtdeutsche wirtschaftliche und soziale Fragen (Hrsg.): Glasnost und Perestrojka auch in der DDR? Berlin; Berlin Verlag, S. 302-332
— (1988b): Organisation und Innovation - die Grenzen der Fabrikautomatisierung. In: Glaeßner, Gert-Joachim (Hrsg.): Die DDR in der Ära Honecker. Politik - Kultur - Gesellschaft. Opladen; Westdeutscher Verlag, S. 371-401
— (1994): Die unvollendete Integration - Grundprobleme institutioneller Erneuerung in Deutschland. In: BISS Public 15/94, S. 67-103
Knauff, Rudolf (1977): Die Funktionsmechanismen der Wirtschaftssysteme. In: Hamel, Hannelore (Hrsg.): BRD - DDR. Die Wirtschaftssysteme. München; Beck, S. 93-169
Knuth, Matthias (1996): Drehscheiben im Strukturwandel. Agenturen für Mobilitäts-, Arbeits- und Strukturförderung. Berlin; edition sigma
König, Heinz/Spielkamp, Alfred (1995): Die Innovationskraft kleiner und mittlerer Unternehmen. Situation und Perspektiven in Ost und West. Mannheim; Zentrum für Europäische Wirtschaftsforschung, Dokumentation 95-07
König, Heinz et al. (1994): F&E-Kooperationen und Innovationsaktivität. In: Gahlen, Bernhard et al. (Hrsg.): Europäische Integrationsprobleme aus wirtschaftswissenschaftlicher Sicht. Tübingen; Mohr, S. 219-242
Kollmorgen, Raj (1994): Auf der Suche nach Theorien der Transformation. Überlegungen zu Begriff und Theoretisierung der postsozialistischen Transformationen. In: Berliner Journal für Soziologie 3/94, S. 381-399
Konradt, Udo et al. (1996): Jetzt helfen wir uns selbst! Entwicklung eines flexiblen Diagnosesystems. In: Zimolong, Bernhard (Hrsg.): Kooperationsnetze, flexible Fertigungsstrukturen und Gruppenarbeit. Opladen; Leske + Budrich, S. 248-276
Kornai, Janós (1986): Contradictions and Dilemmas. Studies on the Socialist Economy and Society. Cambridge Mass.; MIT
Krafft, Alexander/Ulrich, Günter (1993): Chancen und Risiken regionaler Selbstorganisation. Opladen; Leske + Budrich
Krakat, Klaus (1988): Die DDR auf dem Weg zur computergestützten Fabrik? In: Forschungsstelle für gesamtdeutsche wirtschaftliche und soziale Fragen (Hrsg.): Glasnost und Perestrojka auch in der DDR? Berlin; Berlin Verlag: 231-301
Kreckel, Reinhard/Pollack, Detlef (1996): Theorien der Transformation. Einleitung. In: Clausen, Lars (Hrsg.): Gesellschaften im Umbruch. Verhandlungen des 27. Kongresses der Deutschen Gesellschaft für Soziologie in Halle an der Saale 1995. Frankfurt/Main [u.a.]; Campus, S. 211-213

Krug, Barbara (1991): Die Transformation der sozialistischen Wirtschaften in Zentraleuropa: Ein Beitrag zur Vergleichenden Ökonomischen Theorie von Institutionen. In: Wagener, Hans-Jürgen (Hrsg.): Anpassung durch Wandel. Evolution und Transformation von Wirtschaftssystemen. Berlin; Duncker & Humblot, S. 39-60

Krumbein, Wolfgang (1991): Industriepolitik: Die Chance einer Integration von Wirtschafts- und Gesellschaftspolitik. In: Jürgens, Ulrich/Krumbein, Wolfgang (Hrsg.): Industriepolitische Strategien. Bundesländer im Vergleich. Berlin; edition sigma, S. 34-56

Kruskal, William/Mosteller, Frederick (1980): Representative Sampling 4: The History of the Concept in Statistics. In: International Statistical Review No. 48, pp. 169-195

Kubon-Gilke, Gisela (1992): Industrielle Reorganisation in Ostdeutschland: Versagt der Markt? In: Ipsen, Dirk/Nickel, Egbert (Hrsg.): Ökonomische und rechtliche Konsequenzen der deutschen Vereinigung. Marburg; Metropolis, S. 41-53

Lakemann, Ulrich et al. (1994): Herrschaftswandel in Treuhandbetrieben. Bielefeld: Fakultät für Soziologie, Forschungsschwerpunkt Zukunft der Arbeit, Arbeitsberichte und Forschungsmaterialien Nr. 89

Lange, Hellmuth (1991): Arbeits- und Technikgestaltung unter dem Primat der Politik in der ehemaligen DDR. In: Jahrbuch Arbeit und Technik NRW, S. 93-102

Lauermann, Manfred (1996): Transformation ohne Transformationstheorie. In: Kollmorgen, Raj (et al.) (Hrsg.): Sozialer Wandel und Akteure in Ostdeutschland. Opladen; Leske + Budrich, S. 263-280

Lawrence, Paul R./Lorsch, Jay W. (1967): Organization and Environment. Managing Differentiation and Integration. Boston Mass.; Harvard Business School, reprinted 1986: Harvard Business School Classics No. 1

Lay, Gunter (1995) (Hrsg.): Strukturwandel in der ostdeutschen Investitionsgüterindustrie. Heidelberg; Physica

Lay, Gunter/Gagel, Sabine (1995): Die Anpassung der Produkt- und Vertriebsstrukturen an die Marktwirtschaft. In: Lay, Gunter (Hrsg.): Strukturwandel in der ostdeutschen Investitionsgüterindustrie. Heidelberg; Physica, S. 20-51

Lay, Gunter/Harnischfeger, Monika (1995): Konzepte des Einsatzes numerisch gesteuerter Werkzeugmaschinen. In: Lay, Gunter (Hrsg.): Strukturwandel in der ostdeutschen Investitionsgüterindustrie. Heidelberg; Physica, S. 199-234

Lay, Gunter et al. (1994): Produktionsstrukturen im Wandel. Entwicklungstendenzen in ostdeutschen Betrieben. In: VDI-Z Nr. 7/8, S. 43-47

Lazarsfeld, Paul F. et al. (1969): Die Panel-Befragung. In: König, Rene (Hrsg.): Praktische Sozialforschung I. Köln [u.a.]; Kiepenheuer & Witsch, S. 253-268

Lehmann, U./Thiel, K.-H. (1992): Verminderung der betrieblichen Personalstruktur in den Unternehmen der Deutschen Maschinen- und Schiffbau AG im Transformationsprozeß. Halle; Graue Reihe der KSPW, Nr. 104

Lehmbruch, Gerhard (1993): Die Transformationsdynamik der Schnittstellen von Staat und Wirtschaft in der ehemaligen DDR. In: BISS Public 10/93, S. 21-41

Leipold, Helmut (1991): Institutioneller Wandel und Systemtransformation: Ökonomische Erklärungsansätze und ordnungspolitische Folgerungen. In: Wagener, Hans-Jürgen (Hrsg.): Anpassung durch Wandel. Evolution und Transformation von Wirtschaftssystemen. Berlin; Duncker & Humblot, S. 17-38

Lenin, Wladimir Iljitsch (1975): Über wissenschaftliche Arbeitsorganisation. Berlin; Dietz

Lenske, Werner (1992): Strukturwandel Ost: Personalentwicklung - Qualifizierung - Rahmenbedingungen wirtschaftlicher Entwicklung. IW (Hrsg.). Köln; Deutscher Institutsverlag

Leptin, Gert (1992): Systemvergleich: Wirtschaftssystem. In: Weidenfeld, Werner/Korte, Karl-Rudolf (Hrsg.): Handwörterbuch zur deutschen Einheit. Frankfurt/Main [u.a.]; Campus, S. 653-660

Leptin, Gert/Seliger, Günther (1990): Gestaltung des modernen Fabrikbetriebes im Spannungsfeld neuer Fertigungstechnologien, ökonomischer Chancen und sozialen Wandels in der DDR. Berlin; Forschungsstelle für gesamtdeutsche wirtschaftliche und soziale Fragen/Institut für Werkzeugmaschinen und Fertigungstechnik der TU Berlin, Forschungsbericht, 30.05.91

Lohr, Karin et al. (1995): Industrielle Beziehungen im Wandel. In: Schmidt, Rudi/Lutz, Burkart (Hrsg.): Chancen und Risiken der industriellen Restrukturierung in Ostdeutschland. Berlin; Akademie Verlag, S. 183-215

Lippold, Stefan et al. (1992): Anpassung oder Modifikation industrieller Beziehungen im Transformationsprozeß. Halle; Graue Reihe der KSPW Nr. 102

Lundvall, Bengt-Åke (1993): Explaining interfirm cooperation and innovation: limits of the transaction-cost approach. In: Grabher, Gernot (ed.): The embedded firm. On the socioeconomies of industrial networks. London [u.a.]; Routledge, pp. 52-64

Lutz, Burkart (1989): Der kurze Traum immerwährender Prosperität. Frankfurt/Main [u.a.]; Campus

— (1995): Betriebe im realen Sozialismus als Lebensraum und Basisinstitution: Erste Hypothesen und offene Fragen zur Transformationsforschung. In: Schmidt, Rudi/Lutz, Burkart (Hrsg.): Chancen und Risiken der industriellen Restrukturierung in Ostdeutschland. Berlin; Akademie Verlag, S. 135-158

Macher, Friedrich/Mielke, Fritjof (1989): New Forms of Work Organization in the German Democratic Republic. In: Grootings, Peter et al. (eds.): New forms of work organization in Europe. New Brunswick/New Jersey; Transactions Publishers, pp. 63-75

Mallok, Jörn (1995): Modernisierungsstrategien im ostdeutschen Maschinenbau - Eine Auswahl von Fallbeispielen. Freiberger Arbeitspapiere 95/2

Manz, Thomas (1993): Schöne neue Kleinbetriebswelt? Perspektiven kleiner und mittlerer Betriebe im industriellen Wandel. Berlin; edition sigma

Marz, Lutz (1992): Geständnisse und Erkenntnisse. Zum Quellenproblem empirischer Transformationsforschung. In: Heidenreich, Martin (Hrsg.): Krisen, Kader, Kombinate. Berlin; edition sigma, S. 215-237

Mayntz, Renate (1992): Die außeruniversitäre Forschung im Prozeß der deutschen Einigung. In: Leviathan 1/92, S. 64-82

— (1996): Gesellschaftliche Umbrüche als Testfall soziologischer Theorie. In: Clausen, Lars (Hrsg.): Gesellschaften im Umbruch. Verhandlungen des 27. Kongresses der Deutschen Gesellschaft für Soziologie in Halle an der Saale 1995. Frankfurt/Main [u.a.]; Campus, S. 141-153

Melzer, Manfred et al. (1979): Wird das Wirtschaftssystem der DDR durch vermehrte Kombinatbildung effizienter? In: Vierteljahreshefte zur Wirtschaftsforschung des DWI 4/1979

Menges, Günter (1959): Stichproben aus endlichen Grundgesamtheiten. Theorie und Technik. Frankfurter wissenschaftliche Beiträge, Rechts- und Wirtschaftswissenschaftliche Reihe, Band 17, Frankfurt/Main; Klostermann

Meske, Werner (1994): Veränderungen in den Verbindungen zwischen Wissenschaft und Produktion in Ostdeutschland - Eine Problemskizze - . Berlin; WZB paper P 94-402

Metze, Regina/Luutz, Eveline (1996): Zur Restrukturierung der sächsischen Wirtschaftslandschaft durch Konstituierung überbetrieblicher Kooperationsverbunde. In: Clausen, Lars (Hrsg.): Gesellschaften im Umbruch. Verhandlungen des 27. Kongresses der Deutschen Gesellschaft für Soziologie in Halle an der Saale 1995. Frankfurt/Main [u.a.]; Campus, S. 864-880

Michler, Thomas/Dreher, Carsten (1992): Stand und Aussichten des Werkzeugmaschinenbaus in den neuen Bundesländern. Karlsruhe; Fraunhofer-Institut für Systemtechnik und Innovationsforschung

Mill, Ulrich/Weißbach, Hans-Jürgen (1992): Vernetzungswirtschaft. Ursachen, Funktionsprinzipien, Funktionsprobleme. In: Malsch, Thomas/Mill, Ulrich (Hrsg.): ArBYTE. Berlin; edition sigma, S. 315-342

Minssen, Heiner (1992): Die Rationalität von Rationalisierung. Betrieblicher Wandel und die Industriesoziologie. Stuttgart; Enke

Moldaschl, Manfred (1993): Lean Production im Maschinenbau? Für einen eigenen Weg. In: Mitteilungen des Sonderforschungsbereiches 333 der Universität München, Ausgabe 5, S. 29-61

Moldaschl, Manfred/Schmierl, Klaus (1994): Fertigungsinseln und Gruppenarbeit - Durchsetzung neuer Arbeitsformen bei rechnerintegrierter Produktion. In: Moldaschl, Manfred/Schultz-Wild, Rainer (Hrsg.): Arbeitsorientierte Rationalisierung. Fertigungsinseln und Gruppenarbeit im Maschinenbau. München; Campus, S. 51-103

Monse, Kurt (1992): Zwischenbetriebliche Vernetzung in institutioneller Perspektive. In: Malsch, Thomas/Mill, Ulrich (Hrsg.): ArBYTE. Berlin; edition sigma, S. 295-314

Müller, Klaus (1991): Nachholende Modernisierung? In: Leviathan 19, S. 261-291

— (1996): Paradigmenrevision. Folgen des osteuropäischen Wandels für die allgemeine soziologische Theorie. In: Clausen, Lars (Hrsg.): Gesellschaften im Umbruch. Verhandlungen des 27. Kongresses der Deutschen Gesellschaft für Soziologie in Halle an der Saale 1995. Frankfurt/Main [u.a.]; Campus, S. 164-178

Nawroth, Kerstin/Kullmann, Gerd (1992): Die Bedeutung von Gruppenstrukturen und der sozialen Bindung in der brigadeförmig organisierten Produktionsbelegschaft der alten DDR-Industrie und ihre Veränderungen im Transformationsprozeß. Halle; KSPW-Kurzstudie Nr. 119

Nickel, Hildegard Maria (et al.) (Hrsg.) (1994): Erwerbsarbeit und Beschäftigung im Umbruch. Schriftenreihe der KSPW, Berlin; Akademie Verlag

Niggemann, Hiltrud (1993): Die Anpassung von Mikrodaten an Restriktionen mit dem statischen Mikrosimulationsmodell MICSIM: Ein Konzept zur Analyse von Ausfallprozessen im NIFA-Panel. Bochum; SFB 187, Arbeitspapier

Niggemann, Hiltrud/Widmaier, Ulrich (1996): Erfolg in der Krise? Eine empirische Analyse betrieblicher Erfolgsausssichten im deutschen Maschinenbau aus transaktionskostentheoretischer Perspektive. In: Widmaier, Ulrich (Hrsg.):

Betriebliche Rationalisierung und ökonomische Rationalität. Opladen; Leske + Budrich, S. 157-180

Nolte, Dirk (1992): Zwischen Privatisierung und Sanierung - Zwei Jahre Treuhandpolitik - In: WSI-Mitteilungen 9/92, S. 555-563

Nolte, Dirk/Ziegler, Astrid (1993): De-Industrialisierung in den ostdeutschen Bundesländern. Die Auswirkungen einer falschen Wirtschaftspolitik. WSI-Materialien Nr. 34

— (1994): Regionen in der Krise. In: WSI-Mitteilungen 1/94, S. 58-66

Nolte, Dirk et al. (1993): Strukturpoltik in Thüringen - das Konzept „Entwicklung industrieller Zentren" In: WSI-Mitteilungen 6/93, S. 402-405

Nolte, Helmut (1993): „Anthropozentrik" als Kriterium der industriellen Produktion und als gesellschaftliches Leitbild. In: Bandemer, Stephan von et al. (Hrsg.): Anthropozentrische Produktionssysteme. Opladen; Leske + Budrich, S. 167-182

Nuber, Christoph/Schultz-Wild, Rainer (1990): Facharbeitereinsatz und Verbreitung von Werkstattprogrammierung - Neue Durchsetzungschancen eines vieldiskutierten Konzepts? In: Rose, Helmuth (Hrsg.): Programmieren in der Werkstatt. Frankfurt/Main [u.a.]; Campus, S. 155-183

Offe, Claus (1991): Die deutsche Vereinigung als „natürliches Experiment". In: Giesen, Bernd/Leggewie, Claus (Hrsg.): Experiment Vereinigung. Ein sozialer Großversuch. Berlin; Rotbuch, S. 77-86

— (1994): Der Tunnel am Ende des Lichts. Erkundungen der politischen Transformation im Neuen Osten. Frankfurt/Main; Campus

Opp, Karl-Dieter (1976): Methodologie der Sozialwissenschaften. Einführung in die Probleme ihrer Theorienbildung. Reinbek bei Hamburg; Rowohlt

Ostendorf, Barbara (1993): Perspektiven industrieller Entwicklung? Transformationsprozesse des ostdeutschen Maschinenbaus. Bochum; SFB 187, Arbeitspapier

— (1994): Probleme der Einheit. In: Deutschland Archiv 3/94, S. 308-313

— (1995): Gelingt der Sprung über die Modernisierungsblockaden? Inner- und zwischenbetriebliche Arbeitsteilung im ostdeutschen Maschinenbau. Bochum; SFB 187, Arbeitspapier

Ostendorf, Barbara/Saurwein, Rainer G. (1996): Innerbetriebliche Arbeitsorganisation: Stabile Vielfalt, vielfältige Dynamik oder dynamische Konvergenz? In: Widmaier, Ulrich (Hrsg.): Betriebliche Rationalisierung und ökonomische Rationalität. Opladen; Leske + Budrich, S. 47-73

Ostendorf, Barbara/Seitz, Beate (1992): Alte und neue Formen von Arbeitsorganisation und Qualifikation - Ein Überblick. In: Schmid, Josef/ Widmaier, Ulrich (Hrsg.): Flexible Arbeitssysteme im Maschinenbau. Opladen; Leske + Budrich, S. 75-89

Ostendorf, Barbara/Schmid, Josef (1992): Macht (geringe) Organisationsgröße einen Unterschied? Gründe, Dimensionen und Effekte kleinbetrieblicher Strukturen. In: Schmid, Josef/Widmaier, Ulrich (Hrsg.): Flexible Arbeitssysteme im Maschinenbau. Opladen; Leske + Budrich, S. 111-127

Peche, Norbert (1991): Probleme der marktwirtschaftlichen Transformation in der DDR. In: Wagener, Hans-Jürgen (Hrsg.): Anpassung durch Wandel. Evolution und Transformation von Wirtschaftssystemen. Berlin; Duncker & Humblot, S. 239-254

Peter, Michael (1994): Auch für Ostunternehmen werden Normen nach DIN ISO 9000 zur Richtschnur. In: VDI-Nachrichten vom 9.12.94, S. 4
Pfeffer, Jeffrey/Salancik, Gerald R. (1978): The External Control of Organizations. New York [u.a.]; Harper & Row
Pfeffer, Jeffrey (1982): Organizations and Organization Theory. Boston [u.a.]; Pittman
Picot, Arnold (1982): Transaktionskostenansatz in der Organisationstheorie: Stand der Diskussion und Aussagewert. In: DBW 42, S. 267-284
— (1991): Ein neuer Ansatz zur Gestaltung der Leistungstiefe. In: Zeitschrift für betriebswirtschaftliche Forschung 4, S. 336-357
Piore, Michael J./Sabel, Charles (1989): Das Ende der Massenproduktion. Frankfurt/ Main: Fischer
Pirker, Theo (1995): Kommunistische Herrschaft und Despotismus. In: ders. et al. (Hrsg.) (1995): Der Plan als Befehl und Fiktion. Wirtschaftsführung in der DDR. Opladen; Westdeutscher Verlag, S. 363-375
Pirker, Theo et al. (Hrsg.) (1995): Der Plan als Befehl und Fiktion. Wirtschaftsführung in der DDR. Opladen; Westdeutscher Verlag
Plath, Hans-Eberhard (1992): Arbeitswissenschaftliche Gestaltungskonzepte und Befunde in der DDR. Ein Beitrag zur Diskussion. In: Senghaas-Knobloch, Eva/ Lange, Hellmuth (Hrsg.): DDR-Gesellschaft von innen: Arbeit und Technik im Transformationsprozeß. Bonn, S. 29-31
Pleschak, Franz (1995): Rechnerintegrierte Produktionsstrukturen: Zur Ausgangslage vor der Wende. In: Lay, Gunter (Hrsg.): Strukturwandel in der ostdeutschen Investitionsgüterindustrie. Heidelberg; Physica, S. 52-76
Pötter, Ulrich/Rendtel, Ulrich (1993a): Über Sinn und Unsinn von Repräsentativitätsstudien. In: Allgemeines Statistisches Archiv 77, S. 260-280
Pötter, Ulrich/Rendtel, Ulrich (1993b): „Empirie" ohne Daten. Kritische Anmerkungen zu einer Repräsentativitätsstudie über den Allbus. In: KZfSS 2/93, S. 350-358
Pohlmann, Markus (1989): Interorganisationsbeziehungen im Wandel. Organisationssoziologische Betrachtungen zu den veränderten Beziehungen zwischen „Groß" und „Klein" an der Schnittstelle Beschaffung - Zulieferung. Arbeitsbericht 71 des Fachbereichs Wirtschafts- und Sozialwissenschaften der Universität Lüneburg
Pohlmann, Markus/Schmidt, Rudi (1995): Management in Ostdeutschland. In: Schmidt, Rudi/Lutz, Burkart (Hrsg.): Chancen und Risiken der industriellen Restrukturierung in Ostdeutschland. Berlin; Akademie Verlag, S. 217-243
Pollack, Detlef (1991): Von der Organisationsgesellschaft zur Risikogesellschaft. Soziologische Überlegungen zu den gesellschaftlichen Transformationsprozessen in Ostdeutschland. In: Berliner Journal für Soziologie 3/91, S. 451-456
Pries, Ludger et al. (1990): Entwicklungspfade von Industriearbeit. Chancen und Risiken betrieblicher Produktionsmodernisierung. Opladen; Westdeutscher Verlag
Pries, Ludger et al. (Hrsg.) (1989): Trends betrieblicher Produktionsmodernisierung. Chancen und Risiken für Industriearbeit. Opladen; Westdeutscher Verlag
Reißig, Rolf (1993): Paradigmenwechsel im ostdeutschen Transformations- und deutschen Integrationsprozeß. In: BISS Public 10/93, S. 5-20

— (1994): Transformation - Theoretisch-konzeptionelle Ansätze und Erklärungsversuche. In: Berliner Journal für Soziologie 3/94, S. 323-343

Riordan, Michael/Williamson, Oliver E. (1985): Asset Specifity and Economic Organization. In: International Journal of Industrial Organization 3, pp. 365-378

Rogalski, Wolfgang et al. (1992): Regionale Disparitäten des Technikeinsatzes - Technical Districts. In: Schmid, Josef/Widmaier, Ulrich (Hrsg.): Flexible Arbeitssysteme im Maschinenbau. Opladen; Leske + Budrich, S. 195-217

Rösler, Jörg (1979): Intensivierung und DDR-Geschichte. Forschungsbericht zu Problemen der extensiv und intensiv erweiterten Reproduktion in der Geschichte der DDR. In: Jahrbuch für Geschichte 20, Berlin (Ost); Akademie Verlag, S. 333-360

Rössel, Gottfried (1995a): Licht und Schatten der marktwirtschaftlichen Grundsanierung ostdeutscher Betriebe. In: Schmidt, Rudi/Lutz, Burkart (Hrsg.): Chancen und Risiken der industriellen Restrukturierung in Ostdeutschland. Berlin; Akademie Verlag, S. 107-134

— (1995b): Zwischen Neotaylorismus und Lean Production - Ausgewählte Rationalisierungskonzepte ostdeutscher Betriebe. In: Lutz, Burkart/ Schröder, Harry (Hrsg.): Entwicklungsperspektiven von Arbeit im Transformationsprozeß. München [u.a.]; Hampp, S. 249-320

Rose, Helmuth (1990): Programmieren in der Werkstatt: Perspektiven für Facharbeit mit CNC-Maschinen. Frankfurt/Main [u.a.]; Campus

Rühl, Christof (Hrsg.) (1992): Institutionelle Reorganisation in den neuen Ländern. Marburg; Metropolis

Ruhr-Universität Bochum (Hrsg.) (1996): Mitteilungen für den Maschinenbau, Ausgabe 13

Sauer, Dieter/Altmann, Norbert (1989): Zwischenbetriebliche Arbeitsteilung als Thema der Industriesoziologie. In: Altmann, Norbert/Sauer, Dieter (Hrsg.): Systemische Rationalisierung und Zulieferindustrie. Sozialwissenschaftliche Aspekte zwischenbetrieblicher Arbeitsteilung. München; Campus, S. 5-27

Sauer, Dieter/Döhl, Volker (1994a): Arbeit an der Kette. Systemische Rationalisierung unternehmensübergreifender Produktion. In: Soziale Welt 2/94, S. 197-215

Sauer, Dieter/Döhl, Volker (1994b): Kontrolle durch Autonomie - Zum Formwandel von Herrschaft bei unternehmensübergreifender Rationalisierung. In: Sydow, Jörg/Windeler, Arnold (Hrsg.): Management interorganisationaler Beziehungen. Vertrauen, Kontrolle und Informationstechnik. Opladen; Westdeutscher Verlag, S. 258-274

Saurwein, Rainer G. (1993): Eigenfertigung und Bearbeitungsformen: Umfang und Dynamik im westdeutschen Maschinenbau - Eine empirische Auswertung der 1. und 2. Welle des NIFA-Panels - Bochum; SFB 187: Dokumentationspapier

— (1996): Gruppenorientierte Fertigungsstrukturen im Maschinenbau. Opladen; Leske + Budrich

Scherzinger, Angela (1979): Ökonomische Aspekte der Industrie-, Betriebs- und Arbeitssoziologie in der DDR. In: DIW Vierteljahreshefte zur Wirtschaftsforschung, S. 233-248

Schienstock, Gerd (1993): Synthese oder Alternative? Theoretische Perspektiven von Industrie- und Organisationssoziologie. Bielefeld; Fakultät für Soziologie,

Forschungsschwerpunkt Zukunft der Arbeit, Arbeitsberichte und Forschungsmaterialien No. 80

Schier, Armin/Ullmann, Arndt (1992): Das Produktions- und Rationalisierungskonzept bei der Einführung von Schlüsseltechnologien im Maschinenbau am Beispiel von Industrierobotertechnik und flexiblen Fertigungssystemen. KSPW-Studie Nr.122, Halle

Schimank, Uwe/Weyer, Johannes (1996): Der Untergang des Staatssozialismus: Vergangenheits- und zukunftsgerichtete Herausforderungen an die soziologische Gesellschaftstheorie. In: Clausen, Lars (Hrsg.): Gesellschaften im Umbruch. Verhandlungen des 27. Kongresses der Deutschen Gesellschaft für Soziologie in Halle an der Saale 1995. Frankfurt/Main [u.a.]; Campus, S. 179-209

Schmid, Josef/Lehner, Franz (1992): Technik, Arbeit und Betrieb in Industriesoziologie und Organisationsforschung. Probleme und Perspektiven einer wechselseitigen Rezeption. In: dies. (Hrsg.): Technik - Arbeit - Betrieb - Gesellschaft. Opladen; Leske + Budrich, S. 29-47

Schmid, Josef/Widmaier, Ulrich (1995): Strukturen und Typen der Fertigung im Umbruch. In: Arbeit 3, Zeitschrift für Arbeitsforschung, Arbeitsgestaltung und Arbeitspolitik, S. 271-288

Schmidt, Andreas (1995): Der mögliche Beitrag der Kooperation zum Innovationserfolg für kleine und mittelgroße Unternehmen (KMU). In: ZfB Ergänzungsheft 1, S. 121-149

Schmidt, Rudi (1993): Einleitung. In: ders. (Hrsg.): Zwischenbilanz. Analysen zum Transformationsprozeß der ostdeutschen Industrie. Berlin; Akademie Verlag, S. 7-25

Schmidt-Dilcher, Jürgen/Minssen, Heiner (1996): Ewige Baustelle PPS - Strukturkonservative Rationalisierungsmuster in Maschinenbaubetrieben. In: Zimolong, Bernhard (Hrsg.): Kooperationsnetze, flexible Fertigungsstrukturen und Gruppenarbeit. Opladen; Leske + Budrich, S. 83-115

Schmierl, Klaus (1995): Entwicklungslinien des betriebs- und arbeitsorganisatorischen Wandels und die Bedeutung der Gruppenarbeit. In: Lay, Gunter (Hrsg.): Strukturwandel in der ostdeutschen Investitionsgüterindustrie. Heidelberg; Physica, S. 155-198

Schmigalla, Hans (1993): Strukturwandel der Fabrik auf dem Wege in die Marktwirtschaft. In: Wildemann, Horst (Hrsg.): Lean Management. Strategien zur Erreichung wettbewerbsfähiger Unternehmen. Frankfurt/Main; FAZ-Verlag, S. 183-201

Schnell, Rainer (1993): Die Homogenität sozialer Kategorien als Voraussetzung für „Repräsentativität" und Gewichtungsverfahren. In: ZfS 22, S. 16-32

Schnell, Rainer et al. (1988): Methoden der empirischen Sozialforschung. München; Oldenbourg

Schreyögg, Georg (1978): Umwelt, Technologie und Organisationsstruktur. Eine Analyse des kontingenztheoretischen Ansatzes. Bern [u.a.]; Paul Haupt

Schultz-Wild, Rainer (1995): Entwicklungspotentiale und Modernisierungsansätze - Zum Wandel betrieblicher Personal- und Organisationsstrukturen. In: Lay, Gunter (Hrsg.): Strukturwandel in der ostdeutschen Investitionsgüterindustrie. Heidelberg; Physica, S. 102-154

Schultz-Wild, Rainer et al. (1986): Flexible Fertigung und Industriearbeit. Die Einführung eines flexiblen Fertigungssystems in einem Maschinenbaubetrieb. München; Campus

Schumann, Michael et al. (1994a). Zwischen Neuen Produktionskonzepten und lean production. In: SOFI-Mitteilungen Nr. 21, S. 26-35

Schumann, Michael et al. (1994b): Der Wandel der Produktionsarbeit im Zugriff neuer Produktionskonzepte. In: Beckenbach, Niels/Treeck, Werner van (Hrsg.): Umbrüche gesellschaftlicher Arbeit. Soziale Welt Sonderband, S. 11-44

Schwarz, Rainer (1991): Über Innovationspotentiale und Innovationshemmnisse in der DDR-Wirtschaft. Berlin; WZB discussion paper FS IV 91-26

— (1995): Chaos oder Ordnung? Einsichten in die ökonomische Literatur zur Transformationsforschung. Marburg; Metropolis

Seibel, Wolfgang (1992): Imitation, Pfadabhängigkeit, Kollektives Lernen. Zur Interpretation der Staat-Wirtschaft-Beziehungen in Ostdeutschland. Beitrag zum Symposium „Regierungssystem und Verwaltungspolitik“ zu Ehren von Th. Ellwein. Konstanz, 30.-31. Oktober 1992

Seiter, Stephan (1993): Konsequenzen eines steigenden Produktivitätsniveaus für die Beschäftigung in Ostdeutschland. In: Hagemann, Harald (Hrsg.): Produktivitätswachstum, Verteilungskonflikte und Beschäftigungsniveau. Marburg; Metropolis, S. 193-221

Seitz, Dieter (1993): Gruppenarbeit in der Produktion. In: Binkelmann, Peter et al. (Hrsg.): Entwicklung der Gruppenarbeit in Deutschland. München; Campus, S. 32-73

Semlinger, Klaus (1994): Kooperative Regionalentwicklung durch Mittelstandsförderung. In: Frisch, Michael (Hrsg.): Potentiale für einen 'Aufschwung Ost'. Wirtschaftsentwicklung und Innovationstransfer in den Neuen Bundesländern. Berlin; edition sigma, S. 89-113

Senghaas-Knobloch, Eva (1992): Notgemeinschaft und Improvisationsgeschick. Zwei Tugenden im Transformationsprozeß. In: Senghaas-Knobloch, Eva/Lange, Hellmuth (Hrsg.): DDR-Gesellschaft von innen: Arbeit und Technik im Transformationsprozeß. Bonn, S. 91-101

Siebert, Horst (1991): Ökonomische Analyse von Unternehmensnetzwerken. In: Staehle, Wolfgang H./Sydow, Jörg (Hrsg.): Managementforschung I. Berlin [u.a.]; de Gruyter, S. 291-311

Sinn, Gerlinde/Sinn, Hans-Werner (1991): Kaltstart. Volkswirtschaftliche Aspekte der deutschen Vereinigung. Tübingen; Mohr

Springer, Roland (1987): Die Entkoppelung von Produktions- und Arbeitsprozeß. In: Zeitschrift für Soziologie, Jg. 16, Heft 1, S. 33-43

Srubar, Ilja (1991): War der reale Sozialismus modern? Versuch einer strukturellen Bestimmung. In: KZfSS 43, S. 415-432

Statistisches Amt der DDR (Hrsg.) (1990): Statistisches Jahrbuch der Deutschen Demokratischen Republik. 35. Jg. Berlin; Haufe

Steil, Fabian (1996): Unternehmensgründungen in Ostdeutschland. Mannheim; Zentrum für Europäische Wirtschaftsforschung, Dokumentation Nr. 96-01

Steininger, Siegfried (1991): Macht und Konsens im industriellen Wandel - und die bedauerliche Marginalität einer Profession. In: Minssen, Heiner (Hrsg.): Rationalisierung in der betrieblichen Arena. Berlin; edition sigma, S. 125-137

Stojanov, Christo (1992): Die postsozialistische Transformation - Eine eigenartige (Re-) Modernisierung? In: Dittrich, Eckard J. et al. (Hrsg.): Der Wandel industrieller Beziehungen in Osteuropa, Frankfurt/Main: Campus, S. 19-41
Straßburger, Joachim (1975): Wissenschafliche Arbeitsorganisation in der DDR, I und II. In: Deutschland-Archiv, Nr.2 und Nr.6, S. 139-151 und S. 611-637
Sydow, Jörg (1992): Strategische Netzwerke und Transaktionskosten. Über die Grenzen einer transaktionskostentheoretischen Erklärung der Evolution strategischer Netzwerke. In: Staehle, Wolfgang H./Conrad, Peter (Hrsg.): Managementforschung 2. Berlin [u.a.]; de Gruyter, S: 239-311
Sydow, Jörg/Windeler, Arnold (1994): Über Netzwerke, virtuelle Integration und Interorganisationsbeziehungen. In: dies. (Hrsg.): Mangement interorganisationaler Beziehungen. Vertrauen, Kontrolle und Informationstechnik. Opladen; Westdeutscher Verlag, S. 1-21
Thalheim, Karl C. (1987): Entstehung und Entwicklung des Wirtschaftssystems der DDR nach dem II. Weltkrieg. In: Materialien zum Bericht zur Lage der Nation. Deutscher Bundestag, Drucksache 11/11
Thieme, Henriette (1992): Aufbereitung statistischer Materialien sowie Arbeitsmaterialien zur Eigenproduktion von Rationalisierungsmitteln der Betriebe und Kombinate der DDR-Industrie. Halle; Graue Reihe der KSPW Nr. 130
Trauer, Horst (1989): Zum schrittweisen Aufbau rechnerintegrierter Betriebe in der DDR - Erfahrungen, Probleme, weitere Aufgaben. In: Wirtschaftswissenschaft 37, S. 1761-1777
Treuhandanstalt (1994): Informationen 21. Wirtschaftsnachrichten aus der Treuhandanstalt für die neuen Bundesländer, insbesondere: Bericht des Vorstands der Treuhandanstalt über den Abschluß der Arbeiten zum 31.12.1994
Tröndle, Dirk (1987): Kooperationsmanagement. Bergisch Gladbach [u.a.]; Josef Eul
Türk, Klaus (1989): Neuere Entwicklungen in der Organisationsforschung. Ein Trendreport. Stuttgart; Enke
Tully, Claus J. (1982): Rationalisierungspraxis. Zur Entideologisierung eines parteilichen Begriffs. Frankfurt/Main. [u.a.]; Campus
Voelzkow, Helmut/Heinze, Rolf G. (1995): Entlastung des Staates durch organisierte Interessen? Der Beitrag intermediärer Institutionen bei der Erfüllung öffentlicher Aufgaben. Bochum: InWIS, InWIS-Bericht Nr. 6/95
Voigt, Dieter et al. (1987): Sozialstruktur der DDR. Eine Einführung. Darmstadt; Wissenschaftliche Buchgesellschaft
Voskamp, Ulrich/Wittke, Volker (1990): Aus Modernisierungsblockaden werden Abwärtsspiralen - Zur Reorganisation von Betrieben und Kombinaten der ehemaligen DDR. In: SOFI Mitteilungen, Dezember 1990
— (1994): Von „Silicon Valley" zur „virtuellen Integration". - Neue Formen der Organisation von Innovationsprozessen am Beispiel der Halbleiterindustrie. In: Sydow, Jörg/Windeler, Arnold (Hrsg.): Management interorganisationaler Beziehungen. Vertrauen, Kontrolle und Informationstechnik. Opladen; Westdeutscher Verlag, S. 212-243
Voss, Thomas (1992): Organisation. In: Reinhold, Gerd (Hrsg.): Soziologie Lexikon. München [u.a.]; Oldenbourg, S. 429-432
Wagener, Hans-Jürgen (1996): Zur Innovationsschwäche der DDR-Wirtschaft. In: Warnke, Camilla/Huber, Gerhard (Hrsg.): Zur Kritik der deutsch-deutschen

Ökonomie. Konzeptionen, Positionen und Methoden wirtschaftswissenschaftlicher Forschung in Ost und West. Marburg; Metropolis, S. 33-64

Wagner, Karin (1993): Qualifizierungsbedarf in ostdeutschen Betrieben. Berlin; WZB discussion paper FS I 93-307

Wagner, Karin et al. (1994): Produktivität ostdeutscher Betriebe im nationalen Vergleich - Stand, Ursachen, Förderungsmöglichkeiten. In: Fritsch, Michael (Hrsg.): Potentiale für einen 'Aufschwung Ost'. Wirtschaftsentwicklung und Innovationstransfer in den Neuen Bundesländern. Berlin; edition sigma, S. 21-46

Wahse, Jürgen (et al.) (1991/1992/1993): Beschäftigungsperpektiven von Treuhandunternehmen und Ex-Treuhandfirmen. Beiträge zur Arbeitsmarkt- und Berufsforschung 160. Nürnberg; Institut für Arbeitsmarkt- und Berufsforschung der Bundesanstalt für Arbeit

Weick, Karl E. (1976): Educational Organizations as Loosely Coupled Systems. In: Administrative Science Quarterly Vol. 21, pp. 1-19

Weinert, Rainer (1995): Wirtschaftsführung unter dem Primat der Parteipolitik. In: Pirker, Theo et al. (Hrsg.) (1995): Der Plan als Befehl und Fiktion. Wirtschaftsführung in der DDR. Opladen; Westdeutscher Verlag, S. 285-308

Weiss, Johannes (1994): Zur Einführung. In: Berliner Journal für Soziologie 3/94, S. 293-305

Welter, Reinhard (1992): Die Spaltung von Treuhandunternehmen als Weg zur Entflechtung von Staatsunternehmen beim Übergang zur Marktwirtschaft. In: Ipsen, Dirk/Nickel, Egbert (Hrsg.): Ökonomische und rechtliche Konsequenzen der deutschen Vereinigung. Marburg; Metropolis, S. 163-190

Wengel, Jürgen/Harnischfeger, Monika (1995): Stand und Entwicklungstendenzen des Rechnereinsatzes in der Produktion. In: Lay, Gunter (Hrsg.): Strukturwandel in der ostdeutschen Investitionsgüterindustrie. Heidelberg; Physica, S. 78-101

Widmaier, Ulrich (1991): Segmentierung und Arbeitsteilung. Die Arbeitsmarktpolitik der Bundesrepublik Deutschland in der Diskussion. In: APuZ 34/35, S. 14-25

— (1993): Arbeits- und tarifpolitische Konsequenzen und Perspektiven flexibler Fertigung. In: Industriegewerkschaft Metall/Ruhr-Universität Bochum (Hrsg.): Ringvorlesung 1992/93 „Flexible Arbeitssysteme und neue Informationstechnologien: Veränderungen der Produktionsarbeit". Bochum, S. 168-177

— (1996) (Hrsg.): Betriebliche Rationalisierung und ökonomische Rationalität. Optionen und Determinanten von Differenzierungsprozessen im deutschen Maschinenbau. Opladen; Leske + Budrich

Widmaier, Ulrich/Dye, Louise (1992): Beschäftigungswirkungen des Einsatzes von Informations- und Kommunikationstechnologien in der Fertigung. In: Schmid, Josef/Widmaier, Ulrich (Hrsg.): Flexible Arbeitssysteme im Maschinenbau. Opladen; Leske + Budrich, S. 177-193

Widmaier, Ulrich/Saurwein, Rainer G. (1996): „Warum es nicht wie geschmiert läuft": Zum Problem der Diffusion von Gruppenarbeit im Maschinenbau. In: Zimolong, Bernhard (Hrsg.): Kooperationsnetze, flexible Fertigungsstrukturen und Gruppenarbeit. Opladen; Leske + Budrich, S. 30-54

Wieczorek, Norbert (1992): Konzeption und Strategie der Treuhand. In: Rühl, Christoph (Hrsg.): Institutionelle Reorganisation in den neuen Ländern. Probleme der Einheit, Band 5, Marburg: Metropolis, S. 209-222

Wiener, Bettina (o.J.): Unterschiedliche Transformationsprofile der Betriebe eines DDR-Kombinates im Prozeß des Strukturwandels von der Plan- zur Marktwirtschaft. Halle; KSPW
Wiesenthal, Helmut (1993): Die „Politische Ökonomie" des fortgeschrittenen Transformationsprozesses und die (potentiellen) Funktionen intermediärer Akteure. Max-Planck-Gesellschaft: Arbeitsgruppe Transformationsprozesse in den neuen Bundesländern. Arbeitspapiere AG TRAP 93/1
Wildemann, Horst (1992a): Unter Herstellern und Zulieferern wird die Arbeit neu verteilt. In: Harvard Manager 2/92, S. 82-93
— (1992b): Entwicklungsstrategien für Zulieferunternehmen. In: ZfB, Heft 4, S. 391-413
— (1993): Die Luft wird rauher - wie Zulieferer überleben können. In: HARVARD BUSINESS manager, S. 34-44
Williamson, Oliver E. (1985): The Economic Institutions of Capitalism: Firms, Markets, Relational Contracting. New York; The Free Press
Windeler, Arnold (1992): Mikropolitik - Zur Bedeutung sozialer Praxis in wirtschaftlichen Organisationen. In: Lehner, Franz/Schmid, Josef (Hrsg.): Technik - Arbeit - Betrieb - Gesellschaft. Opladen; Leske + Budrich, S. 85-107
Wittke, Volker (1995): Das „deutsche Produktionsmodell" am Scheideweg. Problemlagen industrieller Restrukturierung in den 90er Jahren. In: WSI-Mitteilungen 11/95, S. 723-733
— (1996): Vertikale versus horizontale Desintegration. Zu unterschiedlichen Erosionsdynamiken des Großunternehmens im Prozeß industrieller Restrukturierung. In: Clausen, Lars (Hrsg.): Gesellschaften im Umbruch. Verhandlungen des 27. Kongresses der Deutschen Gesellschaft für Soziologie in Halle an der Saale 1995. Frankfurt/Main [u.a.]; Campus, S. 850-863
Wittke, Volker et al. (1993): Den Westen überholen, ohne ihn einzuholen? - Zu den Schwierigkeiten bei der Restrukturierung der ostdeutschen Industrie und den Perspektiven erfolgversprechender Reorganisationsstrategien. In: Schmidt, Rudi (Hrsg.): Zwischenbilanz. Berlin; Akademie-Verlag, S. 131-154
Wöhe, Günter (1984): Einführung in die Allgemeine Betriebswirtschaftslehre. 15. Auflage. München; Vahlen
Womack, James P. et al. (1992): Die zweite Revolution in der Automobilindustrie. Frankfurt/Main [u.a.]; Campus
Woodward, Joan (1971): Technologie, Organisationsform und Erfolg. In: Mayntz, Renate (Hrsg.): Bürokratisiche Organisation. Köln [u.a.]; Kiepenheuer & Witsch, S. 155-158
Wurche, Sven (1994): Vertrauen und ökonomische Rationalität in kooperativen Interorganisationsbeziehungen. In: Sydow, Jörg/Windeler, Arnold (Hrsg.): Management interorganisationaler Beziehungen. Vertrauen, Kontrolle und Informationstechnik. Opladen; Westdeutscher Verlag, S. 142-159
Zapf, Wolfgang (1969): Einleitung. In: ders. (Hrsg.): Theorien des sozialen Wandels. Köln [u.a.]; Kiepenheuer & Witsch, S. 11-32
— (1994): Die Transformation in der ehemaligen DDR und die soziologische Theorie der Modernisierung. In: Berliner Journal für Soziologie 3/94, S. 307-321

## *Zeitschriftenverzeichnis*

| | |
|---|---|
| APuZ: | Aus Politik und Zeitgeschichte |
| DBW: | Die Betriebswirtschaft |
| KSPW: | Kommission für die Erforschung des sozialen und politischen Wandels in den neuen Bundesländern e.V. |
| KZfSS: | Kölner Zeitschrift für Soziologie und Sozialpsychologie |
| MittAB: | Mitteilungen aus der Arbeitsmarkt- und Berufsforschung |
| PVS: | Politische Vierteljahresschrift |
| VDI-Z: | VDI-Zeitschrift (Verein deutscher Ingenieure) |
| ZfB: | Zeitschrift für Betriebswirtschaft |
| ZfS: | Zeitschrift für Soziologie |

# Anhang

## A. Abkürzungsverzeichnis

| | |
|---|---|
| ABL | Alte Bundesländer |
| BAZ | Bearbeitungszentrum |
| BDI | Bundesverband deutscher Industrie |
| BERSA | Beratungs- und Entwicklungsagentur für Struktur- und Arbeitsmarktinnovation e.V. |
| BfA | Bundesanstalt für Arbeit |
| BMFT | Bundesminister für Forschung und Technologie |
| BMWi | Bundesminister für Wirtschaft |
| BVS | Bundesanstalt für vereinigungsbedingte Sonderaufgaben |
| C | Computer |
| CAD | Computer Aided Design |
| CAM | Computer Aided Manufacturing |
| CAP | Computer Aided Planning und Programming |
| CAQ | Computer Aided Quality |
| CIM | Computer Integrated Manufacturing |
| CNC | Computerized Numerical Control |
| DNC | Direct Numerical Control |
| DV | Datenverarbeitung |
| EDV | Elektronische Datenverarbeitung |
| F&E | Forschung und Entwicklung |
| FFS | Flexible Fertigungssysteme |
| FFZ | Flexible Fertigungszellen |
| FhG | Fraunhofer Gesellschaft |
| FTS | Flexible Transferstraßen |
| IAB | Institut für Arbeitsmarkt und Berufsforschung |
| ISF | Institut für Sozialwissenschaftliche Forschung |
| ISI | Institut für Systemtechnik und Innovationsforschung |
| IWP | Industrielle Warenproduktion |
| MBI | Management-Buy-In |
| MBO | Management-Buy-Out |
| NBL | Neue Bundesländer |
| NC | Numerical Control |

| | |
|---|---|
| NÖSPL | Neues Ökonomisches System der Planung und Leitung |
| NSW | Nicht-Sozialistisches Wirtschaftsgebiet |
| PPS | Produktionsplanung und -steuerung |
| RGW | Rat für gegenseitige Wirtschaftshilfe |
| SÖSTRA | Sozialökonomische Strukturanalysen e.V. |
| THA | Treuhandanstalt |
| VDMA | Verband Deutscher Maschinen- und Anlagenbau |
| VEB | Volkseigener Betrieb |
| VVB | Vereinigung Volkseigener Betriebe |
| WAO | Wissenschaftliche Arbeitsorganisation |
| WZM | Werkzeugmaschinenbau |

## B. Systematik der Teilbranchen

*Fachzweige des Maschinenbaus gemäß der Betriebsdatei der Beschäftigtenstatistik der Bundesanstalt für Arbeit:*

| | |
|---|---|
| 26 | Maschinenbau (ohne Herstellung und Reparatur von Büromaschinen sowie Zahnrädern und Getrieben usw.) |
| 260 | Herstellung von Metallbearbeitungsmaschinen |
| 261 | Herstellung von Hütten und Walzwerkseinrichtungen, Bergwerks-, Gießerei- und Baumaschinen, Hebezeugen und Fördermitteln |
| 262 | Herstellung von landwirtschaftlichen Maschinen und Ackerschleppern |
| 263 | Ländliche Reparaturwerkstätten für Landmaschinen |
| 264 | Herstellung von Maschinen und Apparaten für die Nahrungs- und Genußmittelindustrie, chemische und verwandte Industrien |
| 265 | Herstellung von Textilmaschinen und Nähmaschinen |
| 266 | Herstellung von Holzbe- und -verarbeitungsmaschinen |
| 267 | Herstellung von Papier- und Druckereimaschinen |
| 268 | Herstellung von Wäschereimaschinen, Schuh- und Lederindustriemaschinen |
| 27 | Herstellung von Zahnrädern, Getrieben, Wälzlagern und sonstigen Antriebselementen sowie sonstige Maschinenbauerzeugnisse |
| 270 | Herstellung von Zahnrädern, Getrieben, Wälzlagern und sonstigen Antriebselementen |
| 271 | Herstellung von sonstigen Maschinenbauerzeugnissen |

GPSR Compliance

*The European Union's (EU) General Product Safety Regulation (GPSR) is a set of rules that requires consumer products to be safe and our obligations to ensure this.*

*If you have any concerns about our products, you can contact us on ProductSafety@springernature.com*

In case Publisher is established outside the EU, the EU authorized representative is:

Springer Nature Customer Service Center GmbH
Europaplatz 3
69115 Heidelberg, Germany

**Batch number: 10809466**

Printed by Printforce, the Netherlands